AF672231

bibliographia geodaetica

AKADEMIE-VERLAG · BERLIN

Volume 23 · 1985 · Number 4

THEORIA CUM PRAXI

ISSN 0006-1239 bibl. geod., Berlin 23 (1985) 4, pag. var.

BIBLIOGRAPHIA GEODAETICA

International Geodetic Documentation

Booklet of reports of the
International Association of Geodesy
Technical University of Dresden, GDR

Published by the National Committee of Geodesy and Geophysics of the Academy of Sciences of the German Democratic Republic

Prof. Dr.-Ing. habil. Lothar Stange, president

Edition by the Centre of International Documentation of Geodesy, Technical University of Dresden, with application of the "Automatisiertes Informations- und Dokumentationssystem" (AIDOS) for Geodesy, Photogrammetry and Cartography of the GDR

Dr.-Ing. Heinz Finger, manager

AKADEMIE-VERLAG · BERLIN

bibliographia geodaetica	Volume 23 1985 No. 4	pag. var.	Berlin 1985

bibliographia geodaetica

Special Bibliography

Set A

Management and Organisation at Geodesy and Cartography, Neigh- and Cross-Section Fields

Part 7 · 1985

Akademie-Verlag Berlin

Volume 23 · 1985 · No. 4
Set A · Part 7

ISSN 0006-1239 bibl. geod., Berlin 23 (1985) 4, Set A, Part 7

---

12 GEODAESIE, FOTOGRAMMETRIE UND KARTOGRAFIE
12.01 ALLGEMEINE FRAGEN DER GEODAESIE,FOTOGRAMMETRIE UND KARTOGRAFIE
12.01.05 WECHSELBEZIEHUNGEN DER GEODAESIE, FOTOGRAMMETRIE UND KARTOGRAFIE MIT ANDEREN WISSENSCHAFTSZWEIGEN UND TAETIGKEITSGEBIETEN

SIEHE AUCH: 0021

12.01.17 INTERNATIONALE ZUSAMMENARBEIT UND TAETIGKEIT INTERNATIONALER ORGANISATIONEN DER GEODAESIE, FOTOGRAMMETRIE UND KARTOGRAFIE

0001

FUENFZEHNTER INTERNATIONALER KONGRESS FUER PHOTOGRAMMETRIE UND FERNERKUNDUNG, RIO DE JANEIRO, 17. BIS 29. JUNI 1984 : BERICHT KOMMISSION 1:GEWINNUNG DER AUSGANGSINFORMATIONEN / BAEHR, HANS-PETER

IN: BILDMESS. U.LUFTBILDWESEN
KARLSRUHE 53(1985)1. - S. 1-3

> L191, Z2., B103, D57.

12.01.17, 12.29

=FERNERKUNDUNG, LUFTBILDAUFNAHME, BILDQUALITAET, LUFTBILD, KOSMISCHES BILD + LUFTBILDMESSKAMERA, EICHEN + BILDTRIANGULATION, PASSPUNKT, ORTUNG + FERNERKUNDUNG, NICHTFOTOGRAFISCHES AUFNAHMEGERAET + FOTOGRAMMETRIE, KONFERENZ, BRASILIEN, 1984, ISPRS DTSCH. A 1.977

0002

FUENFZEHNTER INTERNATIONALER KONGRESS FUER PHOTOGRAMMETRIE UND FERNERKUNDUNG, RIO DE JANEIRO, 17. BIS 29. JUNI 1984 : BERICHT KOMMISSION 2:AUSWERTEINSTRUMENTE / SCHWEBEL, REINER

IN: BILDMESS. U.LUFTBILDWESEN
KARLSRUHE 53(1985)1. - S. 4-5

> L191, Z2., B103, D57.

12.01.17, 12.29, 73.11

=FOTOGRAMMETRISCHES AUSWERTEGERAET, FOTOGRAMMETRIE,
KONFERENZ, BRASILIEN, ISPRS, 1984
DTSCH. A 1.978

0003
FUENFZEHNETER INTERNATIONALER KONGRESS FUER
PHOTOGRAMMETRIE UND FERNERKUNDUNG, RIO DE JANEIRO, 17.
BIS 29. JUNI 1984 : BERICHT KOMMISSION 3:MATHEMATISCHE
GESICHTSPUNKTE DER INFORMATIONSVERARBEITUNG
IN: BILDMESS. U.LUFTBILDWESEN
KARLSRUHE 53(1985)1. - S. 6-8

> L191, 22., B103, D57.

12.01.17, 12.29, 63.03

=BILDTRIANGULATION, FEHLERBESEITIGUNG,
SYSTEMATISCHER FEHLER, DIGITALE BILDVERARBEITUNG,
DIGITALES GELAENDEMODELL, ANALYTISCHE ENTZERRUNG,
FOTOGRAMMETRIE, ISPRS, KONFERENZ, BRASILIEN, 1984
DTSCH. A 1.979

0004
FUENFZEHNTER INTERNATIONALER KONGRESS FUER
PHOTOGRAMMETRIE UND FERNERKUNDUNG, RIO DE JANEIRO, 17.
BIS 29. JUNI 1984 : BERICHT KOMMISSION
4:TOPOGRAPHISCHE UND KARTOGRAPHISCHE ANWENDUNGEN
IN: BILDMESS. U.LUFTBILDWESEN
KARLSRUHE 53(1985)1. - S. 8-11

> L191, 22., B103, D57.

12.01.17, 12.29.29

=FOTOGRAMMETRISCHE KARTENHERSTELLUNG, =KOSMISCHES
BILD, ORTHOFOTOKARTOGRAFIE, FOTOGRAMMETRISCHE
KARTENLAUFENDHALTUNG, DIGITALE MESSWERTDARSTELLUNG,
EDV-EINSATZ, FOTOGRAMMETRISCHE KARTENHERSTELLUNG,
FERNERKUNDUNG, PLANET + FOTOGRAMMETRISCHE
PROJEKTIERUNG, STRASSENBAU + FOTOGRAMMETRIE, ISPRS,
KONFERENZ, BRASILIEN, 1984
DTSCH. A 1.980

0005
FUENFZEHNTER INTERNATIONALER KONGRESS FUER
PHOTOGRAMMETRIE UND FERNERKUNDUNG, RIO DE JANEIRO, 17.
BIS 29. JUNI 1984 : BERICHT KOMMISSION
6:WIRTSCHAFTLICHE, BERUFLICHE UND LEHRTECHNISCHE

GESICHTSPUNKTE DER PHOTOGRAMMETRIE / KANTELHARDT, HELMUT

IN: BILDMESS. U.LUFTBILDWESEN
KARLSRUHE 53(1985)1. - S. 12-14

> L191, 22., B103, D57.

12.01.17, 12.29

=AUSBILDUNG, FOTOGRAMMETRIE + FOTOGRAMMETRIE, ISPRS, KONFERENZ, BRASILIEN, 1984
DTSCH. A 1.981

0006

FUENFZEHNTER INTERNATIONALER KONGRESS FUER PHOTOGRAMMETRIE UND FERNERKUNDUNG, RIO DE JANEIRO, 17. BIS 29. JUNI 1984 : BERICHT KOMMISSION 7:INTERPRETATION VON PHOTOGRAPHISCHEN BILDERN UND VON FERNERKUNDUNGSDATEN / QUIEL, FRIEDRICH

IN: BILDMESS. U.LUFTBILDWESEN
KARLSRUHE 53(1985)1. - S. 14-17

> L191, 22., B103, D57.

12.01.17, 12.29.37

=DECHIFFRIERUNG, LUFTBILD, KOSMISCHES BILD, FOTOGRAMMETRIE, ISPRS, KONFERENZ, BRASILIEN, 1984
DTSCH. A 1.982

0007

TRAVAUX DE L'ASSOCIATION INTERNATIONALE DE GEODESIE : RAPPORTS GENERAUX ET RAPPORTS TECHNIQUES ETABLIS A L'OCCASION DE LA DIX-HUITIEME ASSAMBLEE GENERALE : HAMBOURG, AOUT 1983 / BOUCHER, C. (HRSG.) , ASSOCIATION INTERNATIONALE DE GEODESIE (HRSG.)
PARIS:IAG, 27(1984). 568 S.
UEBERS. D. SACHT.: ARBEITEN DER INTERNATIONALEN ASSOZIATION FUER GEODAESIE.GENERAL- UND TECHNISCHE BERICHTE ANLAESSLICH DER 18. GENERALVERSAMMLUNG IN HAMBURG, AUGUST 1983

> D57

12.01.17
DER BAND ENTHAELT DIE BERICHTE DER 5 SEKTIONEN, DER KOMMISSIONEN 3, 5 BIS 11 SOWIE DER SPEZIALSTUDIENGRUPPEN DER IAG FUER DIE PERIODE 1979 BIS 1983,VORGELEGT BEI DER 18. GENERALVERSAMMLUNG

DER IAG IN HAMBURG 1983.THIS VOLUME INCLUDES REPORTS OF 5 SECTIONS OF THE COMMISSIONS 3, 5 TO 11 AS WELL AS OF SPECIAL STUDY GROUPS OF THE IAG FOR THE PERIOD FROM 1979 TO 1983. THE REPORTS WERE PRESENTED AT THE 18TH GENERAL ASSEMBLY OF THE IAG IN HAMBURG, 1983.

IAG, NETZKONTROLLE, GEODAETISCHES NETZ, SATELLITENGEODAESIE, REFRAKTION, MEERESGEODAESIE, INTERFEROMETRIE, VLBI-VERFAHREN, GRAVIMETRIE (GEOW), PHYSIKALISCHES BESTIMMUNGSVERFAHREN, ERDGEZEITEN, ERDKRUSTENBEWEGUNG, POLBEWEGUNG, KONSTANTE, GEOID, ERDSCHWEREFELD, AUSBILDUNG, GESCHICHTE, GEODAESIE
ENGL. A 1.995

12.01.33 NACHSCHLAGEWERKE, LEHRMATERIALIEN UND TERMINOLOGIE DER GEODAESIE, FOTOGRAMMETRIE UND KARTOGRAFIE

0008
EINFUEHRUNG IN DIE AUSGLEICHUNGSRECHNUNG / GOTTHARDT, ERNST / SCHMITT, GUENTER (BEARB.) . - 2. UEBERARB. U. ERW. AUFL.
KARLSRUHE : WICHMANN, 1978.- 311 S. : ZAHLR. ABB., 8 TAF.
(SAMMLUNG WICHMANN, N.F., BUCHREIHE ; 3)

> D57, D126.

12.01.33
EIN LEHRBUCH, DAS MEHR ALS NUR EINE EINFUEHRUNG IN DIE AUSGLEICHUNGSRECHNUNG GIBT. BEI KOMBINIERTER ANWENDUNG DER KLASSISCHEN GAUSSSCHEN UND DER MATRIZEN-SCHREIBWEISE WERDEN IN 8 KAPITELN FOLGENDE PROBLEME BEHANDELT: FEHLERTHEORETISCHE GRUNDLAGEN, VERMITTELNDE AUSGLEICHUNG MIT ZWEI UNBEKANNTEN, VERMITTELNDE AUSGLEICHUNG MIT BELIEBIG VIELEN UNBEKANNTEN, TRIGONOMETRISCHE PUNKTEINSCHALTUNGEN, BEDINGTE AUSGLEICHUNG, BEDINGTE AUSGLEICHUNG TRIGONOMETRISCHER NETZE,FEHLERVERTEILUNGEN UND FEHLERWAHRSCHEINLICHKEITEN, BESONDERE AUSGLEICHUNGSPROBLEME.

=AUSGLEICHUNGSRECHNUNG, FEHLERMODELL, EINZELPUNKTEINSCHALTUNG
DTSCH. A 2.012

12.01.75 LEITUNG, PLANUNG UND OEKONOMIE IN GEODAESIE, FOTOGRAMMETRIE UND KARTOGRAFIE

0009
HODNOTOVA ANALYZA KARTOGRAFICKYCH VYROBKOV / NEMEC, SHTEFAN ; HYROSHSH, MARIAN

IN: GEOD. A KARTOGR. OBZOR
PRAHA 30(1984)10. - S. 249-255
UEBERS. D. SACHT.: WERTANALYSE KARTOGRAPHISCHER ERZEUGNISSE

> L191, 215., VUGK, CZAS.12.

12.01.75
GRUNDLAGEN DER WERTANALYSE. CHARAKTERISTIK DER ERZEUGNISSANALYSE DER KOSTEN UND GEBRAUCHSFAEHIGKEIT. METHODEN DES ABC- UND P-Q-DIAGRAMMES. METHODEN DER VOLLSTAENDIGEN UND TEILKOSTEN.ERSTELLUNG EINER KORRELATIONSTAFEL. KONSTRUKTION DER BEWERTUNGSMATRIX. METHODISCHER VORGANG ZUR ANWENDUNG DER WERTANALYSE UNTER DEN BEDINGUNGEN DER KARTOGRAFISCHEN PRODUKTION.

=KOSTENANALYSE, KORRELATIONSANALYSE,
=KARTENHERSTELLUNG
SLOWAK. A 1.899

12.01.79 KADER IN GEODAESIE, FOTOGRAMMETRIE UND KARTOGRAFIE UND IHRE AUSBILDUNG

0010
PREDAVANJA OBRZANA NA ZNANSTVENOM SKUPU POVODOM PROSLAVE 65 GODINA VISOKOSKOLSKE NASTAVE IZ GEODEZIJE I KULTURNE TEHNIKE
ZAGREB:S.N., 1985.- (30) S. : 19 ABB.
(ZB. RADOVA. NIZ. C.PRIJEVODI ; 3)
UEBERS. D. SACHT.: VORTRAEGE, GEHALTEN AUF DER FESTVERANSTALTUNG: "65 JAHRE GEODAETISCHE UND KULTURTECHNISCHE HOCHSCHULAUSBILDUNG"

> D57

12.01.79
AUF DER FESTVERANSTALTUNG WURDEN DIE FOLGENDEN 3 FACHVORTRAEGE GEHALTEN:DEUMLICH, FRITZ - ENTWICKLUNG DER GEODAETISCHEN INSTRUMENTE,SCHNAEDELBACH, KLAUS -

---

GEODAETISCHE PRAEZISIONSMESSUNGEN MIT DEM
LASERINTERFEROMETER, RINNER, KARL - GEODAESIE HEUTE.

GEODAETISCHES GERAET, ENTWICKLUNGSRICHTUNG +
PRAEZISIONSMESSVERFAHREN, LASERINTERFEROMETER +
ENTWICKLUNGSSTAND, GEODAESIE
SER A 1.915

0011
ZUSAMMENFASSUNGEN DER DIPLOMARBEITEN, DISSERTATIONEN
UND HABILITATIONEN AN DEN GEODAETISCHEN INSTITUTEN DER
TU WIEN 1972-1982
WIEN : TECHN. UNIV., FACHGRUPPE GEOWISS., 1984. - 110
S.
(GEOWISS. MITT. ; 25)

> D57,U-130.

12.01.79
IN DER ZUSAMMENSTELLUNG WERDEN SAEMTLICHE
HABILITATIONEN (4), DISSERTATIONEN (19) UND
DIPLOMARBEITEN (112)MITGETEILT, DIE IN DER ZEIT VON
1972 - 1982 AN DER STUDIENRICHTUNG VERMESSUNGSWESEN
DER TU WIEN EINGEREICHT UND ERFOLGREICH VERTEIDIGT
WORDEN SIND. EINE KURZE INHALTSANGABE GIBT UEBER
JEDEN TITEL NAEHERE INFORMATIONEN.

TECHNISCHE UNIVERSITAET, OESTERREICH, QUALIFIKATION
DTSCH. A 2.005

12.15 HOEHERE GEODAESIE, GEODAETISCHE MESSVERFAHREN UND IHRE BEARBEITUNG

12.15.33 GEODAETISCHE MESSVERFAHREN

SIEHE AUCH: 0040

12.29 FOTOGRAMMETRIE UND FERNERKUNDUNG

SIEHE AUCH: 0001
0002
0003
0005

12.29.05 GRUNDLAGEN DER FOTOGRAMMETRIE UND FERNERKUNDUNG

SIEHE AUCH: 0033

12.29.29 ANWENDUNG FOTOGRAMMETRISCHER VERFAHREN ZUR KARTENHERSTELLUNG

SIEHE AUCH: 0004

12.29.37 FOTOINTERPRETATION

SIEHE AUCH: 0006

12.29.41 NICHTFOTOGRAFISCHE ERFASSUNG VON INFORMATIONEN AUS DER LUFT UND IHRE INTERPRETATION

SIEHE AUCH: 0018
0019

25 WIRTSCHAFT UND WIRTSCHAFTSWISSENSCHAFTEN

0012

HANDBUCH DES HAUPTBUCHHALTERS / REICH, MANFRED (HRSG.)
BERLIN : VERL.DIE WIRTSCHAFT, 1984. - 400 S.

> L191, 8697.

25
DAS BUCH ZEIGT DIE STELLUNG DES HAUPTBUCHHALTERS IM LEITUNGSPROZESS, ES GIBT AUSKUNFT, WIE RECHNUNGSFUEHRUNG UND STATISTIK, ALS LEITUNGSINSTRUMENT ZU GESTALTEN UND ZU NUTZEN IST UND LEITET DEN HAUPTBUCHHALTER UND SEINE MITARBEITER BEI DER WAHRNEHMUNG DER KONTROLL- UND ANALYSENTAETIGKEIT AN. DIE AUFGABEN VON RECHNUNGSFUEHRUNG UND STATISTIK WERDEN AM BEISPIEL VERSCHIEDENER SACHGEBIETE ANSCHAULICH DARGESTELLT UND DIE AUFGABEN DER KONTROLLE UND ANALYSE AM BEISPIEL VON SCHWERPUNKTAUFGABEN ERLAEUTERT.

=LEITUNG (WIRTSCH), =ANALYSE (WIRTSCH), =RECHNUNGSFUEHRUNG UND STATISTIK, PLANUNG, ARBEITSKRAEFTE, KOSTEN, ARBEITSOEKONOMIE, BETRIEBSWIRTSCHAFT, NUTZENSABRECHNUNG, FINANZIERUNG, FONDS, GEWINN, INVESTITIONEN

DTSCH. A 1.867

0013
PRODUKTIONSPLANUNG MIT HILFE VON AUFWANDSKOEFFIZIENTEN
/ SCHUETTKE, GUENTER ; PFAU, GERHARD

IN: PAPIER U. DRUCK
LEIPZIG 33(1984)11. - S. 519-522

> L191, Z137.

25
IN DER LVZ-DRUCKEREI "HERMANN DUNCKER", LEIPZIG,
WURDEN MIT HILFE DES MASCHINENZEITFONDS UND DER
ARBEITSNORMEN AUFWANDSKOEFFIZIENTEN FUER DIE
EINZELNEN BEARBEITUNGSSTUFEN ERMITTELT, UM ZU EINER
EXAKTEREN PRODUKTIONSPLANUNG ZU GELANGEN.

=PRODUKTIONSPROZESS, =PLANUNG, =KENNZIFFER,
POLYGRAFISCHE INDUSTRIE
DTSCH. A 1.877

43 MATHEMATIK
43.41 WAHRSCHEINLICHKEITSTHEORIE UND MATHEMATISCHE STATISTIK

0014
TEST NA OVERENIE LINEARNEJ HYPOTEZY O PARAMETROCH V
LINEARNOM REGRESNOM MODELI / KUBACZKOVA, LUDMILA ;
KUBACZEK, LUBOMIR

IN: GEOD. A KARTOGR. OBZOR
PRAHA 30(1984)9. S. 205-211
UEBERS. D. SACHT.: TEST ZUR PRUEFUNG DER LINEAREN
HYPOTHESE VON PARAMETERN IN EINEM LINEAREN
REGRESSIONSMODELL

> L191, Z15., VUGK, CZAS.12.

43.41
ZUR TESTUNG EINER BELIEBIGEN HYPOTHESE EINER
LINEAREN REGRESSION ZWISCHEN ZU BESTIMMENDEN
PARAMETERN VON JEDEM DER FUENF GRUNDMODELLE DER
LINEAREN SCHAETZUNGSTHEORIE WURDE UNTER
VORAUSSETZUNG EINER NORMALVERTEILUNG DER GEMESSENEN
EINGABEDATEN EINE TESTSTATISTIK MIT DER FISCHER-
SNEDECORSCHEN WAHRSCHEINLICHKEITSVERTEILUNG MIT
LOESESTUFEN ABGELEITET, DIE VON DEM RANG DER
HYPOTHESENMATRIX, DER ANZAHL DER MESSUNGEN UND DEM

RANG DER PLANMATRIX ABHAENGIG IST.

=WAHRSCHEINLICHKEITSTHEORIE, =NORMALVERTEILUNG, PRUEFVERTEILUNG, MATRIX
SLOWAK. A 1.906

45 PHYSIK
45.29 OPTIK, NICHTLINEARE OPTIK UND QUANTENELEKTRONIK

0015
INTEGRIERTE OPTIK-STAND UND TENDENZEN / BERGMANN, HEINZ

IN: BILD U. TON
LEIPZIG 37(1984)10. - S. 299-304

> L191, L242.

45.29
UNTER INTEGRIERTER OPTIK WIRD EIN FACHGEBIET VERSTANDEN, BEI DEM MAN ZUR REALISIERUNG VON KOMPONENTEN UND BAUGRUPPEN PRINZIPIEN DER OPTOELEKTRONIK, DER OPTIK UND DER INTEGRIERTEN SCHALTUNGSTECHNIK AUSNUTZT, UM MOEGLICHST IN EINEM MONATLICHEN AUFBAU DIE VERSCHIEDENEN FUNKTIONSPRINZIPIEN ZU VEREINEN. HAUPTFUNKTIONEN, EFFEKTE,MATERIALIEN, EINZELNE KOMPONENTEN (LICHTSENDER, WELLENLEITER, LICHTEMPFAENGER U.A.), HERSTELLUNGSTECHNOLOGIEN UND WEITERE ENTWICKLUNGEN WERDEN BESCHRIEBEN. ZU ERWARTENDE EINSATZGEBIETE SIND NACHRICHTENTECHNIK, PRUEF- UND MESSTECHNIK. 14 LIT.

=OPTIK, OPTISCHES BAUELEMENT, OPTISCHES GERAET, ENTWICKLUNGSRICHTUNG, ENTWICKLUNGSSTAND, =ELEKTRONIK, =OPTOELEKTRONISCHES GERAET
DISCH. A 1.976

49 GEOPHYSIK
49.21 METEOROLOGIE

SIEHE AUCH: 0037

0016
GEODEZICHESKIE METODY OPREDELENIJA TEMPERATURNOGO GRADIENTA VOZDUKHA / MEDOVIKOV, A.S. ; VINOGRADOV, V.V.

IN: GEOD. I KARTOGR.
MOSKVA 60(1984)8. - S. 24-25
UEBERS. D. SACHT.: GEODAETISCHE METHODEN ZUR BESTIMMUNG DES TEMPERATURGRADIENTEN DER LUFT

> L191, Z29.

49.21
EROERTERT WERDEN ZWEI VERFAHREN: IM ERSTEN VERFAHREN ERFOLGT DIE BESTIMMUNG ANHAND VON GEMESSENEN REFRAKTIONSWINKELN,DAS ZWEITE VERFAHREN BERUHT AUF DEM ZUSAMMENHANG DES VERTIKALEN TEMPERATURGRADIENTEN MIT DEN PARAMETERN, DIE DEN CHARAKTER DER LUFTTURBULENZ BESTIMMEN. VOM STANDPUNKT DER TECHNISCHEN REALISIERUNG IST DEM ZWEITEN VERFAHREN DEN VORZUG ZU GEBEN.

=TEMPERATURGRADIENT, GEODAETISCHES VERFAHREN
RUSSISCH A 1.880

0017
GEODEZICHESKIE METODY OPREDELENIJA TEMPERATURNOGO GRADIENTA VOZDUKHA / MEDOVIKOV, A.S. ; VINOGRADOV, V.V.

IN: GEOD. I KARTOGR.
MOSKVA 60(1984)8. - S. 24-25
UEBERS. D. SACHT.: GEODAETISCHE METHODEN ZUR BESTIMMUNG DES TEMPERATURGRADIENTEN DER LUFT

> L191, Z29.

49.21
EROERTERT WERDEN ZWEI VERFAHREN: IM ERSTEN VERFAHREN ERFOLGT DIE BESTIMMUNG ANHAND VON GEMESSENEN REFRAKTIONSWINKELN,DAS ZWEITE VERFAHREN BERUHT AUF DEM ZUSAMMENHANG DES VERTIKALEN TEMPERATURGRADIENTEN MIT DEN PARAMETERN, DIE DEN CHARAKTER DER LUFTTURBULENZ BESTIMMEN. VOM STANDPUNKT DER TECHNISCHEN REALISIERUNG IST DEM ZWEITEN VERFAHREN DEN VORZUG ZU GEBEN.

=TEMPERATURGRADIENT, GEODAETISCHES VERFAHREN
RUSSISCH A 1.882

51 GEOLOGIE
51.19 REGIONALE GEOLOGISCH-GEOPHYSIKALISCHE UNTERSUCHUNGEN

0018
GEODEZICHESKOE OBESPECHENIE AEHROMAGNITNOJ S''JOMKI S ISPOL'ZOVANIEM RADIOGEODEZICHESKOJJ SISTEMY "MIR-3" / LAPKO, A.P. ; AGUL'NIK, O.I. ; SHHEPETOV, V.V.

IN: GEOD. I KARTOGR.
MOSKVA 60(1984)8. - S. 21-23
UEBERS. D. SACHT.: GEODAETISCHE MESSUNGEN BEI DER AEROMAGNETISCHEN AUFNAHME MIT ANWENDUNG DES GEODAETISCHEN FUNKSYSTEMS "MIR-3"

> L191, Z29.

51.19, 12.29.41
ERFAHRUNGEN BEIM EINSATZ DES MIR-3 ZUM GEODAETISCHEN ANSCHLUSS DER AEROMAGNETISCHEN AUFNAHME VOM FLUGZEUG AUS BEI DER ERKUNDUNG VON ERDOEL- UND GASLAGERSTAETTEN IN WESTSIBIRIEN.

=ANSCHLUSSMESSUNG, FUNKORTUNG, =VERFAHREN DER ANGEWANDTEN GEOPHYSIK, =GEOLOGISCHE ERKUNDUNG, IN DER LUFT, ORTUNGSGERAET
RUSSISCH
A 1.879

0019
GEODEZICHESKOE OBESPECHENIE AEHROMAGNITNOJ S''JOMKI S ISPOL'ZOVANIEM RADIOGEODEZICHESKOJJ SISTEMY "MIR-3" / LAPKO, A.P. , AGUL'NIK, O.I. ; SHHEPETOV, V.V.

IN: GEOD. I KARTOGR.
MOSKVA 60(1984)8. - S. 21-23
UEBERS. D. SACHT.: GEODAETISCHE MESSUNGEN BEI DER AEROMAGNETISCHEN AUFNAHME MIT ANWENDUNG DES GEODAETISCHEN FUNKSYSTEMS "MIR-3"

> L191, Z29.

51.19, 12.29.41
ERFAHRUNGEN BEIM EINSATZ DES MIR-3 ZUM GEODAETISCHEN ANSCHLUSS DER AEROMAGNETISCHEN AUFNAHME VOM FLUGZEUG AUS BEI DER ERKUNDUNG VON ERDOEL- UND GASLAGERSTAETTEN IN WESTSIBIRIEN.

=ANSCHLUSSMESSUNG, FUNKORTUNG, =VERFAHREN DER ANGEWANDTEN GEOPHYSIK, =GEOLOGISCHE ERKUNDUNG, IN DER LUFT, ORTUNGSGERAET
RUSSISCH
A 1.881

---

63 KYBERNETIK, RECHENTECHNIK UND AUTOMATISIERUNGSTECHNIK
63.03 ALLGEMEINE FRAGEN UND THEORETISCHE GRUNDLAGEN DER KYBERNETIK, RECHENTECHNIK UND AUTOMATISIERUNGSTECHNIK

SIEHE AUCH: 0003

63.11 GERAETETECHNIK FUER DIE AUTOMATISIERUNGS- UND RECHENTECHNIK

SIEHE AUCH: 0039

0020

BILDVERARBEITUNGSSYSTEM MIT 16-BIT-MIKRORECHNER / RIEKEN, RALF ; KRIESTEN, STEFAN ; JOST, JOACHIM

IN: BILD U. TON
LEIPZIG 37(1984)11. - S. 337-340

> L191, 2242.

63.11
GERAETESTRUKTUR UND BETRIEBSSOFTWARE DES MIKRORECHNER-ENTWICKLUNGSSYSTEMS FUER GRAPHISCHE INFORMATIONSVERARBEITUNG MEGI 8000.
LEISTUNGSMERKMALE DURCH DEN EINSATZ EINES MODERNEN 16-BIT-MIKRORECHNERS.

=BILDVERARBEITUNG, EDVA, =MIKRORECHNER, SYSTEMUNTERLAGE, =GRAFISCHE DATENVERARBEITUNG
DTSCH. A 1.975

63.23 ANWENDUNG DER AUTOMATISIERUNGS- UND RECHENTECHNIK

SIEHE AUCH: 0041

0021

ARC/INFO, A MODERN GIS SYSTEM FOR LARGE SPATIAL DATA BASES / DANGERMOND, JACK

IN: TECHN. PAPERS AMER. CONGR. SURVEY. AND MAPP.
WASHINGTON, 1983, FALL CONV. - S. 81-89
UEBERS. D. SACHT.: ARC/INFO, EIN MODERNES GEOGRAPHISCHES INFORMATIONSSYSTEM FUER GROSSE DATENBANKEN RAEUMLICHER DATEN

> L191, KONF.18/1983FC.

63.23, 12.01.05
BESCHREIBUNG DES GEOGRAPHISCHEN INFORMATIONSSYSTEMS ARC/INFO UND SEINER AUSGABELEISTUNGEN. DAS SOFTWARESYSTEM, DIE DATENGEWINNUNG, DIE DATENSTRUKTUREN, DAS SPEICHER- UND LAUFENDHALTUNGSSYSTEM, DER SPEICHERMODUS DER GEODAETISCHEN DATEN, DIE AUTOMATISCHE KARTENHERSTELLUNG, DISPLAYVORRICHTUNG FUER KARTOGRAPHISCHE ZWECKE UND DIE INTERAKTIVEN GRAPHISCHEN MOEGLICHKEITEN WERDEN KURZ ERLAEUTERT.

=LANDINFORMATIONSSYSTEM, DATENBANK, =USA, SYSTEMUNTERLAGE, =KARTOGRAFISCHES INFORMATIONSSYSTEM, INTERAKTIVE DATENVERARBEITUNG, GEOGRAFIE
ENGL. A 1.859

0022
USGS DIGITAL CARTOGRAPHIC DATA STANDARDS / MAC EWEN, ROBERT B. ; WITMER, RICHARD E. ; RAMEY, BENJAMIN S.

IN: TECHN. PAPERS AMER. CONGR. SURVEY. AND MAPP. WASHINGTON, 1983, FALL CONV. S. 127-137
UEBERS. D. SACHT.: STANDARDS FUER DIGITALE KARTOGRAPHISCHE DATEN BEIM GEOLOGISCHEN DIENST DER USA

> L191, KONF.18/1983FC.

63.23
UEBERSICHT UEBER DIE ENTWICKLUNG DER PROGRAMME ZUM AUFBAU EINER DIGITALEN KARTOGRAPHISCHEN UND GEOGRAPHISCHEN DATENBANK SEIT 1970. GEGENWAERTIG WERDEN FOLGENDE VIER GRUNDTYPEN DIGITALER DATEN BEREITGESTELLT: 1. DIGITALE HOEHENDATEN, 2. DIGITALE LAGEDATEN, 3. DIGITALE LANDNUTZUNGS- UND VEGETATIONSDATEN UND 4. DIGITALE DATEN GEOGRAPHISCHER NAMEN. BESCHREIBUNG DER VIER DATENTYPEN SOWIE GRUNDLAGEN FUER DIE STANDARDISIERUNG DIESER DATEN IM NATIONALEN MASSSTAB.

=LANDINFORMATIONSSYSTEM, =USA, =INFORMATIONSSYSTEM, KARTOGRAFISCHES INFORMATIONSSYSTEM, =DIGITALE INFORMATIONSSPEICHERUNG, STANDARDISIERUNG
ENGL. A 1.863

0023
DATABANKOVY SYSTEM V TVORBE AIS GAK / VALISH, JURAJ

IN: GEOD. A KARTOGR. OBZOR
PRAHA 30(1984)8. S. 183-188
UEBERS. D. SACHT.: DATENBANKSYSTEM IN DER BEARBEITUNG DES AUTOMATISIERTEN GEODAETISCHEN UND KARTOGRAFISCHEN INFORMATIONSSYSTEMS

> L191, 215., VUGK, CZAS.12.

63.23
EIGENSCHAFTEN DES DATENBANKSYSTEMS. BEARBEITUNG DER DATENBASIS DES AUTOMATISIERTEN GEODAETISCHEN UND KARTOGRAFISCHEN INFORMATIONSSYSTEMS. KONZEPTION, LOGISCHE UND PHYSISCHE STRUKTUR DER DATENBASIS UND DEREN INNERE GLIEDERUNG.GRUNDAUSSTATTUNG, APPLIKATIONS- UND KOMMUNIKATIONSSICHERSTELLUNG DER PROGRAMME DES DATENBASISSYSTEMS UND DIE TECHNISCHE BASIS DES AUTOMATISIERTEN GEODAETISCHEN UND KARTOGRAFISCHEN INFORMATIONSSYSTEMS. GRUNDAUFGABEN DER BETREUUNG DER DATENBASIS DES AUTOMATISIERTEN GEODAETISCHEN UND KARTOGRAFISCHEN INFORMATIONSSYSTEMS.

=DATENBANK, SYSTEMUNTERLAGE, INFORMATIONSSYSTEM, =KARTOGRAFISCHES INFORMATIONSSYSTEM, AUTOMATISIERUNG
SLOWAK. A 1.903

0024
EIN BILDANALYSE-SOFTWARESYSTEM FUER SKR-TECHNIK-KONZEPTION UND STAND DER REALISIERUNG / MEYER, WOLFDIETRICH ; DIMMER, VOLKER

IN: BILD U. TON
LEIPZIG 37(1984)12. - S. 362-364

> L191, 2242.

63.23
NACH EINEM VERGLEICH DER VORHANDENEN RECHENTECHNISCHEN MOEGLICHKEITEN WERDEN UNTERSCHIEDLICHE PROGRAMMIERSPRACHEN UND BETRIEBSSYSTEME GEGENUEBER GESTELLT. FUER DIE BILDVERARBEITUNG IN ROUTINE UND ENTWICKLUNG WIRD EINE KONZEPTION BASIEREND AUF FORTRAN ANGEGEBEN.

=BILDVERARBEITUNG, SKR, =SYSTEMUNTERLAGE, ENTWICKLUNGSSTAND, =BETRIEBSSYSTEM (DAT), PROGRAMMIERSPRACHE
DTSCH. A 1.971

0025

NATUERLICHSPRACHLICHER DIALOG ZWISCHEN MENSCH UND MASCHINE
IN: BILD U. TON
LEIPZIG 37(1984)12. - S. 364

> L191, Z242.

63.23
MITTEILUNG UEBER DEN IN FEBRUAR 1983 AN DER TU DRESDEN GEBILDETEN KONSULTATIONSSTUETZPUNKT "MENSCH-MASCHINE-DIALOG", UEBER DIE VORTEILE DER AKUSTISCHEN KOMMUNIKATION UND UEBER DIE VOM VEBKOMBINAT ROBOTRON FUER DIESE AUFGABE ENTWICKELTE GERAETETECHNIK.

=INTERAKTIVE DATENVERARBEITUNG, AKUSTIK, =EIN/AUSGABEEINRICHTUNG
DTSCH. A 1.972

0026

PROBLEME UND LOESUNGEN ZUR ORGANISATION VON VIDEOTECHNIK-INFORMATIONSSYSTEMEN FUER DIE TECHNISCHE PRODUKTIONSVORBEREITUNG / SCHOELLING, WERNER

IN: BILD U. TON
LEIPZIG 37(1984)11. - S. 329-334

> L191, Z242.

63.23
AUSGEHEND VON DEN GRUNDSAETZEN ZUR PLANUNG, VORBEREITUNG UND ANWENDUNG VON VIDEOTECHNIK-INFORMATIONSSYSTEMEN WERDEN DIE AUFBAU- UND ABLAUFORGANISATION SOLCHER SYSTEME ERLAEUTERT.

=INFORMATIONSSYSTEM, =DISPLAYTECHNIK, =PRODUKTIONSVORBEREITUNG, RATIONALISIERUNG, DATENVERARBEITUNG
DTSCH. A 1.973

0027

PROBLEME UND LOESUNGEN ZUR ORGANISATION VON VIDEOTECHNIK-INFORMATIONSSYSTEMEN FUER DIE TECHNISCHE PRODUKTIONSVORBEREITUNG
IN: BILD U. TON
LEIPZIG 37(1984)11. - S. 329-334

> L191, Z242.

63.23

AUSGEHEND VON DEN GRUNDSAETZEN ZUR PLANUNG, VORBEREITUNG UND ANWENDUNG VON VIDEOTECHNIK-INFORMATIONSSYSTEMEN WERDEN DIE AUFBAU- UND ABLAUFORGANISATION SOLCHER SYSTEME ERLAEUTERT.

=INFORMATIONSSYSTEM, =DISPLAYTECHNIK, =PRODUKTIONSVORBEREITUNG, RATIONALISIERUNG, DATENVERARBEITUNG
DTSCH. A 1.974

65 POLYGRAFIE, REPROGRAFIE, FOTO- UND KINOTECHNIK
65.29 POLYGRAFIE

0028
TEKHNOLOGICHESKIE SVOJJSTVA DIAZOTIPNYKH PLJONOK / PLASJUNOVA, T. ; RADULJANSKAJA, U. ; SHAMONOVA, V.

IN: POLIGRAFIJA
MOSKVA (1983)11. - S. 17-19
UEBERS. D. SACHT.: TECHNISCHE EIGENSCHAFTEN DER DIAZOTYPIEFILME
REF. IN: REF.-LISTE POLYGRAPH. FACHZ. SOZIAL. LAENDER. - LEIPZIG 6(1983)11. - S. 3

> L99

65.29
BERICHT UEBER DIE UNTERSUCHUNGEN DES DIAZOFILMS TLK HINSICHTLICH LICHTEMPFINDLICHKEIT, BILDDICHTE (VISUELL UND DENSITOMETRISCH), KONTRASTFAKTOR, AUFLOESUNGSVERMOEGEN SOWIE DES EINFLUSSES DER ZAHL DER FILMDURCHGAENGE DURCH DIE ENTWICKLUNGSANLAGE. UNTERSUCHT WURDEN AUCH DIE KOPIERDICHTEN BEI DER FLACHDRUCKPLATTENKOPIE MIT VERSCHIEDENEN KOPIERSCHICHTEN BEI BESONDERER BERUECKSICHTIGUNG DER DETAILWIEDERGABE VON STRICHUND RASTERELEMENTEN. ES WIRD FESTGESTELLT, DASS MIT DEM TLK BRAUCHBARE DUPLIKATFILME FUER DIE DRUCKFORMENHERSTELLUNG ANGEFERTIGT WERDEN KOENNEN.

=LICHTPAUSFILM UND -PAPIER, =DRUCKFORMENHERSTELLUNG
RUSSISCH A 1.869

0029
BESSEREBRJANYE FOTOMATERIALY V TEKHNOLOGII OFSETNOJJ PECHATI / PRISHHELIN, A. ; ZHIGAL'SKIJJ, A. ; GRISHHKEVICH, E.

IN: POLIGRAFIJA
MOSKVA (1983)10. - S. 15-16
UEBERS. D. SACHI.: SILBERSALZFREIE PHOTOMATERIALIEN IN DER OFFSETDRUCKTECHNIK
REF. IN:REF.-LISTE POLYGRAPH.FACHZ. SOZIAL. LAENDER. - LEIPZIG 6(1983)10. - S. 4

> L99

65.29
EIGENSCHAFTEN UND BEARBEITUNG EINES NEUEN SILBERSALZFREIEN FILMS FUER DIE FLACHDRUCKFORMENHERSTELLUNG, BESTEHEND AUS SCHRUMPFUNGSFREIER UNTERLAGE, SPEZIELL PRAEPARIERTER POLYETHYLENTEREPHTHALATFOLIE (LAVSAN) UND LICHTEMPFINDLICHER SCHICHT AUF DER BASIS VON FERROZEN UND TETRABROMKOHLENSTOFF.

=FILM, =SILBERFREIE EMULSION, =DRUCKFORMENHERSTELLUNG, OFFSETDRUCK
RUSSISCH A 1.870

0030

ZWEITES SYMPOSIUM DER SEKTION POLYGRAFIE DER TECHNISCHEN HOCHSCHULE LEIPZIG UEBER ASPEKTE DER PERSPEKTIVISCHEN ENTWICKLUNG DER POLYGRAFIE / LIEBAU, DIETER

IN: PAPIER U. DRUCK
LEIPZIG 34(1985)1. - S. 33-36

> L191, Z137.

65.29
BEHANDELT WURDEN FOLGENDE THEMEN:ZEITUNGEN, BUCHBINDERISCHE ERZEUGNISSE UND ELEKTRONISCHE MEDIEN; ENTWICKLUNGSTENDENZEN AUF DEN GEBIETEN DRUCKFORMENHERSTELLUNG UND DRUCKPROZESS; VERKETTUNGSMOEGLICHKEITEN UND PRODUKTIONSORGANISATION IN DER BEDRUCKSTOFFVERARBEITUNG.

=POLYGRAFISCHE INDUSTRIE, =ENTWICKLUNGSRICHTUNG, =KONFERENZ, DDR, 1984, DRUCKFORMENHERSTELLUNG, DRUCKVORGANG, BEDRUCKSTOFFWEITERVERARBEITUNG, PRODUKTIONSORGANISATION (TAETIGKEIT)
DTSCH. A 1.874

0031

LEIPZIGER HERBSTMESSE 1984 - DEMONSTRATION ERFOLGREICHEN POLYGRAPH-DRUCKMASCHINENBAUS / SCHOLZ, MANFRED

IN: PAPIER U. DRUCK
LEIPZIG 33(1984)12. - S. 529-532

> L191, Z137.

65.29
ES WERDEN NEUE DRUCKMASCHINEN AUS DDR-PRODUKTION KURZ VORGESTELLT.

=POLYGRAFISCHE INDUSTRIE, MESSE, =DDR, 1984, DRUCKMASCHINE
DTSCH. A 1.875

0032 INTERESSANTE INTERNATIONALE EXPONATE UND INFORMATIONEN AUF DEM SEKTOR DRUCKUND HILFSMASCHINEN ZUR LEIPZIGER HERBSTMESSE 1984 / SCHOLZ, MANFRED

IN: PAPIER U.DRUCK
LEIPZIG 33(1984)12. - S. 537-540

> L191, Z137.

65.29

=POLYGRAFISCHE INDUSTRIE, =MESSE, =DDR, 1984, DRUCKMASCHINE, POLYGRAFISCHES GERAET
DTSCH. A 1.876

65.33 FOTO- UND KINOTECHNIK

0033 OPTIMALE EMULSIONEN FUER GROSSMASSSTAEBIGE AUSWERTUNGEN / BRINDOEPKE, WOLFGANG ; JAAKKOLA, MATTI ; NOUKKA, PIRKKO

IN: BILDMESS. U.LUFTBILDWESEN
KARLSRUHE 53(1985)1. - S. 23-32

> L191, Z2., B105, D57.

65.33, 12.29.05
DEUTSCHE FASSUNG DES PRESENTED PAPER DER OEEPE ZUM 15. ISPRS-KONGRESS 1984 IN RIO DE JANEIRO.

MITGETEILT WERDEN DIE ERGEBNISSE DER UNTERSUCHUNGEN VON 5 SCHWARZWEISS- UND 4 COLOREMULSIONEN HINSICHTLICH DER GEOMETRISCHEN GENAUIGKEIT DER PHOTOGRAMMETRISCH BESTIMMTEN PUNKTE, DER PHOTOGRAPHISCHEN BILDGUETE, DER GEOMETRISCHEN MESSGENAUIGKEIT SIGNALISIERTER PUNKTE UND DER ZUVERLAESSIGKEIT DER BILDINTERPRETATION.

=BILDQUALITAET, =FOTOGRAFISCHE EMULSION, FARBFILM, SCHWARZWEISSFILM, MESSFEHLER, DECHIFFRIERUNG, GROSSMASSSTAEBIGE KARTOGRAFIE, STEREOAUSWERTUNG, FOTOGRAMMETRISCHE KARTENHERSTELLUNG
DTSCH. A 1.983

73 KONSTRUKTION, FERTIGUNG UND PRUEFUNG VON GERAETEN
73.07 KONSTRUKTION UND PRUEFUNG GEODAETISCHER GERAETE

0034
DER PRAEZISIONSDISTANZMESSER CR 204 GEOMENSOR : FUNKTIONSPRINZIP UND ERSTE FELDERPROBUNGEN / SCHERER, MICHAEL

IN: Z. VERMESS.-WESEN
STUTTGART 110(1985)4.-S. 135-145

> D57, Z17., L191., B103.

73.07
FUER REICHWEITEN BIS ZU 5 KM (+- 0.1 MM + 0.5 PPM) IST DER GEOMENSOR DER HOECHSTENTWICKELTE PRAEZISIONSDISTANZMESSER. DIE BEDIENUNG UND DIE ELEKTRONISCHEN FUNKTIONEN DES GERAETES WERDEN IM EINZELNEN BESCHRIEBEN. ERSTE UNTERSUCHUNGSERGEBNISSE UND FELDERFAHRUNGEN MIT DEM GEOMENSOR BEI DER MESSUNG EINES NETZES FUER ERDBEBENVORHERSAGE WERDEN VORGESTELLT.

=ELEKTROOPTISCHES ENTFERNUNGSMESSGERAET, =ELEKTROOPTISCHE ENTFERNUNGSMESSUNG, PRAEZISIONSGERAET
DTSCH. A 1.939

0035
KOGERENTNYJJ SVETODAL'NOMER S AKTIVNYM OTVETOM I EGO PREDVARITEL'NYE ISPYTANIJA / GOLUBEV, A.N. ; POLJAKOV, V.T. ; PRILEPIN, M.T.

IN: IZVEST. VYSSH. UCHEBN. ZAVEDENIJJ, GEOD. I AEHROFOTOS''JOMKA
MOSKVA 28(1984)4. - S. 107-112
UEBERS. D. SACHT.: KOHAERENTER ELEKTROOPTISCHER ENTFERNUNGSMESSER MIT AKTIVEM REFLEKTOR UND SEINE VORLAEUFIGEN ERPROBUNGEN

> L191, 227.

73.07
BESCHREIBUNG DES IM MOSKAUER INSTITUT FUER GEODAESIE, LUFTBILDAUFNAHME UND KARTOGRAPHIE (MIIGAIK) ENTWICKELTEN VERSUCHSMODELLS.ERPROBUNGEN AUF EINER 8 KM LANGEN STRECKE BEI TURBULENTER ATMOSPHAERE ZEIGTEN DIE LEISTUNGSFAEHIGKEIT UND AUSREICHENDE MESSGENAUIGKEIT DES GERAETES. WEITERE UNTERSUCHUNGEN AUF LAENGEREN STRECKEN SIND VORGESEHEN. 10 LIT.

=ELEKTROOPTISCHES ENTFERNUNGSMESSGERAET, UDSSR, MESSFEHLER, ERPROBUNG, FELDPRUEFUNG, REFLEKTOR
RUSSISCH A 1.952

0036 VLIJANIE VIBRACII NA USTOJJCHIVOST' SHTATIVOV / KIR'JANOV, JU.V. ; KOMAR, N.M.

IN: IZVEST. VYSSH. UCHEBN. ZAVEDENIJJ, GEOD. I AEHROFOTOS''JOMKA
MOSKVA 28(1984)4. - S. 112-117
UEBERS. D. SACHT.: EINFLUSS DER VIBRATION AUF DIE STANDSICHERHEIT VON STATIVEN

> L191, 227.

73.07
UNTERSUCHT WEURDEN DREI TYPEN VON STATIVEN. AUF FREQUENZEN VON 10 BIS 150 HZ VERGROESSERN DIE STATIVE DIE VIBRATION DER UNTERLAGE. AUF DEN RESONANZFREQUENZEN ERREICHT BEI EINEM NICHT AUSZIEHBAREN STATIV DIE VERGROESSERUNG DER VIBRATIONSAMPLITUDE DER UNTERLAGE DAS 8- BIS 10FACHE UND BEI AUSZIEHBAREN STATIVEN DAS 4- BIS 6FACHE. DIE GROESSE, UM DIE DIE FUESSE HERAUSGEZOGEN WERDEN, UND DIE MASSE DER LAST, DIE AM STATIVKOPF ANGEBRACHT WIRD,HABEN KEINEN WESENTLICHEN EINFLUSS AUF DIE VIBRATIONSKENNZIFFERN DER STATIVE.

=STATIV, =AEUSSERER EINFLUSS
RUSSISCH A 1.953

0037
STRUNNYJJ MIKROBAROMETR / RABUKHIN, V. B. ; PANIKARSKIJJ, A. S.

IN: IZVEST. VYSSH. UCHEBN. ZAVEDENIJJ, GEOD. I AEHROFOTOS'' JOMKA
MOSKVA 28(1984)3. - S. 115-118
UEBERS. D. SACHT.: SAITENMIKROBAROMETER

> L191, Z27.

73.07, 49.21
KONSTRUKTION EINES MIKROBAROMETERS MIT EINEM SENSOR MIT VERAENDERLICHEM QUERSCHNITT, DER DIE HOHE EMPFINDLICHKEIT UND STABILITAET DER GERAETEPARAMETER SICHERT. FORMELN ZUR BERECHNUNG DER ABSOLUTEN EMPFINDLICHKEIT. DIE ABSOLUTEN EMPFINDLICHKEITEN DER ZWEI ENTWICKELTEN MIKROBAROMETERTYPEN SIND 0,03 MBAR IM BEREICH VON 900 BIS 1050 MBAR FUER DAS ERSTE GERAET UND 0,01 MBAR IM BEREICH VON 960 BIS 1040 MBAR FUER DAS ZWEITE GERAET.

=BAROMETER, EMPFINDLICHKEIT, INSTRUMENTENFEHLER
RUSSISCH A 1.966

73.11 KONSTRUKTION UND PRUEFUNG FOTOGRAMMETRISCHER GERAETE

SIEHE AUCH: 0002

73.15 KARTOGRAFISCHE GERAETE

0038
POMUCKY PRO TECHNIKE KRESLENI Z N.P. KOVOPOL NAD METUJI / MACOUN, KAREL

IN: GEOD. A KARTOGR. OBZOR
PRAHA 30(1984)11. - S. 284-285
UEBERS. D. SACHT.: HILFSMITTEL ZUM TECHNISCHEN ZEICHNEN UND GRAVIEREN AUS DEM VEB KOVOPOL POLICE NAD METUJI

> L191, Z 15, VUGK, CZAS. 12.

73.15
VEB KOVOPOL POLICE NAD METUJI ALS ALLEINIGER HERSTELLER VON ZEICHEN- UND GRAVIERGERAETEN IN DER CSSR. SCHNELLEINSTELLBARES KREISZIEHGERAET,

NULLENZIRKEL, LINEATOR (GERADENZIEHFEDER),
VERSCHIEDENE ZUSATZGERAETE (ADAPTER USW.).

=ZEICHENGERAET, ZEICHENHILFE, =CSSR
TSCHECH. A 1.897

0039
DIGIGTALER ZEICHENTISCH
IN: BILD U. TON
LEIPZIG 37(1984)12. - S. 355-356

> L191, Z242.

73.15, 63.11
DER DIGITALE ZEICHENTISCH DIGIGRAF 1208A/3,5G AUS CSSR DIENT ALS GRAFISCHE AUSGABEEINHEIT DER RECHNERSERIE ESER2 UND KANN AUCH IN VERBINDUNG MIT DEN KLEINRECHNERN DER SERIEN SMEP UND ADT EINGESETZT WERDEN. ER ARBEITET IM AUTONOMEN BETRIEB, SOFERN ER MIT EINEM LOCHBANDLESER ODER EINEM MAGNETBANDSPEICHER ERGAENZT WIRD.

=AUTOMATISCHER KOORDINATOGRAF, CSSR
DTSCH. A 1.970

73.19 GEOPHYSIKALISCHE GERAETE

0040
EIN ELEKTRONISCHES REGEL- UND MESSSYSTEM FUER LACOSTE-ROMBERG GRAVIMETER / ROEDER, R. H. ; SCHNUELL, M. ; WENZEL, H.-G.

IN: Z.VERMESS.-WESEN
STUTTGART 109(1984)9.-S. 494-497
UEBERS. D. SACHT.: AN ELECTRONIC FEEDBACK FOR LACOSTE-ROMBERG GRAVITY METERS

> D57,Z17., L191., B103.

73.19, 12.15.35
DIE ASTASIERTEN LCR-GRAVIMETER, DIE NACH DEM PRINZIP DER FEDERWAAGE ARBEITEN, REAGIEREN AUF KLEINE SCHWEREAENDERUNGEN MIT GROSSER AUSLENKUNG EINES WAAGEBALKENS AUS DER NULLAGE. MITTELS EINES MECHANISCHEN SYSTEMS WERDEN DIE AUSLENKUNGEN RUECKGAENGIG GEMACHT, DOCH DIE ERREICHBARE GENAUIGKEITSSTEIGERUNG (5 BIS 10MIKROGAL) IST UNBEFRIEDIGEND.DURCH EIN ELEKTRONISCHES REGELSYSTEM

WIRD EINE REGELSPANNUNG AUFGEBAUT,DIE SO BEMESSEN IST, DASS DIE AUF DEN WAAGEBALKEN WIRKENDE ELEKTROSTATISCHE KRAFT IHN IN DIE NULLAGE ZURUECKFUEHRT UND DORT HAELT.

ASTASIERTES MESSSYSTEM (GRAVIMETRIE), GRAVIMETERMESSUNG, SCHWEREBESTIMMUNG, =ELEKTRONISCHES GERAET, =GRAVIMETER, ELEKTRONISCHES MESSVERFAHREN, GENAUIGKEITSSTEIGERUNG
DTSCH. A 2.006

81 KOMPLEXE ERFORSCHUNG DER ERDE UND DES WELTRAUMES, UMWELTFORSCHUNG UND UMWELTSCHUTZ
81.57 ERKUNDUNG DER ERDRESSOURCEN MIT AEROKOSMISCHEN VERFAHREN UND GERAETEN

0041

NEKOTORYE PODKHODY K ORGANIZACII BANKA DANNYKH SISTEMY IZUCHENIJA PRIRODNYKH RESURSOV ZEMLI IZ KOSMOSA : NA PRIMERE SEL'SKOGO KHOZJAJJSTVA / SIMONOV, JU.G. , DEREVJANKO, N.F. ; BARVYN', G.I.

IN: ISSL. ZEMLI KOSMOSA
MOSKVA 5(1984)4. - S. 103-109
UEBERS. D. SACHT.: EINIGE HERANGEHENSWEISEN AN DIE ORGANISATION EINER DATENBANK DES SYSTEMS ZUR UNTERSUCHUNG DER NATUERLICHEN RESSOURCEN DER ERDE AUS DEM KOSMOS: AM BEISPIEL DER LANDWIRTSCHAFT

> L191, 256.

81.57, 63.23
FRAGEN DER INFORMATIONSVERSORGUNG, DER TECHNISCHEN SICHERSTELLUNG UND DER SOFTWARE DER DATENBANK EINES AUTOMATISIERTEN SYSTEMS ZUR ERFORSCHUNG DER NATUERLICHEN RESSOURCEN DER ERDE AUF DER GRUNDLAGE KOSMISCHER VIDEOINFORMATIONEN.GRUNDSAETZE DER LOGISCHEN UND PHYSISCHEN DATENORGANISATION.

=DATENBANK, =FERNERKUNDUNG, NATUERLICHE RESSOURCEN, LANDWIRTSCHAFT, SPEICHERORGANISATION (DAT), EDV-EINSATZVORBEREITUNG
RUSSISCH A 1.994

I N H A L T S V E R Z E I C H N I S

I N H A L T S V E R Z E I C H N I S

A U T O R E N R E G I S T E R

D E S K R I P T O R E N R E G I S T E R

D E S K R I P T O R E N R E G I S T E R

D E S K R I P T O R E N R E G I S T E R

bibliographia geodaetica

Special Bibliography

Set A

Management and Organisation at Geodesy and Cartography, Neigh- and Cross-Section Fields

Part 8 · 1985

Akademie-Verlag Berlin

Volume 23 · 1985 · No. 4
Set A · Part 8

ISSN 0006-1239 bibl. geod., Berlin **23** (1985) 4, Set A, Part 8

12 GEODAESIE, FOTOGRAMMETRIE UND KARTOGRAFIE
12.01 ALLGEMEINE FRAGEN DER GEODAESIE,FOTOGRAMMETRIE UND KARTOGRAFIE
12.01.13 NATIONALE WISSENSCHAFTLICH-TECHNISCHE ORGANISATIONEN DER GEODAESIE, FOTOGRAMMETRIE UND KARTOGRAFIE UND IHRE TAETIGKEIT

SIEHE AUCH: 0007

12.01.17 INTERNATIONALE ZUSAMMENARBEIT UND TAETIGKEIT INTERNATIONALER ORGANISATIONEN DER GEODAESIE, FOTOGRAMMETRIE UND KARTOGRAFIE

0001

FUENFZEHNTER KONGRESS DER INTERNATIONALEN GESELLSCHAFT FUER PHOTOGRAMMETRIE UND FERNERKUNDUNG (ISPRS) VOM 17. BIS 29.6.1984 IN RIO DE JANEIRO / SZANGOLIES, K. ; MARCKWARDT, W. ; MAREK, K.-H.

IN: VERMESSUNGSTECHNIK
BERLIN 32(1984)12. - S. 418-421

> L191, Z46.

12.01.17
BERICHT UEBER DIE ERGEBNISSE DER GENERALVERSAMMLUNG, DIE BERATUNGEN IN DEN KOMMISSIONEN UND DIE KOMMERZIELLE AUSSTELLUNG.

=FOTOGRAMMETRIE, =FERNERKUNDUNG, ISPRS, =KONFERENZ, BRASILIEN, 1984, AUSSTELLUNG
DTSCH. A 2.070

12.01.37 STANDARDISIERUNG UND METROLOGISCHE SICHERSTELLUNG IN GEODAESIE, FOTOGRAMMETRIE UND KARTOGRAFIE

0002

GOSUDARSTVENNYJJ STANDART NA METODY ISPYTANIJJ GEODEZICHESKIKH PRIBOROV / SPIRIDONOV, A. I. ; CHESNOKOV, S. B.

IN: GEOD. I KARTOGR.
MOSKVA 60(1984)10. S. 57-58
UEBERS. D. SACHT.: STAATLICHER STANDARD FUER METHODEN DER ERPROBUNG VON GEODAETISCHEN GERAETEN

> L191, Z29.

12.01.37, 73.07
DER GOST 26137-84 "GEODAETISCHE GERAETE. ERPROBUNGSMETHODEN" IST AB 1.7.85 FUER EINEN ZEITRAUM VON 5 JAHREN GUELTIG. ER ERSETZT DEN GOST 13007-67 "GEODAETISCHE GERAETE. ERPROBUNGSBEDINGUNGEN BEI TRANSPORTERSCHUETTERUNG" UND DEN GOST 20063-74 "THEODOLITE. METHODEN DER ERPROBUNG UND PRUEFUNG".

=STAATLICHER STANDARD, =UDSSR, PRUEFEN (TECHN), =GEODAETISCHES GERAET
RUSSISCH A 2.239

12.01.75 LEITUNG, PLANUNG UND OEKONOMIE IN GEODAESIE, FOTOGRAMMETRIE UND KARTOGRAFIE

0003
EIN AUTOMATISIERTES INFORMATIONSSYSTEM MIT GEODAETISCHER DATENBANK / VALISH, JURAJ

IN: VERMESSUNGSTECHNIK
BERLIN 32(1984)12. - S. 403-406

> L191, Z46.

12.01.75
ZIELFUNKTION DER ERRICHTUNG EINES AUTOMATISIERTEN INFORMATIONSSYSTEMS GEODAESIE UND KARTOGRAPHIE (AIS GUK). PROZESS DER GEWINNUNG UND BEREITSTELLUNG GEODAETISCHER DATEN. ANFORDERUNGEN AN DAS STEUERUNGSSYSTEM DER DATENBASIS SOWIE DIE MOEGLICHKEITEN EINER MATHEMATISCHEN BESCHREIBUNG DES INHALTS UND DER FUNKTION DER GEODAETISCHEN DATENBANK.
DIE GRUNDETAPPEN DER ERRICHTUNG DES AIS GUK UMFASSEN DEN VORGANG DER ANALYSE DER NUTZERUMGEBUNG, DIE KONZEPTION DES SYSTEMS UND DER STRUKTUR DER DATENBANK, DIE SICHERSTELLUNG DER DATENBANKFUNKTION SOWIE DIE PROGRAMMTECHNISCHE UND BETRIEBSRECHTLICHE SICHERSTELLUNG DES SYSTEMS.

=GEODAESIE, KARTOGRAFIE, =INFORMATIONSSYSTEM, AUTOMATISIERTES SYSTEM, =DATENBANK

DTSCH. A 2.063

12.01.79 KADER IN GEODAESIE, FOTOGRAMMETRIE UND KARTOGRAFIE UND IHRE AUSBILDUNG

0004
COLLOQUIUM ON SURVEYING AND MAPPING EDUCATION : EDUCATION SURVEYING AND MAPPING PROFESSIONALS FOR THE YEAR 2000, FREDERICTON, CANADA 11-14 JUNE 1985 / CANADIAN INSTITUTE OF SURVEYING ; INTERNATIONAL ASSOCIATION OF GEODESY

IN: CHRON. UGGI
PARIS, 1985, NR. 171. - S. 18-19
UEBERS. D. SACHT.: KOLLOQUIUM UEBER DIE AUSBILDUNG IM VERMESSUNGS- UND KARTENWESEN, AUSBILDUNG VON FACHKRAEFTEN FUER DAS VERMESSUNGS- UND KARTENWESEN IM JAHR 2000, FREDERICTON, KANADA, 11.-14. JUNI 1985

> L191, 2145.

12.01.79

=KONFERENZ, KANADA, 1985, IAG, FIG, ISPRS, =AUSBILDUNG, =GEODAESIE, KARTOGRAFIE
ENGL., FRANZ. A 2.221

12.01.81 QUALITAETSKONTROLLE UND QUALITAETSSICHERUNG IN GEODAESIE, FOTOGRAMMETRIE UND KARTOGRAFIE

0005
ZU DEN RISIKEN DER HERSTELLER UND ABNEHMER GEODAETISCH-KARTOGRAPHISCHER ERZEUGNISSE UND LEISTUNGEN BEI DER BEURTEILUNG DER MESSBAREN QUALITAETSMERKMALE / SOMMER, MANFRED

IN: VERMESSUNGSTECHNIK
BERLIN 32(1984)12. - S. 415-417

> L191, 246.

12.01.81
ABLEITUNG DES ZUSAMMENHANGES ZWISCHEN HERSTELLER- UND ABNEHMERRISIKO BEI DER PRUEFUNG VON STANDARDABWEICHUNGEN. BEDEUTUNG DES

STICHPROBENUMFANGES FUER DAS ABNEHMERRISIKO.

STANDARDABWEICHUNG, STICHPROBENTECHNIK (STAT), FORSCHUNGSRISIKO, HYPOTHESE, =QUALITAETSANALYSE, =GEODAESIE, =KARTOGRAFIE, ERZEUGNIS
DTSCH. A 2.068

12.15 HOEHERE GEODAESIE, GEODAETISCHE MESSVERFAHREN UND IHRE BEARBEITUNG
12.15.33 GEODAETISCHE MESSVERFAHREN

0006
ENTFERNUNGSMESSUNGEN MIT DEM MIKROWELLENGERAET TELLUROMETER MRA 6 / BAEHR, H.-G. ; RITTER, B.

IN: ALLG. VERMESS.-NACHR.
KARLSRUHE 92(1985)2. - S. 82-93

> L191, Z 5., B103., D57.

12.15.33, 73.07
BESCHREIBUNG DES GERAETES. UEBERPRUEFUNG BEZUEGLICH ADDITIONSKORREKTUREN UND FREQUENZVERHALTENS. MESSUNGEN IM NETZ SUEDWEST-ISLAND UND VERGLEICH DER ERGEBNISSE MIT DENEN ANDERER ENTFERNUNGSMESSUNGEN.

=MIKROWELLENENTFERNUNGSMESSGERAET, =EICHEN, MESSGERAETEDATEN + MIKROWELLENENTFERNUNGSMESSUNG, LOKALES NETZ, ISLAND
DTSCH. A 2.251

12.33 KARTOGRAFIE

0007
SIEDMA KARTOGRAFICKA KONFERENCIA SO ZAHRANICNOU UCASTOU : VEDECKO-TECHNICKYM ROZVOJOM K VYSSEJ KVALITE A EFEKTIVNOSTI KARTOGRAFICKEJ TVORBY, BRATISLAVA, 4. BIS 6.SEPTEMBER 1984 / CZESKOSLOVENSKA VEDECKOTECHNICKA SPOLOCZNOST ; SLOVENSKY VYBOR GEODETICKO-KARTOGRAFICKEJ SPOLOCZNOSTI ; CZESKY VYBOR SPOLECZNOSTI GEODEZIE A KARTOGRAFIE
BRATISLAVA, 1984. - 305 S.
UEBERS. D. SACHT.: SIEBENTE KARTOGRAPHISCHE KONFERENZ MIT AUSLAENDISCHER BETEILIGUNG : DURCH WISSENSCHAFTLICH-TECHNISCHEN FORTSCHRITT ZU HOEHERER

QUALITAET UND EFFEKTIVITAET DER KARTOGRAPHISCHEN PRODUKTION: BRATISLAVA, 4. BIS 6. SEPTEMBER 1984

> L191, KONF. 248.

12.33, 12.01.13
VORTRAEGE DER KONFERENZ IN TSCHECHISCHER SPRACHE. ZUSAMMENFASSUNG IN RUSSISCHER SPRACHE.

=KONFERENZ, =CSSR, 1984, =KARTOGRAFIE, ENTWICKLUNGSRICHTUNG, KARTENNAME, KARTOGRAFISCHE GENERALISIERUNG, KARTOMETRIE, FOTOGRAMMETRISCHE KARTENHERSTELLUNG, GROSSMASSSTAEBIGE KARTE, THEMATISCHE KARTE (GEOW), MODELLIERUNG (MATH), DIGITALES GELAENDEMODELL, DATENBANK, FARBKOPIERVERFAHREN, MIKROVERFILMUNG, KARTENHERSTELLUNG, KLEINMASSSTAEBIGE KARTE, FERNERKUNDUNG, ARCHIVIERUNG, AUTOMATISCHE KARTENHERSTELLUNG, STANDARDISIERUNG
TSCHECH. A 2.201

12.33.25 KARTOGRAFISCHER HERAUSGABEPROZESS

SIEHE AUCH: 0016

20 LEITUNG UND ORGANISATION DER GESELLSCHAFTLICHEN PRODUKTION

0008
WIRTSCHAFTS- UND LEITUNGSORGANISATION IN DEN KOMBINATEN UND IHREN BETRIEBEN / ZENTRALINSTITUT FUER SOZIALISTISCHE WIRTSCHAFTFUEHRUNG (HRSG)
BERLIN: DIETZ VERLAG, 1985. - 380 S.
(SCHRIFTEN ZUR SOZIALISTISCHEN WIRTSCHAFTSFUEHRUNG ; 00)

> L191, Z153/45.

20, 25
FOLGENDE SCHWERPUNKTE WERDEN IN NEUN KAPITELN BEHANDELT: ORGANISATION ALS GESELLSCHAFTLICHER INTENSIVIERUNGSFAKTOR, AUFGABEN DER LEITER BEI DER VERVOLLKOMMNUNG DER WIRTSCHAFTS- UND LEITUNGSORGANISATION IN KOMBINATEN UND KOMBINATSBETRIEBEN, HERAUSBILDUNG DER MATERIELLEN STRUKTUR DES REPRODUKTIONSPROZESSES IN DEN KOMBINATEN, RATIONELLE ORGANISATION DER KOMBINATSLEITUNG, VERVOLLKOMMNUNG DER PRODUKTIONS-

UND ARBEITSORGANISATION, ORGANISATION DER ARBEIT DES GENERAL- UND BETRIEBSDIREKTORS, RATIONALISIERUNG DER LEITUNGS- UND VERWALTUNGSPROZESSE, AUFGABEN UND ARBEITSWEISE DES FACHORGANS FUER ORGANISATION UND DATENVERARBEITUNG.

LEITUNG (WIRTSCH), =KOMBINAT, =LEITUNGSPROZESS, PRODUKTIONSVORBEREITUNG, =PRODUKTIONSPROZESS, KOMBINATSLEITUNG, ORGANISATION (TAETIGKEIT)
DTSCH. A 2.097

0009
OBJEKTIVE PROZESSE UND GESETZMAESSIGKEITEN AUF DEM GEBIET DER OEKONOMIE UND ORGANISATION DER ARBEIT / BLEY, HORST

IN: SOZIAL. ARB.-WISS.
BERLIN 28(1984)5. S. 321-330

> L191, Z168.

20, 25
AUSGEHEND VON DER CHARAKTERISIERUNG DER GESETZMAESSIGKEITEN UND PROZESSE, DIE FUER DIE OEKONOMIE UND ORGANISATION DER ARBEIT GRUNDLEGENDE BEDEUTUNG HABEN, WERDEN ANSATZPUNKTE ZU IHRER BESSEREN NUTZUNG DARGELEGT.DABEI WIRD U.A. AUF DIE PROZESSE DER STAENDIGEN ZEITERSPARNIS UND VOLLBESCHAEFTIGUNG,DEN PROZESS DER UEBERTRAGUNG MENSCHLICHER ARBEITSFUNKTIONEN AUF DIE ARBEITSMITTEL UND HERAUSBILDUNG NEUER TAETIGKEITSFELDER SOWIE DIE GESETZMAESSIGKEIT DES ZUNEHMENDEN WECHSELS DER ARBEIT EINGEGANGEN.

=ARBEITSOEKONOMIE, PRODUKTIONSORGANISATION (TAETIGKEIT), ARBEIT (WIRTSCH), ARBEITSPRODUKTIVITAET, WISSENSCHAFTLICHE ARBEITSORGANISATION, ARBEITSZEITFONDS, ARBEITSKRAEFTE, ARBEITSKRAEFTELENKUNG
DTSCH. A 2.204

25 WIRTSCHAFT UND WIRTSCHAFTSWISSENSCHAFTEN

SIEHE AUCH: 0008
0009

---

43 MATHEMATIK
43.41 WAHRSCHEINLICHKEITSTHEORIE UND MATHEMATISCHE STATISTIK

0010
THE MONTE CARLO METHOD / SOBOL, I.M. / KISIN, K.I. (UEBERS.) . - 2. AUFL.
MOSCOW: MIR, 1984. - 71 S. : 30 ABB.
(LITTLE MATHEMATICS LIBRARY ; 00)
UEBERS. D. SACHT.: DIE MONTE-CARLO-METHODE
UEBERS. A. D. RUSS.

> L191, 8705.

43.41
SIMULATION VON ZUFALLSVARIABLEN. BEISPIELE FUER DIE ANWENDUNG DER MONTE-CARLO-METHODE.

=STATISTISCHE ANALYSE, STATISTISCHES VERFAHREN, MATHEMATISCHE STATISTIK, =STATISTISCHER TEST, =STICHPROBENTECHNIK (STAT)
ENGL. A 2.095

45 PHYSIK

SIEHE AUCH: 0023

47 ASTRONOMIE
47.15 ASTROMETRIE

0011
VERGLEICH VERSCHIEDENER POLKOORDINATENSYSTEME / MEINIG, MANFRED

IN: VERMESSUNGSTECHNIK
BERLIN 32(1984)11. - S. 375-377

> L191, 246.

47.15
AUS DEN POLKOORDINATEN VON 1969.00 BIS 1981.95 WURDEN FUER SECHS VERSCHIEDENE SYSTEME DIE HAUPTKOMPONENTEN DER POLBEWEGUNG BERECHNET. EINE VERGLEICHENDE EINSCHAETZUNG ZEIGT,DASS IN DEN PARAMETERN DER POLBEWEGUNG, DIE AUF VERSCHIEDENE

WEISE BESTIMMT WURDEN,NEBEN DEN ZUFAELLIGEN FEHLERN NOCH FEHLERANTEILE MIT SYSTEMATISCHEM CHARAKTER ENTHALTEN SIND, DEREN EINFLUSS UM SO GERINGER IST, JE MEHR STATIONEN EINBEZOGEN WERDEN. DIE ERGEBNISSE DEUTEN AUSSERDEM DARAUF HIN, DASS MIT DEM PRAEDIKTIONSMODELL DES BIH EINE RECHT GUTE BERUECKSICHTIGUNG LOKALER SYSTEMATISCHER EINFLUESSE ERFOLGT.

=POLBEWEGUNG, =ASTRONOMISCHES KOORDINATENSYSTEM, KOORDINATENBERECHNUNG, KOORDINATENFEHLER, FEHLEREINFLUSS, SYSTEMATISCHER FEHLER, VERGLEICHENDE UNTERSUCHUNG
DTSCH. A 2.087

63 KYBERNETIK, RECHENTECHNIK UND AUTOMATISIERUNGSTECHNIK
63.03 ALLGEMEINE FRAGEN UND THEORETISCHE GRUNDLAGEN DER KYBERNETIK, RECHENTECHNIK UND AUTOMATISIERUNGSTECHNIK

0012

BASIC-STANDARD IN SICHT / MACHACZKA, I.

IN: N. TECHNIK BUERO
BERLIN 28(1984)5. - S. 155-157

> L191, Z63.

63.03
BERICHT UEBER DEN BASIC-STANDARDENTWURF. AUSFUEHRUNGEN ZU: STRUKTUR DES PROGRAMMS UND DIE GRUNDELEMENTE DER SPRACHE, STEUERUNGSSTRUKTUREN, DATENEINGABE, DATENAUSGABE,ARBEIT MIT FELDERN, ANWENDERFUNKTIONEN UND -PROZEDUREN, PROGRAMMVERKETTUNG, TESTHILFEN,ARBEIT MIT DATEIEN, GRAPHIK, ECHTZEITARBEIT, BEFEHLE. 4 LIT.

=BASIC, HOEHERE PROGRAMMIERSPRACHE, =STANDARD
DTSCH. A 2.196

63.11 GERAETETECHNIK FUER DIE AUTOMATISIERUNGS- UND RECHENTECHNIK

0013

PERSPEKTIVEN DER MIKROELEKTRONIK : T. 2 WEGE ZU HOEHEREN INTEGRATIONSGRADEN / ENDERLEIN, ROLF

IN: WISS. U. FORTSCHR.
BERLIN 34(1984)12. - S. 316-319

> L191, Z197.

63.11
ES WERDEN 5 WEGE ZU HOEHEREN INTEGRATIONSGRADEN IN DER MIKROELEKTRONIK AUFGEZEIGT: VERKLEINERUNG DER BAUELEMENTE, VERGROESSERUNG DER CHIPFLAECHE, INTEGRATION IN MEHREREN EBENEN, KONZENTRATION MEHRERER FUNKTIONEN IN EINEM BAUELEMENT UND DIE ENTWICKLUNG NOCH PLATZSPARENDERER SCHALTUNGEN UND REALISIERUNGSTECHNIKEN.SCHWERPUNKTE IN DIESEM ARTIKEL: KLEINERE BAUELEMENTE,SUBMIKROMETER-TECHNOLOGIE, SUBMIKROMETER BAUELEMENTE UND ANFORDERUNGEN AN DEN ZYKLUS NULL.

=MIKROELEKTRONIK, =ENTWICKLUNGSRICHTUNG, INFORMATIONSTECHNIK, ELEKTRONISCHES BAUELEMENT
DTSCH. A 2.061

0014
DIGITALISIERARBEITSPATZ ROBOTRON A 5510 / LANDNER, H. ; VOGEL, K.

IN: N. TECHNIK BUERO
BERLIN 29(1985)1. - S. 6-8

> L191, Z63.

63.11
BESCHREIBUNG DER GERAETETECHNIK UND DER SOFTWARE DES DIGITALISIERARBEITSPLATZES ROBOTRON A 5510. ROBOTRON A 5510 IST EINE SPEZIELLE KONFIGURATION DES BUEROCOMPUTERS A 5120/A 5130. ER ERMOEGLICHT MIT SEINER BASISSOFTWARE DIE SCHLUESSELFERTIGE NUTZUNG ALS DURCHGAENGIGES SYSTEM VON DER DIGITALISIERUNG GRAFISCHER DATEN BIS ZUR AUSGABE AUF GRAFISCHEN DRUCKERN BZW. PLOTTERN.ES KOENNEN GRAFISCHE INFORMATIONEN AUF STANDARD- ODER MINIDISKETTEN GESPEICHERT WERDEN.

ARBEITSPLATZ, =A/D-WANDLER, MIKRORECHNER, =KLEINRECHNER, EDV-TECHNIK, DIGITALISIERUNG
DTSCH. A 2.078

0015
HAZAI GYARTMANYU DIGITALIZALO RENDSZERREL SZERZETT TAPASZTALATOK, A TOVABBI FEJLESZTES LEHETOESEGEI / FLECKENSTEIN, MIHALY

IN: GEOD. ES KARTOGR.
BUDAPEST 36(1984)6. - S. 414-420
UEBERS. D. SACHT.: ERFAHRUNGEN BEI DER NUTZUNG DES EINHEIMISCHEN DIGITALISIERUNGSSYSTEMS UND MOEGLICHKEITEN SEINER WEITERENTWICKLUNG

> L191, Z9.

63.11
FRAGEN DER GENAUIGKEITSKONTROLLE BEIM DIGITALISIERUNGSSYSTEM RA-04. DIGITALISIERUNG GRAPHISCHER VORLAGEN. STEIGERUNG DER LEISTUNGSFAEHIGKEIT UND GENAUIGKEIT GEGENUEBER HERKOEMMLICHEN VERFAHREN UM DAS 2 BIS 3FACHE. ZUSAMMENFASSUNG IN RUSSISCH.

=A/D-WANDLER, =DIGITALE MESSWERTDARSTELLUNG, KARTE (GEOW), FEHLERBETRACHTUNG, =MESSWERTKORREKTION
UNGAR. A 2.263

63.23 ANWENDUNG DER AUTOMATISIERUNGS- UND RECHENTECHNIK

0016
ZUM EINSATZ VON VEKTORPROZESSOREN IN DER KARTOGRAPHISCHEN RASTERDATENVERARBEITUNG UNTER BESONDERER BERUECKSICHTIGUNG DES AP-120B / BUECHNER, UWE ; WEBER, WIGAND

IN: NACHR. KT.- U. VERMESS.-WESEN, R. 1
FRANKFURT/M. (1984)NR. 94. - S. 7-44, 3 ANL.

> L191, Z127.

63.23, 12.33.25
VERGLEICH DES VEKTORPROZESSORS AP-120B MIT GLEICHARTIGEN COMPUTERN UND TRADITIONELLEN RECHNERN HINSICHTLICH LEISTUNGSFAEHIGKEIT UND WIRTSCHAFTLICHKEIT. BESCHREIBUNG DER HARD- UND GRUNDSOFTWARE DES AP. SEIN EINSATZ ERFOLGT BEIM INSTITUT FUER ANGEWANDTE GEODAESIE IN FRANKFURT/M. ALS TEIL EINES KARTOGRAPHISCHEN RASTERDATENVERARBEITUNGSSYSTEMS MIT EINEM HOSTCOMPUTER, MAGNETPLATTEN, RASTERBILDSCHIRM UND RASTERPLOTTER. BESCHREIBUNG DES ZUSAETZLICH ENTWICKELTEN DATENVERWALTUNGSSYSTEMS FUER DIGITALE RASTERKARTEN FUER ZWECKE DER KARTOGRAPHISCHEN RASTERDATENVERARBEITUNG SOWIE FUER PHOTOGRAMMETRISCHE ANWENDUNGEN DER DIGITALEN

BILDVERARBEITUNG.

=DIGITALE BILDVERARBEITUNG, RASTERUNG, =EDV-EINSATZ, =EDV-SYSTEM, SYSTEMUNTERLAGE, AUTOMATISCHE KARTENHERSTELLUNG, PROGRAMMIERSPRACHE, PROGRAMM (DAT)
DTSCH. A 2.107

0017
INFORMATIONSSYSTEME UND VERMESSUNGSWESEN IM IN- UND AUSLAND - EINE CHANCE FUER DIE ZUKUNFT / NITTINGER, JOHANNES

IN: ALLG. VERMESS.-NACHR.
KARLSRUHE 92(1985)1. S. 44-47

> L191, Z5.

63.23
ART UND BEDEUTUNG DER DURCH DAS VERMESSUNGSWESEN ERFASSTEN DATEN IM ZUSAMMENHANG MIT DER SCHAFFUNG VON INFORMATIONSSYSTEMEN.LIEGENSCHAFTSKATASTER UND LANDESVERMESSUNG ALS WICHTIGE INFORMATIONSQUELLEN FUER DAS GEBIET EINES GANZEN LANDES. DEFINITION DES LIS NACH DEM BESCHLUSS DES FIG-KONGRESSES 1981 IN MONTREUX.

=LANDINFORMATIONSSYSTEM, =DATENERFASSUNG, VERMESSUNGSTECHNISCHE AUFNAHME, STAATLICHES NETZ, STAATLICHE KARTE, LIEGENSCHAFTSKATASTER
DTSCH. A 2.246

0018
GONDOLATOK AZ AUTOMATIZALT KOEZMUENYILVANTARTASROL / CSEMNICZKY, LASZLO

IN: GEOD. ES KARTOGR.
BUDAPEST 36(1984)6. - S. 421-426
UEBERS. D. SACHT.: GEDANKEN ZUM AUTOMATISIERTEN LEITUNGSKATASTER

> L191, Z9.

63.23
ZUSAMMENFASSUNG DER MOEGLICHKEITEN ZUM AUFBAU EINES AUTOMATISIERTEN LEITUNGSKATASTERS IN UNGARN. UNTERSUCHUNG DER VORAUSSETZUNGEN DAFUER IN BUDAPEST. ZUSAMMENFASSUNG IN ENGLISCH.

=UNGARN, =LEITUNGSKATASTER, =AUTOMATISIERUNG
UNGAR. A 2.264

65 POLYGRAFIE, REPROGRAFIE, FOTO- UND KINOTECHNIK
65.31 REPROGRAFIE

0019
BESTIMMUNG DER EINSTELLWERTE AN DER MIKROPLANFILMKAMERA RM 70 BEI BELIEBIGEN VERKLEINERUNGEN / KRAKAU, WINFRIED

IN: VERMESSUNGSTECHNIK
BERLIN 33(1985)1. - S. 13

> L191, Z46.

65.31
BESTIMMUNG DER FUNKTIONALEN ABHAENGIGKEIT DER EINSTELLWERTE B UND G EINER MIKROPLANFILMKAMERA RM 70 VOM VERKLEINERUNGSVERHAELTNIS V.AUFSTELLUNG EINER TABELLE FUER DIESE RM 70 ZUM ABLESEN VON B UND G FUER VERKLEINERUNGSFAKTOREN ZWISCHEN 3,7 UND 10,5. NUTZUNG DER RM 70 FUER REPROTECHNISCHE ARBEITEN AN THEMATISCHEN KARTEN.

=MIKROFILMAUFNAHMEGERAET, =KAMERAKONSTANTE
DTSCH. A 2.131

0020
RECHNERGESTUETZTE HERSTELLUNG EINES VERZEICHNISSES DER ORTSTEILE DER DDR MIT PHOTOSATZ / KUSCH, MANFRED

IN: VERMESSUNGSTECHNIK
BERLIN 33(1985)1. - S. 14-15

> L191, Z46.

65.31
HERSTELLUNG VON DRUCKKOPIERVORLAGEN VON EINER AUF MAGNETBAND GESPEICHERTEN DATEI MIT DER PHOTOSATZANLAGE LINOTRON 303. DABEI NUTZUNG SPEZIELLER SOFTWARE ZUR FORTRAN-PROGRAMMIERUNG DER PHOTOSATZAUSGABE FUER ESER-RECHENANLAGEN.

=DRUCKVORLAGENHERSTELLUNG, KOPIERVORLAGENHERSTELLUNG, DATEI, =FOTOSATZ, ESER-ANLAGE, PROGRAMM (DAT), =DATENAUSGABE
DTSCH. A 2.132

65.33 FOTO- UND KINOTECHNIK

0021
NEUE LICHTPAUSMASCHINEN IM VEB KOMBINAT GEODAESIE UND KARTOGRAPHIE / SCHROETER, RUDOLF

IN: VERMESSUNGSTECHNIK
BERLIN 32(1984)11. - S. 367-368

> L191, Z46.

65.33
ENTWICKLUNG UND BAU VON LICHTPAUSTECHNIK FUER DEN MOBILEN EINSATZ IN STUETZPUNKTEN UND AUF BAUSTELLEN ZUR VERVIELFAELTIGUNG GROSSMASSSTAEBIGER KARTEN UND INGENIEURGEODAETISCHER UNTERLAGEN.

=LICHTPAUSMASCHINE, RATIONALISIERUNGSMITTEL, VEB KOMBINAT GEODAESIE UND KARTOGRAFIE
DTSCH. A 2.084

69 GERAETE, MATERIALIEN UND METHODEN DER ELEKTROTECHNIK UND ELEKTRONIK

0022
VERFAHREN DER LEITUNGSORTUNG / KILLICHES, CHRISTIAN

IN: VERMESSUNGSTECHNIK
BERLIN 33(1985)1. - S. 20-22

> L191, Z46.

69
PHYSIKALISCHE GRUNDLAGEN UND WIRKPRINZIPIEN FUER DIE ORTUNG VON LEITUNGEN, INSBESONDERE DIE ERZEUGUNG ELEKTRISCHER UND MAGNETISCHER FELDER. ERLAEUTERUNG DER GALVANISCHEN ANKOPPLUNG BEI KABELN BZW. BEI ROHREN SOWIE DER INDUKTIVEN ANKOPPLUNG MIT RAHMENSPULE ODER MIT STROMWANDLER ALS VARIANTEN DER LEITUNGSORTUNG. NACHWEIS, DASS IM TIEFENBEREICH BIS 1,5 M MIT GALVANISCHER ANKOPPLUNG EINE LAGEGENAUIGKEIT VON 0,1 M FUER DIE LEITUNGSORTUNG ERREICHBAR IST. BESCHREIBUNG EINIGER LEITUNGSORTUNGSGERAETE AUS DDR-PRODUKTION.

=LEITUNGS- UND KABELSUCHGERAET, =VERMESSUNGSTECHNISCHE AUFNAHME, =UNTERIRDISCHE LEITUNG, ELEKTRISCHER UND MAGNETISCHER VORGANG, MESSFEHLER, LAGEFEHLER, MESSGERAET ELEKTROMAGNETISCHER GROESSEN, MESSGERAETEDATEN
DTSCH. A 2.135

73 KONSTRUKTION, FERTIGUNG UND PRUEFUNG VON GERAETEN
73.03 ALLGEMEINE FRAGEN UND THEORETISCHE GRUNDLAGEN DES GERAETEBAUS

0023

FACHLEXIKON MESSTECHNIK
LEIPZIG: FACHBUCHVERLAG, 1984. - 828 S. : 1000 ABB.
UEBERS. A. D. UNGARISCHEN

> L191, 8702.

73.03, 45
DAS FACHLEXIKON GIBT AUSKUNFT UEBER DIE WICHTIGSTEN VERWENDETEN MESSTECHNISCHEN BEGRIFFE. DIE IN DEN EINZELNEN FACHGEBIETEN GEBRAEUCHLICHEN MESSVERFAHREN UND MESSMETHODEN, DIE DABEI ZUR ANWENDUNG GELANGENDEN MESSMITTEL UND MESSGERAETE,DEREN FUNKTIONSPRINZIP, DIE MESSBEDINGUNGEN UND GESETZLICHEN FESTLEGUNGEN WERDEN ERLAEUTERT.

MESSTECHNIK, =MESSGERAETETECHNIK, MESSVERFAHREN, MASSEINHEIT
DTSCH. A 2.098

73.07 KONSTRUKTION UND PRUEFUNG GEODAETISCHER GERAETE

SIEHE AUCH: 0002
0006

0024

SICHTWEITE UND EDM-REICHWEITE / GRIMM, K.

IN: WILD REPORTER
HEERBRUGG (1984)22. - S. 6-7

> VUGK, CZAS 325.

73.07

DEFINITIONEN UND FORMELN ZUR BESTIMMUNG DER THEORETISCHEN, GEOGRAPHISCHEN UND WAHREN SICHTWEITEN. BESCHREIBUNG DER LUFTSTOERUNGEN, WELCHE UNTERSCHIEDLICHE REICHWEITEN BEIM EINSATZ EINES EDM-GERAETES VERURSACHEN. ANGABEN VON 3 TYPISCHEN ATMOSPHAERISCHEN BEDINGUNGEN UND ENTSPRECHENDEN FOLGERUNGEN FUER WILD-DISTANZMESSER. EMPFEHLUNGEN ZUR STEIGERUNG DER REICHWEITE UND MESSGENAUIGKEIT.

=ELEKTROMAGNETISCHES ENTFERNUNGSMESSGERAET, SICHT (MET), =MESSBEREICH, =AEUSSERER EINFLUSS, ATMOSPHAERISCHE STOERUNG
DTSCH. A 2.032

0025

ERSTE ERGEBNISSE BEIM EINSATZ DES RETA VOM KOMBINAT CARL ZEISS JENA IN DER INGENIEURGEODAESIE / KROEHAN, HANS-JUERGEN

IN: VERMESSUNGSTECHNIK
BERLIN 32(1984)12. S. 400-402

> L191, Z46.

73.07
DIE VOM HERSTELLER ANGEGEBENEN TECHNISCHEN PARAMETER WERDEN BESTAETIGT.HAUPTEINSATZGEBIETE DES RETA FUER INGENIEURGEODAETISCHE AUFGABEN. VERGLEICH DER TECHNISCH-TECHNOLOGISCHEN PARAMETER DES RETA MIT DENEN DAS EOT 2000 UND RECOTA VERDEUTLICHT LEISTUNGSFAEHIGKEIT DES RETA.

=ELEKTRONISCHES TACHYMETER, =INGENIEURGEODAESIE, VEB CARL ZEISS JENA, VERGLEICHENDE UNTERSUCHUNG, MESSGERAETEDATEN, ABSTECKUNG, VERMESSUNGSTECHNISCHE AUFNAHME, MESSFEHLER
DTSCH. A 2.062

0026

UNTERTAEGIGE PRUEFSTRECKE FUER ELEKTROOPTISCHE KURZSTRECKENMESSGERAETE / KNORR, FRANK

IN: VERMESSUNGSTECHNIK
BERLIN 32(1984)12. - S. 406-408

> L191, Z46.

73.07
EINRICHTUNG EINER PRUEFSTRECKE MIT TEILSTRECKEN, DIE NICHTGANZZAHLIGE VIELFACHE DES GERAETEFEINMASSSTABES SIND. DIE MESSUNG ERFOLGT VON EINEM STANDPUNKT AUS.

ZWANGSZENTRIERUNG ERSPART AUFSTELLUNG VON STATIVEN. UEBERPRUEFUNG DAUERT NUR ETWA EINE STUNDE. ZIELPUNKTE SIND ALS FIRSTANKER VERMARKT, IN DIE EINE LOTSTANGE MIT REFLEKTOR EINGEHAENGT WIRD. THEORETISCHE BERECHNUNG DES EINFLUSSES DER WETTERGESCHWINDIGKEIT AUF DIESE SIGNALISATIONSART. BERECHNUNG VON ADDITIONSKONSTANTE, MASSSTABSFEHLER UND MITTLEREM STRECKENMESSFEHLER. 15 LIT.

=ELEKTROOPTISCHES KURZENTFERNUNGSMESSGERAET, =KOMPARATOR, UNTER TAGE, ZIELZEICHEN, PRUEFEN (TECHN), AUSWAHL DES MESSVERFAHRENS, MESSWERTVERARBEITUNG, FEHLEREINFLUSS, PERIODISCHER FEHLER, STRECKENFEHLER, MASSSTABSFEHLER, GERAETEKONSTANTE
DTSCH. A 2.064

0027
ISSLEDOVANIE METROLOGICHESKIKH PARAMETROV VREMENNOGO METODA UGLOVYKH IZMERENIJJ / SIBIRCEV, V. D.

IN: GEOD. I KARTOGR.
MOSKVA 60(1984)10. - S. 9-12
UEBERS. D. SACHT.: UNTERSUCHUNG METROLOGISCHER PARAMETER DER ZEITMETHODE DER WINKELMESSUNGEN

> L191, Z29.

73.07
DIE ZEITMETHODE BESTEHT IN DER BESTIMMUNG DES WINKELS ALPHA = OMEGA MAL T ALS FUNKTION DER KONSTANTEN WINKELGESCHWINDIGKEIT OMEGA UND DER GEMESSENEN ZEIT T. AUF GRUND DER ZEITMETHODE KOENNEN EINFACHERE AUTOMATISIERTE WINKELMESSGERAETE ALS BISHER GESCHAFFEN WERDEN. ZWECK DER DURCHGEFUEHRTEN UNTERSUCHUNGEN WAR DER NACHWEIS DER HOHEN GENAUIGKEIT DER ZEITMETHODE, DIE FESTSTELLUNG UND ANALYSE DER HAUPTSAECHLICHENFEHLERQUELLEN UND DIE BEGRUENDUNG DER METHODIK UND GERAETEMAESSIGEN REALISIERUNG DES A/D-WANDLERS VOM TYP "WINKEL - ZEITINTERVALL - KODE".

=WINKELMESSUNG, =AUTOMATISIERUNG, WINKELMESSGERAET, A/D-WANDLER, FEHLERBETRACHTUNG, FEHLERQUELLE, ZEITINTERVALLMESSUNG
RUSSISCH A 2.225

0028
UNTERSUCHUNG ZUR GENAUIGKEIT DES THEOMAT T 2000 MIT AUFGESETZTEM ENTFERNUNGSMESSER WILD DI 5 / DALLMANN, KLAUS-JUERGEN

IN: ALLG. VERMESS.-NACHR.
KARLSRUHE 92(1985)2. S. 74-81

> L191, Z 5., B103., D57.

73.07
ERLAEUTERUNG DES FUNKTIONSPRINZIPS DES TEILKREISABGRIFFS IM THEOMAT WILD T 2000 UND TEILKREISUNTERSUCHUNG NACH MODIFIZIERTEM ROELOFFS-VERFAHREN. UEBERPRUEFUNG DES DISTOMAT WILD DI 5 AUF DER EDM-BASIS. ERGEBNISSE: GENAUIGKEIT EINER EINMAL IN EINER FERNROHRLAGE GEMESSENEN RICHTUNG 0,15 BIS 0,20 MGON, ADDITIONSWERT -2,1 MM +-0,4 MM, MASSSTABSFAKTOR 0,9999963 +-0,5 MAL 10'-6'.

=SEKUNDENTHEODOLIT, =ELEKTROOPTISCHES KURZENTFERNUNGSMESSGERAET, AUFSETZGERAET, =PRUEFEN (TECHN), UNTERSUCHUNGSERGEBNIS + SEKUNDENTHEODOLIT, TEILKREIS, KREISTEILUNGSUNTERSUCHUNG, RICHTUNGSFEHLER + ELEKTROOPTISCHES KURZENTFERNUNGSMESSGERAET, AUFSETZGERAET, STRECKENFEHLER, GERAETEKONSTANTE
DTSCH. A 2.250

73.11 KONSTRUKTION UND PRUEFUNG FOTOGRAMMETRISCHER GERAETE

0029
FOTOTRANSFORMATOR AVTOMATIZIROVANNYJJ FTA / MOROZ, V.A.

IN: GEOD. I KARTOGR.
MOSKVA 60(1984)9. - S. 56-59
UEBERS. D. SACHT.: DAS AUTOMATISIERTE ENTZERRUNGSGERAET FTA

> L191, Z29.

73.11
KONSTRUKTIONSBESCHREIBUNG UND TECHNISCHE DATEN DES MIT EINEM SPALT-PROJEKTIONSTISCH BESTUECKTEN GERAETES ZUR GANZFLAECHIGEN UND PARTIELLEN ENTZERRUNG VON SENKRECHT- UND PERSPEKTIVLUFTBILDERN. ARBEITSSCHRITTE BEI DER PARTIELLEN ENTZERRUNG VON PERSPEKTIVBILDERN UND SOLCHEN, DIE MIT SCHMALWINKEL-KAMMERN GEWONNEN WERDEN.

=ENTZERRUNGSGERAET, UDSSR, ENTZERRUNG, AUTOMATISCHE STEUERUNG, AUTOMATISIERUNG

RUSSISCH A 2.166

81 KOMPLEXE ERFORSCHUNG DER ERDE UND DES WELTRAUMES, UMWELTFORSCHUNG UND UMWELTSCHUTZ
81.57 ERKUNDUNG DER ERDRESSOURCEN MIT AEROKOSMISCHEN VERFAHREN UND GERAETEN

0030
INTERNATIONAL SATELLITE LAND-SURFACE CLIMATOLOGY PROJEKT
IN: CHRON. UGGI
PARIS, 1984, NR. 17C. - S. 391-393
UEBERS. D. SACHT.: INTERNATIONALES KLIMATOLOGISCHES PROJEKT DER ERDOBERFLAECHE UNTER VERWENDUNG VON SATELLITEN
REPRINTED FROM BULLETIN OF THE AMERICAN METEOROLOGICAL SOCIETY, VOL. 65, NR. 2, FEBR. 1984

> L191, Z145., D57.

81.57
BERICHT UEBER BERATUNGEN VON VERTRETERN AUS 22 LAENDERN ZUR REALISIERUNG DES UMWELTPROGRAMMS DER UNO. HAUPTAUFGABEN:ERFASSUNG DER KLIMATISCH UND DURCH DEN EINFLUSS DER MENSCHEN BEDINGTEN VERAENDERUNGEN DER ERDOBERFLAECHE, NUTZUNG DER SATELLITENDATEN FUER DIE KONTINUIERLICHE UND GLOBALE ERFASSUNG, ERARBEITUNG VON TECHNOLOGIEN ZUR ABLEITUNG VON INFORMATIONEN UEBER DIE BODENBEDECKUNG AUS SATELLITENDATEN.

=FERNERKUNDUNG, KONFERENZ, UNO, =KLIMA, =ERDOBERFLAECHE, VEGETATION, ENTWICKLUNGSRICHTUNG
ENGL., FRANZ. A 2.242

I N H A L T S V E R Z E I C H N I S

I N H A L T S V E R Z E I C H N I S

A U T O R E N R E G I S T E R

D E S K R I P T O R E N R E G I S T E R

D E S K R I P T O R E N R E G I S T E R

bibliographia geodaetica

Special Bibliography

Set G

Geodesy, Geodetic Measuring-Techniques and their Treatment

Part 7 · 1985

Akademie-Verlag Berlin

Volume 23 · 1985 · No. 4

Set G · Part 7

ISSN 0006-1239 bibl. geod., Berlin 23 (1985) 4, Set G, Part 7

---

12 GEODAESIE, FOTOGRAMMETRIE UND KARTOGRAFIE
12.15 HOEHERE GEODAESIE, GEODAETISCHE MESSVERFAHREN UND IHRE BEARBEITUNG
12.15.05 MATHEMATISCHE GEODAESIE

0001

ISPOL'ZOVANIE FORMULY M.S. MOLODENSKOGO DLJA VYCHISLENIJA ANOMALIJJ SILY TJAZHESTI PO VYSOTAM GEOIDA / PELLINEN, L.P.

IN: GEOD. I KARTOGR.
MOSKVA 60(1984)8. - S. 32-39
UEBERS. D. SACHT.: ANWENDUNG DER FORMEL VON M.S. MOLODENSKIJ ZUR BERECHNUNG VON SCHWEREANOMALIEN ANHAND VON GEOIDHOEHEN

> L191, Z29.

12.15.05
EINE BREITE ANWENDUNG FINDET DIE FORMEL IN DEN LETZTEN JAHREN IM ZUSAMMENHANG MIT DER ENTWICKLUNG DER METHODE DER SATELLITENALTIMETRIE UEBER DEM OZEAN. EROERTERUNG DES RECHENVORGANGS UND GENAUIGKEITSABSCHAETZUNG. 12 LIT.

=FORMEL (MATH), =SCHWEREANOMALIE, FEHLERBETRACHTUNG, AUF SEE, GEOID
RUSSISCH A 1.885

0002

R&D NEEDS IN GEODETIC SURVEYING / GERGEN, JOHN G.

IN: J.SURVEY ENGIN.
NEW YORK 110(1984)1.-S.34-38
UEBERS. D. SACHT.: R UND D (REFERENZELLIPSOID UND DATUM) NOTWENDIGKEITEN BEI GEODAETISCHEN AUFNAHMEN

> D57,Z42., L191.

12.15.05, 12.15.25, 12.15.17
CURRENT TECHNOLOGICAL DEVELOPMENTS PLACE GEODETIC SURVEYING IN A TRANSITIONAL PERIOD FROM CLASSICAL GROUND TECHNIQUES TO MODERN SATELLITE-BASED SURVEYING METHODS. THE CURRENT STATUS OF GEODETIC SURVEYING IS REVIEWED, FOLLOWED BY THE IDENTIFICATION OF TWO MAJOR AREAS IN WHICH RESEARCH IS NEEDED:INSTRUMENTATION AND INSTRUMENT PERFORMANCE;

AND SPECIFICATIONS FOR SURVEYS.

=SATELLITENGEODAESIE, SATELLITENGEODAETISCHES VERFAHREN, SATELLITENBEOBACHTUNG, GEODAETISCHES GERAET, TOPOGRAFISCHE AUFNAHME, TECHNOLOGIE, =VERMESSUNGSTECHNISCHE AUFNAHME
ENGL. A 2.004

12.15.09 PHYSIKALISCHE GEODAESIE

0003
ISSLEDOVANIE GEODEZICHESKIMI METODAMI TEKTONICHESKIKH PREDVESTNIKOV ZEMLETRJASENIJJ / SIGALOV, V.M.

IN: GEOD. I KARTOGR.
MOSKVA 60(1984)8. - S. 39-44
UEBERS. D. SACHT.: ERFORSCHUNG DER TEKTONISCHEN VORBOTEN VON ERDBEBEN MIT GEODAETISCHEN METHODEN

> L191, 229.

12.15.09, 49.31
WIEDERHOLUNGSNIVELLEMENT UND ELEKTROOPTISCHE STRECKENMESSUNG ZUR ERMITTLUNG VON ERKRUSTENBEWEGUNGEN ALS VORLAEUFER VON ERDBEBEN. MOEGLICHKEIT DER ANWENDUNG VON GEODAETISCHEN, GEOPHYSIKALISCHEN UND SEISMOLOGISCHEN DATEN ZUR SCHAETZUNG DER MOEGLICHEN ZEIT DES AUFTRETENS VON VORLAEUFERN UND ZUR PRAEZISIERUNG IHRER CHARAKTERISTIK. 12 LIT.

=GEODAETISCHES VERFAHREN, SEISMOLOGIE, BESTIMMUNG VON ERDKRUSTENBEWEGUNGEN, =ERDBEBENVORHERSAGE
RUSSISCH A 1.886

0004
KONCEPCJA WYKORZYSTANIA QUASIGEOIDY WYGLADZONEJ W PROCESIE OPRACOWANIA OBSERWACJI GEODEZYJNYCH I ASTRONOMICZNYCH / BARLIK, MARCIN
WARSZAWA:WYDAWNICTWA POLITECHNIKI WARSZAWSKIEJ, 1984.-
72 S. : 5 TAB.,ABB., 50 LIT.
(PRACE NAUK. POLITECHN.WARSZAWSKA, GEOD. ; 24)
UEBERS. D. SACHT.: A CONCEPT OF USING THE SMOOTHED QUASIGEOID IN PROCESSING THE GEODETIC AND ASTRONOMICAL OBSERVATIONS : EINE KONZEPTION FUER DIE ANWENDUNG DES GEGLAETTETEN QUASIGEOIDS BEI DER VERARBEITUNG GEODAETISCHER UND ASTRONOMISCHER BEOBACHTUNGEN

ISSN: 0137-2327

> D57, Z131.

12.15.09
IN THIS PAPER A SUGGESTION IS PRESENTED TO USE THE SMOOTHED QUASIGEOID AS A REFERENCE SURFACE OVER WHICH THE GEODETIC AND ASTRONOMICAL OBSERVATIONS BEING MADE ON THE EARTH'S SURFACE WILL BE MAPPED IN THE FIRST STEP OF A REDUCTION PROCESS. A POSITION OF THE QUASIGEOID SURFACE INSIDE THE EARTH'S BODY AS WELL AS WITHIN THE SMOOTH TELLUROID IS DEFINED BY MEANS OF MODIFIED MOLODENSKY'S, PELLINEN'S AND OSTACH'S FORMULAE USING THE REDUCED ANOMALIES.

PHYSIKALISCHE GEODAESIE, =RANDWERTPROBLEM, QUASIGEOID, TELLUROID, =SCHWEREANOMALIE
POLN. A 1.933

0005
PROCEEDINGS OF THE NINTH INTERNATIONAL SYMPOSIUM ON EARTH TIDES : NEW YORK CITY, AUG. 17-22, 1981 / KUO, JOHN T. (HRSG.)
STUTTGART:SCHWEIZERBART, 1983.- 24, 747 S. : ABB.
UEBERS. D. SACHT.: PROCEEDINGS DES 9. INTERNATIONALEN SYMPOSIUMS UEBER ERDGEZEITEN : NEW YORK CITY,17.-22. AUG. 1981

> D57, G-270.

12.15.09, 12.15.21
THE PRESENTED VOLUME INCLUDES 79 CONTRIBUTIONS TO THE FOLLOWING ITEMS OF THE SYMPOSIUM:- TILT MEASUREMENTS - TIDAL GRAVITY MEASUREMENTS - STRAIN MEASUREMENTS, TIDES FROM SATELLITE AND VLBI MEASUREMENTS - INSTRUMENTATION AND TIDAL ANALYSIS - OCEAN TIDES - INTERACTION OF EARTH AND OCEAN TIDES - ABSOLUTE AND RELATIVE GRAVITY MEASUREMENTS - ROTATION OF THE EARTH AND POLAR MOTION - CRUSTAL DEFORMATION, PLATE TECTONICS AND EARTHQUAKE MECHANISM

=ERDGEZEITEN, MEERESGEZEITEN, GEZEITEN, GRAVIMETER, STRAINMETER, LOVESCHE ZAHLEN, GEOPHYSIK, SEISMOLOGIE, KONFERENZ
ENGL. A 1.934

0006
ON THE PROPERTIES OF A REGULATING OPERATOR AND THEIR APPLICATION TO THE SOLUTION OF THE INVERSE GRAVIMETRIC PROBLEM

IN: BULG. GEOF. SPIS. / KRYSTEV, PETHAR
SOFIA (1983)2. - S. 115 - 125
UEBERS. D. SACHT.: ZU DEN EIGENSCHAFTEN EINES REGULIERENDEN OPERATORS UND SEINER ANWENDUNG BEI DER LOESUNG DES INVERSEN GRAVIMETRISCHEN PROBLEMS
REF.: P. KRYSTEV. - IN: GEOSCIENCES. - SOFIA (1984)2. - S. 7

> D57.

12.15.09
AN EXPERIMENTALLY ESTABLISHED GRAVITATION ANOMALY CAN BE CONSIDERED AS A SUM OF THE GRAVITATION ANOMALY OF THE POINT MASSES AND THE CORRESPONDING RESIDUAL WHICH INCLUDES:(1)THE ERROR OF REPLACEMENT OF THE STUDIED OBJECT BY POINT MASSES, (2) THE ERROR DUE TO THE GRAVITATION INFLUENCE OF ALL REMAINING ANOMALOUS MASSES, (3) THE ERROR OF INTERPOLATION IN THE INTERVALS BETWEEN THE POINTS OF THE MEASUREMENTS, (4) THE ERROR OF EXTRAPOLATION OUT OF THE INTERVAL OF MEASUREMENTS.

=GRAVITATION, ANOMALIE (GEOW)
ENGL. A 2.010

12.15.13 GEODAETISCHE ASTRONOMIE

0007
NOVYJJ GOSUDARSTVENNYJJ EHTALON VREMENI I CHASTOTY / PUSHKIN, S.B.

IN: ZEMLAJ I VSELENNAJA
MOSKVA 20(1984)5. - S. 51-56
UEBERS. D. SACHT.: DAS NEUE STAATLICHE ZEIT- UND FREQUENZNORMAL

> L191, Z152.

12.15.13
IN DEN JAHREN 1977 BIS 1982 WURDE IN DER UDSSR EIN NEUES STAATLICHES ZEIT- UND FREQUENZNORMAL ENTWICKELT, DESSEN GENAUIGKEIT 200MAL HOEHER ALS DIE DES STAATLICHEN ZEIT- UND FREQUENZNORMALS VON 1967 IST.

=ZEITNORMAL, =FREQUENZNORMAL, UDSSR
RUSSISCH A 1.871

0008

SPEKTRAL'NYJJ ANALIZ SUTOCHNOJJ NERAVNOMERNOSTI VRASHHENIJA ZEMLI / PIL'NIK, G. P.

IN: ASTRON. ZH.
MOSKVA 61(1984)4.-S. 806-811
UEBERS. D. SACHT.: SPECTRAL ANALYSIS OF DIURNAL NON-UNIFORMITY IN THE EARTH'S ROTATION : SPEKTRALANALYSE DER TAEGLICHEN ROTATIONSZEITSCHWANKUNGEN DER ERDE

> D57., B103.

12.15.13
ASTRONOMICAL OBSERVATIONS OF THE INTERNATIONAL TIME SERVICE FOR 1968-1978 WERE STUDIED IN ORDER TO SEARCH PERIODICITIES IN THE DIURNAL ROTATION OF THE EARTH. TAKEN INTO ACCOUNT WERE THOSE OBSERVATIONS, WHERE A NUMBER OF TIME CORRECTIONS WERE OBTAINED FOR A GIVEN INSTRUMENT DURING THE EVENING. THE SPECTRAL ANALYSIS OF THE MEAN SYSTEM AS WELL AS OF THE MORE NUMEROUS OBSERVATIONS OF INDIVIDUAL OBSERVATORIES SHOW THAT THE EARTH'S DIURNAL ROTATION IS NOT UNIFORM.ATTENTION IS DRAWN TO THE NECESSITY OF STUDYING THIS PHENOMENON DURING THE WORK ON THE INTERNATIONAL PROJECT MERIT. LONGER SERIES OF OBSERVATIONS SHOULD BE OBTAINED AT OBSERVATORIES, AND THE PROCESSING OF THESE SHOULD BE MADE ONLY BY ONE-HOUR GROUPS. - 11 LIT.

ZEITDIENST, =ERDROTATION, SPEKTRALANALYSE
RUSSISCH A 1.913

0009

PHOTOGRAPHIC OBSERVATIONS OF COMETS / SANCTIS, G. DE ; FERRERI, W. ; ZAPPALA, V.

IN: ACTA ASTRON.
WARSZAWA 34(1984)3.-S. 395-396
UEBERS. D. SACHT.: PHOTOGRAPHISCHE BEOBACHTUNG VON KOMETEN

> D57

12.15.13
THIS PAPER CONTAINS 66 PHOTOGRAPHIC POSITIONS OF COMETS OBTAINED FROM PLATES TAKEN AT THE OBSERVATORY OF TORINO DURING THE PERIOD OCTOBER 1982 - JUNE 1983. THE OBSERVATIONS WERE PERFORMED WITH A ZEISS ASTROGRAPH 200/1140 MM, USING KODAK SPECTROSCOPIC PLATES 103 A-0. THE PLATES WERE MEASURED WITH A ZEISS TWO-COORDINATE MEASURING MACHINE. THE METHOD

OF DEPENDENCES WAS USED IN THE REDUCTIONS. THE POSITIONS OF THE REFERENCE STARS WERE TAKEN FROM AGK3 (POSITIVE DECLINATION) AND SAO (NEGATIVE DECLINATION) CATALOGUE.

FOTOGRAFISCHE ASTROBEOBACHTUNG, FOTOGRAFISCHE AUFZEICHNUNG, HIMMELSKOERPER, OBSERVATORIUM, ITALIEN, ASTRONOMISCHES GERAET, STERNKATALOG
ENGL. A 1.914

0010
THE HIPPARCOS SPACE ASTROMETRY MISSION / KOVALEVSKY, J.

IN: MITT. ASTRON. GESELLSCH.
HAMBURG (1984)62.-S. 63-74
UEBERS. D. SACHT.: DIE ASTROMETRISCHE MISSION VON HIPPARCOS

> D57

12.15.13
DEVOID OF THE LIMITATIONS OF GROUND BASED ASTROMETRY, THE ESA PROJECT HIPPARCOS WILL PROVIDE PARALLAXES AND PROPER MOTIONS WITH ACCURACIES THAT ARE RESPECTIVELY 0.'002 PER YEAR. THE PAYLOAD OF THE MISSION IS SHORLY DESCRIBED AND THE ACCURACY EXPECTED IS GIVEN. THE INSTRUMENTAL LIMITATIONS IN THE OPTICS, THE GRID, THE MECHANICAL STRUCTURE AND THE DETECTOR ARE DESCRIBED. THEY ALL LIE IN THE FEW MILLISECOND OF ARC RANGE. APPLICATIONS OF THE EXPECTED RESULTS ARE LISTED FOR ASTROMETRY, CELESTIAL MECHANICS, DOUBLE STARS, VARIABLE STARS, STELLAR PHYSICS AND EVOLUTION, CLUSTERS, OUR GALAXY AND DISTANCE SCALE. FINALLY, THE RESPECTIVE ROLES AND ACHIEVEMENTS OF GROUND BASED AND SPACE ASTROMETRY ARE REVIEWED AND COMPARED SHOWING THEIR COMPLEMENTARY ASPECTS. - 15 LIT.

ASTROMETRIE, PARALLAXE, HIMMELSMECHANIK, EIGENBEWEGUNG DER STERNE, ASTRONOMISCHES KOORDINATENSYSTEM, STERNKATALOG
REFERNZSYSTEME (ASTRO)
ENGL. A 1.916

0011
BESSEL'S ARBEITEN ZUR POSITIONSASTROMETRIE / SCHMEIDLER, F.

IN: MITT. ASTRON. GESELLSCH.
HAMBURG (1984)62.-S. 75-85

UEBERS. D. SACHT.: BESSEL'S WORKS IN POSITION ASTROMETRY

> D57

12.15.13
AFTER SOME REFLECTIONS ABOUT THE IMPORTANCE OF THE HISTORY OF ASTRONOMY, THE SCIENTIFIC WORK OF F. W. BESSEL IS CONSIDERED AS A CONSEQUENCE OF THE ASTRONOMY OF THE 18TH CENTURY IN WHICH CELESTIAL MECHANICS AND THE IMPROVEMENT OF THE ASTROMETRIC INSTRUMENTS WERE TWO MAIN SUBJECTS OF RESEARCH. BESSEL HAS MADE IMPORTANT CONTRIBUTIONS TO THEORETICAL ASTRONOMY; HE HAS ALSO BEEN A SUCCESSFUL OBSERVER WHO MADE USE OF THE NEW INSTRUMENTS AVAILABLE AT HIS TIME. SOME DETAILS ABOUT HIS WORKS ARE REPORTED. INFORMATION ON THE INFLUENCE EXERTED BY HIM ON THE ASTRONOMERS OF THE 19TH CENTURY AND A GENERAL CHARACTERIZATION OF HIS ASTRONOMICAL WORK ARE GIVEN. - 13 LIT.

GEODAETISCH-ASTRONOMISCHE ORTSBESTIMMUNG, ASTROMETRIE, GESCHICHTE
ENGL. A 1.91/

12.15.17 KOSMISCHE GEODAESIE

SIEHE AUCH: 0002

0012
OB APPROKSIMACII VOZMUSHHAJUSHHEJJ CHASTI GEOPOTENCIALA MNOGOCHLENAMI ZADANNOGO VIDA / PLAKHOV, JU.V. ; PARAMZIN, A.V.

IN: IZVEST. VYSSH. UCHEBN. ZAVEDENIJJ, GEOD. I AEHROFOTOS'' JOMKA
MOSKVA 28(1984)3. - S. 61-66
UEBERS. D. SACHT.: ZUR APPROXIMATION DES STOERPOTENTIALS DURCH POLYNOME VORGEGEBENER ART

> L191, 227.

12.15.17
DAS STOERPOTENTIAL WIRD DARGESTELLT DURCH EINE FOLGE VON KOEFFIZIENTEN ORTHOGONALER POLYNOME EINER VORGEGEBENEN ART, UM DIE VORZUEGE DER KLASSISCHEN ZERLEGUNG IN SPHAERISCHE FUNKTIONEN SOWIE DER PUNKTMODELLE FUER DIE VORAUSSAGE DER BEWEGUNG GEODAETISCHER SATELLITEN ZU VEREINEN. ALS ERSTE NAEHERUNG WURDE EINE METHODIK DER APPROXIMATION DES

STOERPOTENTIALS DURCH MOCHEBYSHEV-POLYNOME ENTWICKELT.DIE ANZAHL DER KOEFFIZIENTEN DER ZERLEGUNG IST IN DIESEM FALL KLEINER ALS DIE ENTSPRECHENDE ANZAHL DER HARMONISCHEN DER KOEFFIZIENTEN.

=APPROXIMATION, =NORMALPOTENTIAL (ERDE), =BAHNBESTIMMUNG, KUENSTLICHER SATELLIT
RUSSISCH A 1.960

12.15.21 MEERESGEODAESIE

SIEHE AUCH: 0005

0013
VOPROSY OPREDELENIJA MESTOPOLOZHENIJA SUDNA / POPOV, P.P. ; KONONOV, V.F.

IN: GEOD. I KARTOGR.
MOSKVA 60(1984)8. - S. 46-48
UEBERS. D. SACHT.: FRAGEN DER LAGEBESTIMMUNG EINES SCHIFFES

> L191, Z29.

12.15.21
ZWEI VERFAHREN ZUR AUTOMATISIERTEN AUSWERTUNG VON NAVIGATIONSINFORMATIONEN, DIE DAS VERMEIDEN DER UNBESTIMMTHEIT DER AUFGABENLOESUNG ERMOEGLICHEN.

=HOCHSEEVERMESSUNG, =ORTUNG, AUF SEE, =MESSWERTVERARBEITUNG, DATENAUSWERTUNG
RUSSISCH A 1.888

12.15.25 ANLAGE GEODAETISCHER FESTPUNKTNETZE

SIEHE AUCH: 0002

0014
TESTING OF GEODETIC NETWORKS / STRANG VAN HEES, G.L.

IN: QUATERNIONES GEOD.
ATHENS 5(1984)3.-S. 163-184
UEBERS. D. SACHT.: TESTS VON GEODAETISCHEN NETZEN

> D57

12.15.25
THE BASIC IDEAS OF BAARDA'S THEORY FOR TESTING GEODETIC NETWORKS AND COMPUTING AN OBJECTIVE MEASURE EXPRESSING THE RELIABILITY OF THE NETWORK IS PRESENTED IN VERY CONVENIENT MATRIX NOTATION. FOLLOWING A COMPARATIVE PRESENTATION OF THE TWO METHODS OF ADJUSTMENT (CONDITIONS AND PARAMETERS) VARIOUS STATISTICAL TESTS ARE PRESENTED FOR THE DETECTION OF GROSS ERRORS IN THE OBSERVATIONS, AS WELL AS APPROPRIATE MEASURES OF NETWORK RELIABILITY.

=GEODAETISCHES NETZ, TESTNETZ, =TESTMESSUNG, =FEHLERBETRACHTUNG
ENGL. A 1.935

12.15.37 MATHEMATISCHE BEARBEITUNG GEODAETISCHER MESSUNGEN

0015

BRUK AV RUTEARK-PROGRAM TIL LANDMAALINGSBEREGNINGER / ENGEN, OLAV ; SVERRE, A.

IN: KART OG PLAN
BERGEN 76(1984)3. - S. 223-232
UEBERS. D. SACHT.: ANWENDUNG VON BLATTAUFTEILUNGSPROGRAMMEN (SPREAD SHEET) FUER GEODAETISCHE BERECHNUNGEN

> L191, Z133.

12.15.37
BESCHREIBUNG DER ANWENDUNG VON SOGENANNTEN SPREAD SHEET-PROGRAMMEN FUER KLEINRECHNER FUER GEODAETISCHE BERECHNUNGEN (AN HAND VON BEISPIELEN). EMPFEHLUNG ZUR NUTZUNG DIESER PROGRAMME IN DER AUSBILDUNG UND ALS BINDEGLIED ZWISCHEN TASCHENRECHNER UND SPEZIELLEN PROGRAMMEN.

=KLEINRECHNER, =MIKRORECHNER, PROGRAMM (DAT), TASCHENRECHNER, =GEODAETISCHE BERECHNUNG, AUSGABEPROGRAMM
NOR A 1.872

0016

MATICE PRESNOSTI A JEDNOTKOVY STANDARD PRESNOSTI / SMILAR, FRANTISHEK

Bei Fragen zur Produktsicherheit wenden Sie sich bitte an:
If you have any questions regarding product safety,
please contact:

Walter de Gruyter GmbH
Genthiner Straße 13
10785 Berlin
productsafety@degruyterbrill.com

AF672375

ÉTUDES HISTOLOGIQUES

SUR LE

LABYRINTHE MEMBRANEUX

ET PLUS SPÉCIALEMENT SUR LE

LIMAÇON CHEZ LES REPTILES ET LES OISEAUX

PAR

PAUL MEYER

STRASBOURG
CH. J. TRÜBNER, LIBRAIRE-ÉDITEUR
PARIS
J. B. BAILLIÈRE ET FILS
1876

Monsieur le professeur **WALDEYER**

P. MEYER.

A MON PÈRE

Docteur en médecine à Fegersheim.

P. MEYER.

Le but que nous avons poursuivi dans ce travail est d'abord d'étudier spécialement au point de vue histologique la structure du labyrinthe membraneux chez quelques espèces de reptiles où elle n'est encore qu'imparfaitement connue; d'autre part, continuant nos recherches chez l'oiseau, nous nous attacherons surtout à élucider différentes questions encore controversées sur les terminaisons nerveuses de l'appareil acoustique.

Ainsi, étendant nos investigations sur un nombre plus considérable d'espèces, et tâchant d'en asseoir les conclusions sur les bases toujours plus larges et plus solides de l'anatomie comparée, nous pouvons arriver à des résultats d'une exactitude plus rigoureuse et d'une portée plus générale.

Ce n'est pas, d'ailleurs, que nous ignorions les obstacles que présente cette entreprise; et je sais bien que l'on pourrait nous accuser de témérité pour avoir abordé une étude dont le nombre même et l'importance des travaux qu'elle a déjà provoqués prouvent l'extrême complexité. Aussi, je ne le cacherai pas, nous n'avons commencé ce travail que certain, au cas où nous eussions échoué, de trouver une excuse dans la difficulté même du sujet; heureux, si nous arrivions à un résultat, d'avoir pu contribuer pour une part, quelque minime qu'elle fût, à l'avancement de nos connaissances sur une question à laquelle des observateurs tels que Breschet, Deiters et tant d'autres n'ont pas dédaigné de consacrer et leur temps et leur peine.

CONSIDÉRATIONS PRÉLIMINAIRES

SUR L'ORGANE DE L'OUIE CHEZ LES ANIMAUX INFÉRIEURS

Avant de passer à une étude détaillée du labyrinthe membraneux chez les reptiles et les oiseaux, et ne voulant pas d'ailleurs nous maintenir dans le cadre trop restreint d'une description terre à terre, je crois qu'il ne serait pas déplacé de tracer en quelques lignes un rapide aperçu du développement de l'organe de l'ouïe dans la série animale, depuis le moment où l'on peut en constater l'existence, jusqu'au point où nous le reprendrons pour le conduire au plus haut degré de perfection qu'il ait atteint. C'est là une étude très-intéressante, très-riche en déductions d'une grande valeur phylogénétique et que nous devons en grande partie aux recherches de Hensen, de Leydig et surtout de Hasse. C'est aux travaux[1] de ce dernier auteur que nous empruntons le résumé qui va suivre.

Comme forme élémentaire, comme prototype de l'organe de l'ouïe, on peut se figurer une cellule située à la surface du corps, pourvue d'un cil ou appareil cuticulaire plongeant dans le milieu qui entoure l'animal, et n'entrant en action que sous l'excitation des ondes sonores; par sa partie centrale, cette cellule reçoit d'un ganglion un ou plusieurs filets nerveux, qu'elle met d'une façon quelconque en rapport avec l'organe cuticulaire terminal. Ce n'est évi-

[1] Hasse, Die vergleichende Morphologie und Histologie des häutigen Gehörorganes der Wirbelthiere. Leipzig 1873.

demment pas chez les *Protozoaires*, mais peut-être déjà chez les *Cœlenterates*, que nous devons chercher la première trace de cet appareil auditif, qui, quoique bien rudimentaire, exige pourtant un certain degré d'organisation. Que maintenant cette cellule, au lieu d'être libre à la surface du corps, soit enfermée dans un repli tégumentaire ou dans une vésicule spéciale en rapport avec le dehors, tout en la protégeant contre les chocs extérieurs, et nous aurons déjà un appareil auditif perfectionné, tel que les recherches de Hensen[1], de Kupffer[2] et Kowalewsky[3] en ont signalé chez les *Méduses* et les *Ascidiens*. Mais, du moment que cet appareil auditif est enfermé dans une vésicule, on voit apparaître de nouveaux éléments: un liquide qui en remplit la cavité ou endolymphe, et en suspension dans ce liquide des masses calcaires, amorphes ou cristallines, constituant le premier vestige d'un otolithe.

C'est ainsi que s'ébauchent peu à peu tous les éléments caractéristiques de l'appareil acoustique des animaux supérieurs. Déjà chez les *Gastropodes*, ainsi que l'a démontré Leydig[4], les cellules auditives, au lieu d'être irrégulièrement distribuées, se groupent en un seul point de la vésicule sensorielle et y forment une véritable *macula acustica*. Puis, c'est Boll[5] qui chez les *Ptero-hétéropodes* découvre un appareil auditif avec deux ordres de cellules vibratiles. A côté de bâtonnets que Hasse déjà, par suite de l'analogie de leurs fonctions avec celles des cils auditifs que Hensen[6] avait découverts chez les *Arthropodes*, n'hésite pas à regarder comme les véritables organes acoustiques terminaux, la vésicule auditive de ces mollusques présente des cils vibratiles indifférents, communiquant leur mouvement à l'otolithe et dont il était réservé à Ranke et à Claus (voyez plus bas) de déterminer plus tard la véritable nature. Enfin, chez les *Céphalopodes*, il est impossible de ne pas reconnaître la plus grande analogie avec ce que nous retrouverons plus tard. La vésicule auditive, entourée d'une enveloppe cartilagineuse, contient, en effet, des cellules spécifiques accumulées non plus en un seul, mais en deux points, absolument comme dans les *cristæ* et *maculæ* des animaux supérieurs. Elle-même, sur le reste de son étendue, est

[1] Hensen, Zeitschrift für wissenschaft. Zoologie. Bd. XIII.
[2] Kupffer, Archiv für microscop. Anatomie. Bd. VI.
[3] Kowalewsky, ibid., Bd. VII.
[4] Leydig, Zeitschrift für wissenschaft. Zoologie. Bd. III, und Lehrbuch der vergleichenden Histologie.
[5] Boll, Archiv für microscop. Anatomie. 1869.
[6] Hensen, Zeitschrift für wissenschaft. Zoologie. Bd. XIII.

tapissée par un épithélium indifférent, et l'otolithe enfin, au lieu d'être en suspension dans l'endolymphe, repose sur la tache nerveuse. N'est-ce pas vraiment là un appareil auditif tel que nous le retrouvons chez les vertébrés ?

Chez ces derniers[1], la forme la plus simple du labyrinthe membraneux, la forme primitive, embryonnaire, serait celle d'une vésicule située le long de la paroi latérale du crâne, entre les racines du trijumeau et du pneumogastrique, et recevant toujours par sa face interne ou crânienne les ramifications du nerf acoustique. C'est peut-être chez l'*Amphioxus* qu'il faudrait chercher cette forme typique du labyrinthe des vertébrés; mais les recherches des histologistes[2] ont été impuissantes jusqu'ici à découvrir le premier rudiment d'appareil auditif chez cet être qui forme le dernier échelon des vertébrés. Déjà chez les *Cyclostomes*[3], l'image s'est un peu compliquée. Chez le *Myxine*, par exemple, la vésicule, percée en son centre par un noyau cartilagineux, a pris la forme d'un anneau et reçoit trois expansions nerveuses, une médiane ou vestibulaire, à laquelle nous donnerons désormais le nom de *macula acustica*, et deux autres ou *cristæ acusticæ*, l'une antérieure, l'autre postérieure, situées chacune dans une sorte de dilatation, premier vestige des ampoules.

Chez les *Pétromyzontes* (lamproie), la vésicule est encore plus compliquée. Les deux ampoules, plus grandes et mieux développées, communiquent chacune avec une duplicature de la paroi supérieure de la vésicule : ces duplicatures constituent les canaux demi-circulaires verticaux, allant d'un autre côté s'ouvrir dans une partie un peu dilatée du vestibule, qui constituera plus tard la commissure des canaux demi-circulaires. En même temps, la tache nerveuse qui, avons-nous vu, occupait le plancher du vestibule, présente, dans le voisinage de l'ampoule antérieure, une série de subdivisions, logées dans des diverticulums correspondants de la vésicule, et qui sont, en s'étageant de haut en bas et d'avant en arrière, le *recessus utriculi*, le *recessus sacculi* et le *recessus cochleæ*.

Ajoutons enfin que, seuls parmi les vertébrés, les *Pétromyzontes* présentent une disposition que nous avons trouvée chez certains animaux inférieurs; nous voulons parler de l'existence dans la vésicule

[1] Cf. HASSE, loc. cit., p. 13.

[2] Cf. STIEDA, Studien über *Amphioxus lanceolatus*, in Mémoires de l'Académie impériale de Saint-Pétersbourg, VIIe série, tome XIX, n° 7. 1872.

[3] HASSE, loc. cit., p. 14 ss. — KETEL, Ueber das Gehörorgan der Cyclostomen in HASSE's Anat. Studien, Heft 3, p. 489-542.

auditive, outre des cellules spécifiques, d'un revêtement de simples cellules vibratiles. C'est là un fait remarquable et qui peut donner lieu à des considérations générales intéressantes. Mais continuons. C'est surtout chez les *Téléostéens*[1] ou poissons osseux que nous voyons s'accomplir de grands progrès. En dehors de l'ampoule antérieure s'en forme une autre horizontale avec un canal demi-circulaire correspondant. En même temps, toutes les parties du vestibule s'allongent et se différencient; c'est ainsi que les deux ampoules antérieures et le *recessus utriculi* ne communiquent plus avec le vestibule proprement dit que par un canal assez large, auquel on a donné le nom d'utricule; de même l'ampoule postérieure a un tube de communication spécial; enfin les deux canaux verticaux, en se réunissant, forment une véritable et longue commissure. Mais c'est surtout vers la base du labyrinthe membraneux que se sont passées des modifications qui doivent attirer toute notre attention. Les deux diverticules que nous avions appelés *recessus sacculi* et *recessus cochleae* ou limaçon (*cysticule* Breschet) se sont si bien développés, que le limaçon s'est complétement isolé du vestibule, tandis que le saccule ne communique plus avec lui que par une fine ouverture. Mais comme le *recessus sacculi*, que nous appellerons désormais *saccule*, a pris un développement excessif, dépassant de beaucoup celui du limaçon, il a entraîné ce dernier en bas et en arrière; et ainsi se trouve marquée pour la première fois la division du labyrinthe membraneux en une partie supérieure comprenant le vestibule et les canaux, et une partie inférieure composée du saccule et du limaçon. Quant au nerf acoustique, il fournit trois branches en rapport avec des éléments ganglionnaires. Ce sont une branche antérieure pour les ampoules antérieures et l'utricule, une branche moyenne pour le saccule et le limaçon, et, se confondant presque avec cette dernière, une branche plus petite pour l'ampoule postérieure. Enfin, récemment, Retzius[2] a attiré l'attention sur une nouvelle expansion nerveuse que possèdent les poissons osseux sous forme de deux petites taches sur la paroi antéro-interne de la *pars superior;* ces deux taches reçoivent des filets nerveux de la branche moyenne ou cochléenne du nerf acoustique et doivent donc être rattachées, physiologiquement parlant, à la *pars inferior*, dont elles constitueront, en effet, plus tard un élément essentiel.

[1] Cf. Hasse, loc. cit., p. 16 ss. — Id. Das Gehörorgan der Fische. in Anat. Studien, Heft 3, p. 417-489.

[2] Retzius, Das Gehörorgan der Knochenfische in Anatomischen Untersuchungen, 1. Lieferung. Stockholm 1872.

Telle est la structure du labyrinthe membraneux chez les *Téléostéens*, et si nous ne tenons pas compte de quelques modifications de détail, c'est ainsi qu'elle se maintient chez les *Plagiostomes* et les *Ganoïdes*, comme l'ont montré les belles recherches de WEBER[1], IBSEN[2], BRESCHET[3], etc.

Avec les *Amphibiens*[4] (Siredon, Triton, Salamandre, Rana, etc.), le labyrinthe fait encore un pas de plus. La partie supérieure ou vestibulaire ne subit pas grande modification : ses divers segments se resserrent davantage; les canaux demi-circulaires deviennent plus convexes. C'est surtout du côté de la *pars inferior* que nous trouvons de grands progrès. Le saccule qui, chez les poissons, représentait plutôt une dilation cylindrique allongée, prend ici la forme arrondie presque sphérique, qu'il conservera désormais. Faisant saillie au-dessous et en arrière du saccule, se trouve le diverticule, que nous avions appelé jusqu'à présent limaçon, et auquel nous donnerons désormais le nom moins général d'ampoule cochléenne, ou mieux, pour écarter toute confusion, de *lagena*.

Mais c'est sur la paroi interne du saccule que nous voyons apparaître de nouveaux éléments, que, si nous en exceptons la découverte de RETZIUS (*l. c.*), l'on n'avait pas encore trouvés chez le poisson. Immédiatement au-dessous de la fente qui fait communiquer les deux parties supérieure et inférieure du labyrinthe, cette paroi interne du saccule nous présente une petite excavation allongée, ovale, logeant une tache nerveuse et recevant un nerf spécial : c'est ce que HASSE (*l. c.*), voulant en désigner le rôle ultérieur, appelle *pars initialis cochleæ*.

Cette disposition, déjà très-nette chez l'*Axolotl* et le *Triton*, s'accentue encore davantage chez la *Salamandre*. Cette *pars initialis*, qui a subi un développement parallèle à celui de la *lagena*, est descendue en quelque sorte, a reculé et se trouve maintenant plus près de la *lagena*, en avant et en haut de la tache nerveuse que porte cette dernière. Ce n'est pas tout : en arrière et un peu en bas de cette *pars initialis*, entre elle et la *lagena*, le saccule nous présente une nou-

[1] E. H. WEBER, De aure animalium aquatilium. 1820.

[2] IBSEN, Vergleichende anatomische Untersuchungen der Wirbelthiere. Copenhagen (planches avec explication).

[3] BRESCHET, Recherches anatomiques et physiologiques sur l'organe de l'ouïe des poissons. Paris 1838.

[4] HASSE, loc. cit., p. 22 ss. — Id. Ueber den Bau des Gehörorgans von *Siredon pisciformis*, etc., in Anat. Studien, p. 610-646.

velle excavation, dont le fond aminci et membraneux reçoit une expansion nerveuse. C'est la *pars basilaris*, composée d'un anneau cartilagineux et d'une membrane basilaire.

C'est ainsi que, pour la première fois, nous trouvons ici les divers éléments qui constitueront plus tard le limaçon des animaux supérieurs; mais ces éléments sont encore isolés les uns des autres, et, sauf la *lagena*, absolument confondus avec la cavité du saccule.

Chez les *Batraciens*[1], le limaçon, et nous appellerons ainsi désormais l'ensemble constitué par ces trois parties, acquiert plus d'indépendance et plus d'unité; les taches nerveuses qui en sont la partie essentielle, se sont rapprochées, se sont tassées; c'est surtout la *pars initialis* qui s'est mise en rapport avec la *lagena*. Mais en même temps, et par suite même de leur développement, ces parties se sont mieux différenciées du saccule, dont la paroi interne, se continuant par-dessus les cavités jusque-là ouvertes du limaçon, constitue le premier rudiment de la *membrane* de Reissner.

C'est ainsi que nous avons vu comment le labyrinthe membraneux, d'abord simple vésicule, s'est, par étapes successives, transformé en un appareil qui, par sa complexité, rappelle déjà l'oreille interne des animaux supérieurs. Poursuivons notre route et voyons ce qu'il devient chez les reptiles.

[1] Hasse, Das Gehörorgan der Frösche, in Zeitschrift für wissenschaft. Anatomie, Bd. XVIII, p. 359, etc.

PREMIÈRE PARTIE.

DU LABYRINTHE AUDITIF CHEZ LES REPTILES.

Nous n'avons pas à donner ici les caractères et la division systématique des *Reptiles*. Contentons-nous de rappeler que ces animaux, qui constituent la première division des *Amniotes*, sont rattachés aux oiseaux par plusieurs formes de passage qu'on trouve à l'état fossile et se rangent avec eux dans la grande subdivision des *Sauropsides*.

Parmi les reptiles, nous étudierons les *Ophidiens*, qui, comme nous l'apprend la zoologie, sont les derniers de la série; pour nous, sans sortir du terrain qui nous est propre, nous en trouvons déjà une preuve dans le fait que, parmi les reptiles, ce sont les seuls auxquels font complétement défaut la membrane du tympan, la caisse et la trompe d'Eustache. Les *Lacertiens* constituent déjà un genre plus élevé, rattaché aux ophidiens par les *Anguis*, qui, chose curieuse, possèdent une caisse et une trompe d'Eustache, mais pas encore de membrane du tympan apparente[1]. Enfin, nous devons aux recherches de HASSE d'avoir trouvé dans l'organe de l'ouïe des *Cheloniens* et des *Crocodiliens* un passage graduel à ce que nous verrons chez l'oiseau.

Pour nous, nous ne nous sommes servi comme objet d'étude que des échantillons indigènes de la classe des reptiles, et avons plus particulièrement étudié parmi les Ophidiens les *Tropidonotus natrix*, *Coronella Austriaca* (*seu laevis* SCHREIBER[2]); et parmi les Sauriens, l'orvet ou *Anguis fragilis* et le lézard commun (*Lacerta agilis*).

[1] Cf. HASSE. Anat. Studien, p. 653. Certains auteurs, parmi lesquels nous citerons *Claus* (Hdbuch der Zoologie, 2. Auflage, p. 627), admettent que chez l'*Anguis* la membrane du tympan est simplement voilée par un repli cutané. Mais ce fait jusqu'à présent ne nous paraît pas suffisamment démontré pour infirmer l'assertion de HASSE.

[2] EGID. SCHREIBER. *Herpetologia europæa*. Braunschweig 1875.

Nous en rapportant au schema général donné par HASSE[1], nous pouvons comparer le labyrinthe osseux des reptiles à une pyramide quadrangulaire dont la base, obliquement coupée, regarde en haut et en dehors, et dont l'axe presque vertical est vers la pointe légèrement dévié en dedans et en arrière. Cette pyramide est située sur les parties latérales du crâne, entre le nerf vague et le trijumeau; par sa base, très-rapprochée de celle de l'autre côté, elle atteint presque le niveau de la voûte crânienne; par sa face interne, elle fait une légère saillie dans l'intérieur même de la cavité encéphalique, et c'est déjà là un premier caractère qui élève le labyrinthe osseux des reptiles au-dessus de celui des batraciens, qu'aucun relief osseux ne vient indiquer dans l'intérieur même du crâne.

Cette pyramide est elle-même divisée en deux parties, l'une plus grande supérieure, et l'autre beaucoup plus petite se détachant de la partie inférieure de la première et constituant le limaçon. Entre les deux, et occupant une grande partie de la face externe du labyrinthe, se voit la *fenêtre ovale*, qui, fermée par la columelle, conduit déjà, comme chez les animaux supérieurs, presque directement dans le limaçon osseux, tout en permettant aux vibrations de se communiquer encore aux parties supérieures du labyrinthe membraneux et notamment au saccule.

L'espace qui sépare le labyrinthe membraneux de sa coque osseuse, *espace périlymphatique*, surtout développé en bas et en dehors, ne présente plus ces puissantes brides que RETZIUS (*l. c.*) a signalées chez le poisson, mais de rares et fins filaments connectifs formant un tissu réticulaire des plus délicats. Entre le limaçon et le vestibule se trouve une sorte de canal à parois propres formées aux dépens du tissu embryonnaire primitif, canal destiné à remplacer l'aqueduc du limaçon et à donner par la fenêtre ronde libre issue à la périlymphe.

Nous pouvons ici, par anticipation, rappeler que, si les reptiles ne possèdent pas un véritable homologue de l'aqueduc du limaçon, il n'en est pas de même pour l'*aqueduc du vestibule*[2], qui chez ces animaux se présente comme un tube très-fin, s'ouvrant d'un côté dans le saccule et de l'autre se terminant dans l'espace lymphatique épicérébral par une sorte de dilatation qu'on nomme *sac endolymphatique*, et qui sert, soit par osmose, soit par communication directe, au renouvellement de l'endolymphe.

[1] Cf. HASSE. Das knöcherne Labyrinth der Frösche in Anat. Studien, Heft 2, p. 377-415.

[2] Cf. HASSE. Die Lymphbahnen des inneren Ohres der Wirbelthiere in Anat. Studien, Heft 4, p. 785 ff.

Le labyrinthe membraneux lui-même se compose d'un groupe supérieur comprenant les trois canaux demi-circulaires avec leurs ampoules, l'utricule avec son *recessus* et enfin le tube de communication avec l'ampoule postérieure; le groupe inférieur comprend le saccule et le limaçon.

Des trois ampoules, deux sont en avant, l'horizontale en dehors, la sagittale en dedans, et sont, avec le *recessus utriculi*, logées dans une excavation commune du labyrinthe osseux. L'ampoule frontale est seule, en arrière, et un peu plus bas que les deux autres.

Les canaux demi-circulaires verticaux dont la courbure est relativement peu prononcée, ce qui tient à l'écartement même antéro-postérieur des deux groupes ampullaires, se réunissent sous un angle plus ou moins aigu pour former une sorte de commissure, de canal commun qui, après avoir reçu par sa partie externe l'extrémité dilatée du canal horizontal, va se jeter dans l'utricule. Quant à l'ampoule postérieure qui est seule, elle se continue en une espèce de tube assez court, relativement bien développé chez les reptiles, tube qui rejoint l'extrémité postérieure de l'utricule. A ce même niveau se trouve l'embouchure du canal demi-circulaire commun, et c'est, à vrai dire; de la réunion des deux que résulte l'*utricule*, cylindre assez large, dirigé de haut en bas et d'arrière en avant, se terminant par une dilatation située au niveau des ampoules antérieures et que nous connaissons déjà sous le nom de *recessus utriculi*. Au-dessous et en arrière du recessus utriculi se trouve une poche facilement reconnaissable à la ténuité de ses parois et à l'éclat des otolithes qui la remplissent; c'est le saccule qui, plus petit chez le serpent, atteint chez l'orvet et le lézard des dimensions assez considérables pour devenir une sorte de sphère centrale autour de laquelle toutes les autres parties rayonnent comme de simples dépendances.

Enfin, encore au-dessous et en arrière du saccule, nous trouvons une saillie conique dont la pointe termine le labyrinthe membraneux et dont la base paraît plus ou moins dégagée derrière le saccule: c'est le limaçon qui, pour la première fois chez ces animaux, présente quelque indépendance, en tant que sa partie inférieure ou *lagena* ne communique pour ainsi dire plus avec le sac. En même temps la paroi externe du saccule, s'étendant sur la partie supérieure du limaçon, constitue la membrane de Reissner, qui, en complétant le limaçon si rudimentaire encore des batraciens, dote les reptiles d'une véritable rampe moyenne.

Enfin, pour en terminer avec cette description générale du labyrinthe membraneux, ajoutons que le nerf acoustique qui arrive à la vésicule auditive par un véritable conduit auditif interne, presque aussi développé que chez les animaux supérieurs, que ce nerf, après s'être renflé en un amas ganglionnaire, se divise en deux branches, l'une antérieure pour le *recessus utriculi* et les deux ampoules antérieures, l'autre postérieure pour le sac, l'ampoule postérieure et le limaçon.

Si maintenant nous reprenons pour un instant nos considérations générales, nous voyons que nous retrouvons parfaitement ici la division du labyrinthe membraneux en une partie supérieure et une partie inférieure, telle que Hasse l'a établie dans toute la série animale. Si chez les batraciens ces deux parties communiquaient par une ouverture relativement assez large, il n'en est plus de même chez les reptiles, où ces deux cavités ne communiquent plus que par un très-fin pertuis, de sorte que les canaux demi-circulaires, les ampoules et l'utricule sont presque complétement isolés du saccule et du limaçon. Du reste, tandis que la *pars superior*, comme si elle avait atteint une perfection qu'elle ne doit pas dépasser, ne subit que des modifications insignifiantes, nous avons vu que, tout au contraire, le limaçon a réalisé d'énormes progrès; et cette marche ascendante continue à se faire sentir dans la série même des reptiles. Aussi, si d'un côté, pour ce qui concerne la *pars superior*, nous pouvons nous contenter d'en donner une description commune à tous les reptiles, description pouvant même parfaitement s'appliquer aux oiseaux, d'un autre côté, pour la *pars inferior*, et surtout le limaçon, nous serons obligé de diviser notre travail et de faire une description spéciale plus ou moins complète pour chaque espèce examinée.

1º PARS SUPERIOR.

Avant de passer à une étude détaillée de la structure histologique des diverses parties que nous venons d'énumérer, rappelons que, dans la période embryonnaire, la vésicule auditive se composait de deux éléments, d'un *substratum* connectif venant du *mesoblaste* et d'un revêtement épithélial provenant probablement du feuillet sensoriel de Stricker ou couche active de Gœtte. Aux dépens des cellules embryonnaires se sont développés les parois du labyrinthe membraneux, le tissu périlymphatique, etc.; du revêtement épithélial ont pris naissance les divers épithéliums, tant indifférents que spécifiques, qui tapissent les parois mêmes du labyrinthe.

Pour n'avoir plus à y revenir, nous pouvons, dès à présent, rappeler, d'une façon générale, que la plus grande partie de la paroi du labyrinthe membraneux est constituée par du cartilage connectif dont la structure reste la même dans toute la série animale.

Tantôt traversé par des nerfs ou des vaisseaux, tantôt parfaitement continu, ce cartilage nous présente une substance intercellulaire homogène, prenant quelquefois par l'action des réactifs un aspect finement strié. Nous y trouvons épars de nombreux éléments cellulaires fusiformes ou ronds, en rangées ordinairement parallèles, quelquefois convergentes vers un point déterminé. A la périphérie, ce cartilage connectif semble moins dense, moins homogène, et de nombreux filaments connectifs le rattachent au périoste périlymphatique. Vers le centre, au contraire, il s'épaissit et présente le plus souvent une véritable membrane basale. Ce n'est pas que cette paroi cartilagineuse soit continue ; en certains points, que nous aurons soin de signaler, le cartilage disparaît peu à peu et fait place à un simple tissu membraneux.

Pour ce qui concerne les détails histologiques, nous n'insisterons que sur ceux qui présentent quelque intérêt général ; et passant rapidement sur le reste, nous nous arrêterons surtout sur les parties essentielles, c'est-à-dire en rapport plus ou moins direct avec les expansions nerveuses.

a. *Canaux demi-circulaires et Ampoules.*

C'est ainsi que nous n'avons que peu de chose à dire sur les canaux demi-circulaires qui, plus fortement courbés chez le lézard que chez le serpent, ne diffèrent en rien de ceux des autres animaux. Excentriquement situés dans leurs loges osseuses, et du côté de leur concavité, rattachés à la paroi par des brides connectives, parcourus sur leur face externe par de nombreux vaisseaux, ces canaux se composent d'un simple tube cartilagineux, tapissé d'un paviment épithélial s'élevant un peu vers le côté concave pour constituer une sorte de raphé, trace de la soudure primitive. Les deux canaux verticaux, en se réunissant sous un angle plus ou moins aigu, ouvert en haut, forment la commissure, sorte de canal commun, cylindrique, à parois membraneuses, plus court chez le serpent que chez le lézard, et recevant en bas et en dehors la dilatation terminale du canal horizontal qui s'y jette à angle droit. Quant au canal de communication de l'ampoule postérieure, c'est un cylindre aplati, qui, plus long chez le lézard et l'orvet que chez les ophidiens, débouche dans l'utricule sous un angle ouvert en bas, assez obtus chez le serpent, plus aigu au contraire chez le lézard. Chez ce dernier même, ce canal a atteint de telles dimensions, les deux tiers environ de la largeur de l'ampoule et une longueur si considérable que les rapports sont changés, et que c'est l'ampoule qui paraît en quelque sorte n'être qu'une dépendance du canal.

La paroi de ces tubes est formée par une membrane connective légèrement striée, parsemée de quelques rares fibres élastiques et d'éléments cellulaires fusiformes, avec de nombreux prolongements en rapport avec le tissu périlymphatique. Sur sa face interne épaissie, cette membrane est tapissée par un épithélium analogue à celui des canaux demi-circulaires, présentant, irrégulièrement semés sur sa surface, des amas de cellules plus hautes et plus foncées, affectant parfois des dispositions toutes particulières.

Les ampoules se présentent sous la forme de vésicules ovales, légèrement aplaties d'un côté, environ une fois et demie plus longues que larges et communiquant d'une part avec le canal demi-circulaire correspondant, d'autre part avec l'utricule. Sur la continuation immédiate de la paroi convexe du canal demi-circulaire se trouve le plancher de l'ampoule, c'est-à-dire la paroi aplatie qui reçoit dans un sillon transversal une expansion nerveuse dont nous aurons plus tard à décrire le trajet.

Ce plancher regarde en bas, en arrière et en dedans pour l'ampoule sagittale; en bas, en avant et en dedans pour la frontale; en bas et en dehors pour l'horizontale.

Pour ce qui concerne la disposition topographique, nous savons déjà que l'ampoule sagittale et l'horizontale forment avec le *recessus utriculi* une sorte de groupe triangulaire; sur le plan antérieur se trouve l'ampoule sagittale; sur un plan postérieur nous voyons en dedans le *recessus utriculi*, et en dehors, immédiatement derrière l'ampoule sagittale, l'horizontale, divergeant toutes deux assez en arrière pour ne se toucher que par leurs moitiés antérieures. Quant à l'ampoule sagittale, n'oublions pas de remarquer qu'elle ne touche les organes qui lui sont voisins que par sa partie supérieure et fait saillie au-dessous d'eux de la moitié de sa hauteur.

Aux points où ces trois vésicules se touchent, leurs parois se fusionnent, s'amincissent et finissent par disparaître, de sorte que les trois cavités communiquent entre elles par des ouvertures à bords saillants, en quelque sorte valvulaires.

D'après ce que nous avons dit sur la position respective des ampoules, il doit nous être facile de comprendre que l'ampoule sagittale communique largement avec l'utricule, tandis que l'horizontale ne communique avec lui que très-indirectement et pour la plus grande partie par l'intermédiaire de la précédente. Il est clair, d'un autre côté, que, par suite même de cette fusion de leurs parois, les ampoules antérieures n'ont pu être respectées dans leur intégrité et leur indépendance.

Aussi, et c'est le cas surtout chez les lacertiens [1], les voyons-nous beaucoup moins complètes et moins isolées que chez les autres animaux. Chez le serpent [2] déjà elles sont plus entières; et nous savons qu'ordinairement, au lieu de former pour ainsi dire une cavité commune avec l'utricule, elles ne s'ouvrent en lui que par un ou deux tubes de communication assez longs. L'ampoule postérieure, par suite même de son isolement et quoique en communication chez le lézard avec un canal assez large, présente une forme sphéroïdale beaucoup plus complète.

Maintenant que nous connaissons la situation et les rapports des diverses ampoules, nous pouvons en achever la description. Remarquons que cette description est commune en même temps aux reptiles et aux oiseaux, dont les ampoules, ainsi que le montrent nos fig. 2 et 45, ne présentent pas de différence notable. Nous savons déjà que les ampoules sont des dilatations arrondies dont le plancher est sur le prolongement même de la convexité des canaux demi-circulaires. La voûte se continue directement avec le côté concave des mêmes canaux; elle présente une courbure assez régulière. Les parois latérales, au contraire, sont plus plates.

Les ampoules sont constituées par du cartilage connectif qui, assez épais au sommet même de la voûte, ordinairement surmontée d'un vaisseau d'assez fort calibre, s'amincit ensuite pour redevenir plus fort sur les côtés, et se perdre, après une nouvelle diminution d'épaisseur, dans la masse cartilagineuse qui constitue le plancher ampullaire.

La voûte est tapissée par un revêtement de grandes cellules pavi-

[1] Cf. Hasse's Anat. Studien, p. 338 et ss.
[2] Ibid., p. 671 ss.

menteuses, irrégulièrement polygonales, continuation de celles qui recouvrent les canaux demi-circulaires. Sur la ligne médiane ces cellules deviennent plus hautes, plus claires, plus régulières, et constituent un véritable raphé, qui prolonge celui des canaux. Les parois latérales présentent le même revêtement. Ce n'est qu'au niveau de la terminaison des crêtes acoustiques que nous voyons l'épithélium changer de caractère, et cela, des deux côtés de cette crête dans les ampoules verticales, du côté supérieur seulement dans l'ampoule horizontale. L'épithélium, jusque-là presque pavimenteux, s'élève peu à peu; les cellules deviennent plus régulières, plus minces. Ce sont des cylindres transparents, vitreux, avec des noyaux très-apparents au milieu environ de leur hauteur. Sur une coupe transversale d'une ampoule, où ces dispositions se voient particulièrement bien (voy. pl. I, fig. 3 *e*), cet amas cellulaire se présente comme un segment de sphère très-régulier, limité du côté de la cavité par un plateau cuticulaire très-net, sans membrane basale bien évidente du côté du cartilage. Les cellules semblent converger vers le centre fictif de l'ampoule et s'inclinent, les supérieures en bas, les inférieures en haut. C'est là le *planum semilunatum* décrit pour la première fois par STEIFENSAND [1], et existant chez tous les vertèbres jusqu'à l'homme, les cyclostomes exceptés.

Quant au plancher, constitué par une masse cartilagineuse assez épaisse, il est traversé par un sillon transversal qui, dans les ampoules verticales, en occupe la partie moyenne et se perd également des deux côtés; dans l'ampoule horizontale, au contraire, ce sillon s'étend sur une seule paroi, celle qui est tournée en haut et en arrière, et arrive presque jusqu'à la voûte.

Au niveau de ce sillon transversal le plancher ampullaire présente une saillie, une véritable crête, *crista acustica*, dans laquelle viennent se perdre les rameaux nerveux.

Cette crête suit naturellement la disposition du sillon dont elle est en quelque sorte le relief; c'est-à-dire que dans les ampoules verticales elle s'étend des deux côtés pour se perdre le long des parois latérales, tandis qu'elle atteint sa plus grande hauteur au centre même de l'ampoule. Dans l'ampoule horizontale, au contraire, la *crista acustica*, quoique occupant encore le diamètre transversal de l'ampoule, se prolonge sous forme de langue le long de la paroi supérieure pour s'y éteindre graduellement.

[1] CARL STEIFENSAND, Untersuchungen über die Ampullen des Gehörorgans in MÜLLER's Archiv für Anatomie und Physiologie. 1835.

Le sommet des crêtes acoustiques se présente comme une coupole arrondie; les deux côtés de cette crête, ou, pour mieux nous exprimer, les deux versants qui, dans l'ampoule horizontale, vont par une pente graduelle se perdre dans le plancher, sont, au contraire, dans les ampoules verticales interrompus par une saillie longitudinale qui, assez peu marquée chez les animaux inférieurs, mieux développée chez le serpent, l'orvet et le lézard, donne à la *crista* des ampoules verticales une forme de croix (*Septum cruciatum*, STEIFENSAND).

Chacune de ces ampoules reçoit un filet nerveux qui pénètre dans le sillon transversal. Dans les ampoules verticales, le nerf ne tarde pas à se diviser en deux branches qui, montant symétriquement de chaque côté, gagnent obliquement le sommet de la crête. Dans l'ampoule horizontale, au contraire, le nerf ne se divise pas et se perd peu à peu le long de la *crista*. Cette structure différente des ampoules verticales et de l'horizontale est un fait général qui se retrouve presque sans interruption depuis les degrés inférieurs de l'échelle animale jusqu'aux mammifères exclusivement. Chez ces derniers, chez l'homme par conséquent, les trois ampoules présentent la même disposition et se comportent comme les verticales des animaux inférieurs.

Jusqu'ici nous n'avons parlé que de la structure de la *crista acustica* vue dans son ensemble, à vol d'oiseau en quelque sorte. Voyons comment elle se présente sur une série de coupes faites en différents sens :

Sur une coupe parallèle au plancher même de l'ampoule, il est clair que cette *crista* se présentera comme une sorte de croix dont les deux branches transversales (dans l'axe transversal de l'ampoule) plus longues, se continuent avec les parois mêmes de l'ampoule ou se terminent par un bord arrondi, tandis que les deux branches longitudinales, représentant le *septum cruciatum*, sont plus courtes et plus minces.

Sur une coupe, au contraire, perpendiculaire au plancher de l'ampoule et divisant la *crista* en passant par le milieu même du sillon transversal, la *crista* se présente comme une élévation médiane, trace de ce que nous avons appelé la coupole, et de deux parties latérales légèrement encavées, allant se perdre dans la paroi. On voit très-bien comment le nerf, d'abord tronc unique, se divise en deux rameaux allant se perdre de chaque côté d'un noyau cartilagineux médian, ovalaire, qui, simple épaississement du plancher ampullaire, suffit et pour produire cette division du nerf et pour soutenir le relief de la *crista*.

Toute autre est l'image que nous présente une coupe de l'ampoule passant par le milieu même du *septum cruciatum*, c'est-à-dire perpendiculaire au sillon transversal et à la direction de la *crista*. Ici la crête mérite véritablement son nom ; elle ne forme plus le plancher même de l'ampoule, mais s'élève au-dessus de lui sous forme d'une saillie plus étroite à la base, plus large en haut, d'une véritable croix dont les deux branches, très-courtes et arrondies, forment par leur déhiscence une sorte de loge destinée à porter le nevro-épithélium et recevant par sa base les filets nerveux qu'on voit partir d'un cordon unique.

Il est facile de comprendre d'après cela quelle complexité d'aspects doivent présenter les coupes traversant les ampoules dans des directions non déterminées ; mais malgré cela il est toujours facile de retrouver un des types que nous venons de tracer.

Si nous passons maintenant à l'étude de l'épithélium qui recouvre le plancher de l'ampoule, nous voyons que de chaque côté de la *crista* ce plancher est tapissé par un simple épithélium pavimenteux, continuation de celui des canaux. A mesure qu'elles se rapprochent de la crête, ces cellules augmentent de hauteur, sans pourtant prendre jamais une forme cylindrique aussi régulière que dans le *planum semi lunatum*. Entre les cellules épithéliales simples on en trouve d'autres en forme de bouteille, à ventre saillant, sombre, à extrémité supérieure étroite. Ces cellules, qui quelquefois se rencontrent déjà sur le plancher, donnent à l'épithélium un aspect particulier qu'il garde presque jusqu'à la limite de l'épithélium nerveux proprement dit. Nous voyons là, environ au tiers supérieur de la hauteur de la *crista*, l'épithélium s'élever assez brusquement, prendre la forme de beaux cylindres réguliers, vitreux, dont le noyau atteint presque le milieu de la hauteur. Ces cellules forment ainsi une rangée continue tout autour de l'épithélium spécifique.

Quant au nevro-épithélium, dont nous ne voulons pas encore ici donner une description très-détaillée, il occupe toujours le sommet de la *crista*. Au-dessus du cartilage, qui généralement ne présente pas une membrane basale aussi nette qu'au niveau des autres taches nerveuses, on voit une couche de cellules arrondies, de noyaux pour mieux dire, assez régulièrement alignés, relativement moins serrés que dans les autres nevro-épithéliums (voy. pl. I, fig. 2 *c*, et fig. 3 *c*). Ces noyaux sont plongés dans une fine masse granuleuse protoplasmique qui les isole aussi bien du cartilage que de la couche épithéliale supérieure. Cette dernière (voy. pl. I, fig. 2 *b*, et fig. 3 *b*) consiste en une rangée de cellules cylindriques, renflées vers leur tiers moyen, s'effilant vers le bas en une pointe qui souvent pénètre entre deux noyaux et arrive presque jusqu'au cartilage. Ces cellules possèdent un noyau très-net; elles-mêmes sont très-rapprochées les unes des autres, à peine séparées par quelques granulations protoplasmiques, et portent sur un bord cuticulaire assez épais un poil très-long, très-fin, plus gros à la base, qui ordinairement paraît striée; souvent ce poil se présente comme un simple aiguillon recourbé; ailleurs il se présente comme un cil d'une longueur et d'une finesse extrêmes. Du reste, ce n'est là qu'une description sommaire, ne donnant que ce qu'il faut pour être comprise; pour la structure intime de la cellule, et surtout de son appareil terminal, nous renvoyons à une étude synthétique plus détaillée qui finira notre travail. Pourtant nous devons, dès à présent, faire remarquer que sur les *cristæ* les cellules spécifiques sont beaucoup plus étroites, plus longues que sur les *maculæ* par exemple; elles se rapprochent presque autant de la forme d'un fuseau tronqué par un de ses bouts que de celle d'un véritable cylindre. De plus, il n'est pas rare de rencontrer des cellules soudées à leur extrémité inférieure, des cellules jumelles, sans qu'elles paraissent avoir une signification spéciale.

Le faisceau nerveux destiné à une *crista*, ou à une partie de la *crista*, une fois qu'il a pénétré dans le cartilage du plancher ampullaire, se divise en une série de faisceaux plus petits, plats, parallèles, qui, se décomposant encore en ramuscules plus fins, forment, avant de pénétrer dans l'épithélium, non pas tant un véritable plexus analogue à celui que nous trouverons dans l'utricule ou le saccule, qu'un assemblage de nerfs tantôt se croisant, tantôt restant plus ou moins parallèles et ne présentant jamais un grand enchevêtrement (voy. pl. I, fig. 2 *d* et fig. 3 *d*). Remarquons que, généralement, ce sont des filets nerveux assez gros, avec une forte gaîne de myéline, qu'ils gardent jusques immédiatement à leur entrée dans l'épithélium. Une fois arrivés à la limite du cartilage, les filets nerveux, encore assez forts, quoique privés de myéline, passent entre les noyaux de la couche inférieure pour se rendre vers l'extrémité inférieure des cellules cylindriques; mais, tandis que les nerfs destinés au sommet même de la *crista* gardent dans l'épithélium une direction verticale, ou si vous préférez radiale, les filets, qui doivent se rendre aux cellules situées sur les deux versants de la *crista*, sortent du cartilage également assez près du sommet, mais se replient de suite sur eux-mêmes et descendent plus ou moins angulairement vers leur destination. Aussi sur une coupe transversale d'une *crista acustica*, ne voit-on pas le cartilage limité par une membrane basale très-nette et continue; tout le bord de la *crista* paraît inégal et est traversé par de fins filaments allant se perdre dans les cellules voisines. C'est probablement cette disposition qui a fait croire à v. EBNER [1], dans ses recherches sur la crête acoustique chez le coq, que les cellules épithéliales communiquent par de fins prolongements avec les éléments du cartilage, fait que nous n'avons jamais pu constater et pour l'explication duquel nous ne trouvons que l'interprétation précédente. Une fois arrivés dans l'épithélium, que deviennent ces filets nerveux? C'est là une question complexe dont nous laissons également la solution à plus tard, ne voulant ici attirer l'attention que sur ce que les *cristæ* semblent présenter de particulier.

Un grand nombre de filets nerveux vont se jeter directement dans la partie inférieure effilée d'une cellule auditive; il n'est pas rare de voir la pointe d'une de ces cellules pénétrer entre la couche des noyaux jusque près du cartilage, descendre en tout cas beaucoup plus profondément que dans les *maculæ*, et s'unir au nerf avant, pour ainsi dire, qu'il n'ait complétement traversé le bord qui le séparait de l'épithélium.

Ailleurs on constate des dispositions qui se rapprochent plus de ce que nous trouvons dans l'utricule, par exemple; les filets nerveux se rendent à une cellule plus éloignée, décrivent un certain trajet dans l'épithélium, se croisent; mais il est rare de rencontrer un plexus nerveux épithélial aussi fourni et surtout aussi délicat que celui que nous aurons l'occasion de décrire dans la suite. Ce n'est pas non plus que tous les nerfs semblent se terminer à l'extrémité inférieure des cellules cylindriques. Il en est en général d'assez fins que l'on peut poursuivre jusqu'au niveau de la partie supérieure, du plateau cuticulaire des cellules auditives. Mais ce sont là déjà des détails de structure dont nous laissons l'étude complète et l'interprétation pour un moment où, plus avancé dans notre travail, nous pourrons mieux en saisir la nature et la portée.

[1] V. v. EBNER, Das Nerven-Epithel des Cristæ acusticæ in Schriften des med. natur. wissenschaftl. Vereins zu Innsbruck. 3. Jahrg. 1872.

Au-dessus des cils auditifs qui couronnent la *crista acustica*, se voit un organe particulier, en forme de cupule, qu'il est assez difficile, sur des coupes, d'obtenir dans son ensemble et sans déplacement. Cette *cupula* (LANG[1]) recouvre comme une sorte de bonnet la crête acoustique et atteint la moitié ou les deux tiers de la hauteur de l'ampoule. Son bord supérieur arrondi a la forme d'une ellipse beaucoup plus convexe dans les ampoules verticales que dans l'horizontale. Sa base, concave, se moule sur la *crista*, dont elle paraît toujours séparée par un certain interstice. Cette cupule ne dépasse guère les limites de l'épithélium nerveux, ou, sinon, c'est pour s'arrêter au niveau des premières cellules indifférentes. Son bord inférieur, constitué par la réunion des deux faces supérieures convexe, et inférieure concave, est mince, membraneux et descend ordinairement jusqu'à la région du *planum semilunatum*.

Du reste, la forme de la cupule n'est pas aussi régulièrement arrondie qu'on le pourrait croire. Au moment où ses deux faces vont se rencontrer, elle subit le plus souvent une sorte d'étranglement qui altère un peu la régularité de ses contours. Elle-même ne paraît pas adhérer bien fortement à la *crista*; du moins est-il fréquent de la voir se déplacer en totalité ou en partie. Pour ce qui est de la consistance, la *cupula* paraît relativement assez solide, assez ferme; on pourrait croire du mucus épais, résistant, presque gélatineux ou vitreux. Excessivement claire, presque transparente à l'état frais, cette cupule, par l'acide osmique, prend un éclat particulier, une coloration d'or bruni avec des reflets châtoyants d'un aspect très-agréable.

Examinée à un grossissement plus fort (voy. pl. I, fig. 2 *a*, et pl. IV, fig. 45), la *cupula terminalis* paraît composée d'une série de stries longitudinales qui, à peu près parallèles vers le milieu, semblent sur les bords converger vers le sommet même de l'organe. Du reste, ces stries sont plus ou moins onduleuses, les unes presque droites, les autres tellement brisées qu'elles se présentent plutôt comme une série de points que comme un véritable trait linéaire.

Jamais nous n'avons eu lieu de constater une striation aussi nettement parallèle à la surface même de la *crista* que semble l'admettre

[1] LANG GUSTAV, Das Gehörorgan der Cyprinoiden mit besonderer Berücksichtigung des Nervenendapparates in SIEBOLD's und KŒLLIKER's Zeitschrift für Zoologie. 1863.

Hasse[1]. C'est tout au plus, si, en bas et vers les bords, nous voyons quelques-unes de ces stries quitter la direction longitudinale pour aller se perdre sur les bords de la *cupula* en suivant le contour de la crête acoustique. Ajoutons enfin, pour être exact, que la *cupula* paraît plus dense, plus serrée à son sommet qu'à sa base, ce qui n'a rien d'étonnant, puisque nous savons que les éléments qui la composent convergent tous vers ce sommet. Nous savons que cet organe fut découvert par Lang dans les ampoules des cyprinoïdes : c'est Lang qui lui donna le nom assez heureux de *cupula terminalis;* mais, lui accordant une importance exagérée, il voulut en faire l'organe auditif terminal. Hasse, qui retrouva cette formation chez les poissons, chez la tortue, etc., l'interprète plus exactement; mais ne nous semble pas en avoir bien compris la structure, puisqu'il la regarde comme homogène et, s'il admet des stries, les attribue à l'action des réactifs. Dans son dernier ouvrage, il est vrai, se fondant sur ce que ces stries sont parallèles à la *crista,* il ajoute que probablement elles ne sont pas autre chose qu'un indice d'une formation en quelque sorte stratifiée de la *cupula,* hypothèse que nous ne pouvons pas plus admettre dans ce sens que le fait qui lui a donné naissance.

Lang nous semble jusqu'à un certain point se rapprocher davantage de la vérité quand il dit que la *cupula* se compose de fibres réfringentes, onduleuses, formant un réseau serré. Mais c'est Retzius qui, dans ses études sur l'organe de l'ouïe des poissons (*l. c.*), a donné jusqu'à présent la description la plus complète et la plus exacte de la *cupula,* qu'il considère aussi comme formée en grande partie par un système de fibres entrecroisées.

Quels sont les rapports de cette *cupula* avec les cils auditifs? telle est la question capitale que nous avons à nous poser maintenant. Nous savons que ces rapports sont très-intimes, le plus souvent les cils se recourbent dans un sens déterminé, s'inclinent les uns sur les autres en suivant la courbure même de la *crista* (voy. pl. I, fig. 2, et pl. IV, fig. 45), et au bout d'un certain parcours on les voit se perdre dans la *cupula* sans qu'on puisse dire au juste ce qu'ils y sont devenus. Hasse (*l. c.*) admettait qu'ils pénétraient dans l'intérieur de cette cupule, percée de trous pour les recevoir; tout en admettant le fait en lui-même, nous ne croyons pas que la cupule présente sur

[1] Hasse, Die Cupula terminalis der Cyprinoiden, in Anat. Studien, Heft 1, p. 1-8. — Id. Das Gehörorgan der Fische, in Anat. Studien, Heft 3, p. 456-457. — Id. Das Gehörorgan der Schildkröten, ibid., Heft 2, p. 260. — Id. Die vergleichende Morphologie, etc., p. 77.

sa face inférieure des orifices et des cavités aussi nettement formées que Hasse l'admet; du moins n'avons-nous jamais réussi à voir pénétrer les poils dans des espaces propres. Il nous a toujours semblé qu'au bout de peu de temps les poils si longs des ampoules se confondaient si bien avec la masse de la *cupula* qu'il était très-difficile de les distinguer.

C'est là un fait d'autant plus curieux qu'à la base et aussi longtemps qu'ils sont isolés, les cils auditifs ont un tout autre aspect et une tout autre couleur que les ondulations de la *cupula*; plus épais, plus sombres, d'un éclat tout particulier, ils sont généralement reconnaissables au premier coup d'œil. Plus haut, au contraire, et sans qu'on puisse constater le point où s'arrête chaque cil auditif, on ne voit plus que le dessin tout différent de l'organe qui le recouvre. Aussi, partant de ce fait, a-t-on affirmé que la *cupula* n'était composée que de poils agglomérés; et je ne cacherai pas qu'au premier abord cette théorie n'ait bien des vraisemblances pour elle. Mais, pour peu que l'on réfléchisse, on voit qu'il est impossible d'admettre que les poils auditifs, si longs et si enchevêtrés qu'ils soient, puissent constituer toute la masse de la *cupula*; nous avons pu d'ailleurs nous assurer du contraire sur nombre de coupes où des cils auditifs en très-petit nombre étaient recouverts d'une *cupula* de grandes dimensions. Sur une autre coupe d'une ampoule, nous avons pu voir comment les cils auditifs, ici plus nettement visibles qu'à l'ordinaire, étaient recouverts par des filaments striés, ondulés, qui les recouvraient en les croisant à angle plus ou moins aigu et ne pouvaient être confondus avec eux. Ailleurs nous avons pu voir très-nettement comment la *cupula* présentait une sorte de torsion sur elle-même : une série de fibres partant d'un côté allait la contourner et se perdre vers le sommet; c'est ce qui nous explique peut-être la plus grande densité de la *cupula* vers son sommet, et la direction et l'entrecroisement des fibres qui la composent, ainsi que la présence presque régulière entre ces dernières de points sombres très-nombreux, qui probablement ne sont pas autre chose que la coupe transversale de ces fibres ou stries plus ou moins obliques.

Quant à la nature intime de ces fibres, il est difficile de décider à quoi l'on a affaire. Il semble que ce soit une simple matière muqueuse, analogue du reste aux autres formations cuticulaires. Nous avons pu, du reste, maintes fois constater, en nous servant d'un fort grossissement (H 13 par exemple), que la *cupula* se présentait comme formée vers le bas de filaments très-fins, très-régulièrement accolés les uns aux autres, tandis que plus haut ces filaments, s'entrecroisant dans tous les sens, formaient un réseau à mailles nombreuses, irrégulières, qui rappelait complétement l'aspect d'une matière muqueuse condensée et solidifiée.

Enfin ajoutons que, d'après Retzius (*l. c.*), la *cupula* des poissons serait recouverte par une lamelle anhiste, à bords transparents, très-fragile. Quoique nous ayons pu, dans un cas, constater quelque chose d'analogue chez les reptiles, nous n'avons pas rencontré ce fait assez souvent pour le regarder comme constant.

b. *Utricule.*

Maintenant que nous avons étudié les ampoules et les divers éléments qui les composent, cartilage, épithélium, nerfs, *cupula*, poursuivons notre chemin et passons à l'étude de l'utricule. Nous en connaissons déjà les rapports; nous savons que c'est un canal assez étroit qui, par son extrémité postéro-supérieure, reçoit l'embouchure du tube de communication de l'ampoule postérieure, celle du canal demi-circulaire commun, et enfin celle du canal horizontal, quand ce dernier, comme c'est le cas chez le lézard, ne s'est pas encore jeté dans la commissure.

A cette extrémité, que nous pouvons, avec Clason[1], appeler *sinus utriculi*, fait suite une partie médiane plus étroite, le véritable canal utriculaire qui conduit dans la partie antéro-inférieure, la seule qui présente quelque intérêt, le *recessus utriculi* dont nous connaissons déjà la situation et les rapports avec les ampoules antérieures. C'est une dilatation en quelque sorte épiphysaire de l'utricule; toutes les parois en sont convexes, sauf l'interne qui est à peu près plane. Le volume est environ des deux tiers de celui d'une ampoule. Assez fortement dirigé en dehors, ce *recessus* repose sur le même plan horizontal que l'ampoule horizontale; mais celle-ci le dépasse beaucoup par en haut.

Si nous n'avons rien à dire de la structure de l'utricule proprement dit qui se rapproche complétement sous ce rapport de la commissure des canaux demi-circulaires, il n'en est pas de même du *recessus*, auquel nous pouvons de prime abord distinguer une voûte et un plancher. La voûte, qui est la continuation même des parois utri-

[1] Clason, Die Morphologie des Gehörorgans der Eidechsen, in Hasse's Anat. Studien, Heft 2, p. 300-376.

culaires, se compose d'un simple substratum connectif avec un revêtement de cellules épithéliales peu élevées. En bas et sur les côtés, cette membrane fait place à une lamelle cartilagineuse recourbée qui, plus épaisse sur les bords, reçoit dans sa partie centrale, excavée en quelque sorte en forme de palette, un épithélium plus dense, plus haut, plus sombre, recouvert d'un otolithe. C'est la *macula acustica utriculi*, tache nerveuse de forme triangulaire en rapport avec les deux tiers environ du plancher, et recevant de nombreux filets nerveux d'un rameau assez court, assez épais qui, partant de la branche antérieure du nerf acoustique, entre les rameaux ampullaires, ne tarde pas à s'étaler en un véritable éventail.

Du reste, ce sont là des dispositions qu'un simple coup d'œil sur une coupe (voy. pl. I, fig. 1) suffit pour faire comprendre. Ces coupes ont d'ailleurs l'avantage de faire voir comment le *recessus* est séparé des cavités ampullaires par des éperons membraneux saillants provenant de l'adossement et de la fusion de deux parois contiguës.

Histologiquement, nous retrouvons dans le cartilage du *recessus* la même structure que dans celui des ampoules. C'est du simple cartilage connectif traversé par de nombreux faisceaux nerveux. Ces derniers, qui affectent une direction d'autant plus horizontale qu'ils se rapprochent davantage de la périphérie de la *macula*, ou bien vont se jeter directement dans l'épithélium nerveux, ou bien, continuant leur trajet, se rapprochent des ampoules, soit pour aller se perdre dans les *cristæ*, soit pour revenir par un trajet rétrograde, rejoindre la tache nerveuse. Ces faisceaux, du reste, ne tardent pas à se dissocier, et nous voyons le cartilage, vers le milieu de sa hauteur, traversé par une quantité de filets nerveux, qui tantôt sont parallèles et tantôt s'entrecroisent. Au niveau du bord du cartilage, ces filets, jusque-là épais et à double contour, perdent leur gaîne de myéline et apparaissent dans l'épithélium sous forme de fibres pâles et minces.

Le lézard ici fait exception, ou du moins avons-nous rencontré chez lui une autre disposition, et cela assez fréquemment pour la regarder en quelque sorte comme normale. Tandis que, par un de ses côtés, ordinairement le plus rapproché des ampoules, la *macula* reçoit un véritable bouquet de nerfs très-gros, très-serrés, qui gardent leur myéline même après avoir dépassé la membrane basale du cartilage, et ne la perdent que plus ou moins haut dans l'épithélium, sur tout le reste de son étendue, le cartilage ne présente que des fibres nerveuses très-pâles, très-minces, probablement de simples cylinderaxes, dépouillés entièrement ou pour la plus grande partie de leur myéline, et n'ayant, autant qu'on peut en juger, conservé que leur gaîne de Schwann. Quant aux cellules qui recouvrent la lamelle cartilagineuse, elles sont à la périphérie, basses, polygonales, peu régulières, parsemées d'autres éléments cellulaires plus sombres, plus irréguliers, dont nous aurons à reparler plus longuement. A mesure qu'il se rapproche de la *macula*, vers laquelle il semble converger, l'épithélium s'élève, les cellules deviennent plus hautes, plus claires, plus cylindriques; le noyau gagne à peu près le milieu de la hauteur, et enfin, sur la *macula* elle-même, nous trouvons les éléments cellulaires bien connus.

C'est d'abord, sur le cartilage, une couche de granulations ou noyaux entourés de protoplasma, et, au-dessus, des cellules cylindriques séparées des précédentes par un interstice granuleux assez considérable. Nous ne décrirons pas ici ces cellules, qui, plus régulièrement cylindriques que dans les ampoules, presque, mais non entièrement contiguës, forment une couche très-régulière. Ces cellules, sur un plateau cuticulaire, portent un cil assez gros à son insertion, recourbé à son sommet, beaucoup moins long et plus épais que dans les ampoules, un véritable aiguillon, strié à la base, sur la structure intime duquel nous ne voulons pas insister dans le moment.

Quant à la terminaison des filets nerveux, tout ce que nous en voulons dire maintenant, c'est que plusieurs fois nous avons pu constater comment un filet nerveux, après avoir perdu sa myéline, traverse la membrane basale du cartilage, puis pénètre dans l'épithélium entre deux noyaux et se divise en plusieurs fibrilles très-fines, allant se perdre dans une sorte de plexus occupant l'intervalle protoplasmique situé entre les noyaux de la couche inférieure et les cellules cylindriques sus-jacentes. Ailleurs, nous avons pu suivre un filet nerveux très-fin, probablement un simple cylinderaxe, depuis son entrée dans l'épithélium jusqu'à l'extrémité inférieure d'une cellule cylindrique. Enfin, il n'est pas rare de voir des fibrilles très-délicates dépasser l'extrémité inférieure des cellules spécifiques et aller se perdre au-dessus de leurs noyaux. Mais c'en est assez; nous nous réservons, quand nous parlerons du saccule, dont la structure est parfaitement semblable à celle de l'utricule, de donner une description complète de la manière dont nous avons vu les filets nerveux se terminer dans le nevro-épithélium acoustique.

Sur la *macula acustica*, avons-nous dit, se montre une masse oolithique assez considérable, de forme discoïde, se déplaçant et se dissociant facilement. Le microscope nous apprend qu'elle est composée de cristaux, plus anguleux et plus petits que ceux que nous trouverons dans le saccule.

Entre les otolithes et les poils auditifs se trouve une couche filamenteuse, d'apparence peu dense, irrégulièrement percée de trous et de fentes de mille formes, une sorte de feutrage, dans lequel viennent se perdre les poils. C'est là un de ces organes cuticulaires sécrétés probablement par les épithéliums eux-mêmes, et que nous pouvons, avec la *cupula* que nous connaissons déjà, et d'autres formations analogues plus intéressantes que nous rencontrerons dans le saccule et le limaçon, ranger dans cette classe des membranes réticulaires, des *membranæ tectoriæ* qui jouent probablement un rôle assez important dans le fonctionnement physiologique de l'oreille interne.

2° PARS INFERIOR.

Nous savons que la *pars inferior* se compose de deux parties: le saccule et le limaçon. Tandis que, chez les animaux inférieurs, elle communique avec la *pars superior* par une fente relativement assez large, chez les reptiles, avons nous vu, cette communication se réduit à un pertuis très-fin, s'ouvrant dans la paroi externe du *sinus utriculi*, au-dessous du canal d'union de l'ampoule postérieure.

C'est donc déjà là un grand pas en avant; et cet isolement pour ainsi dire complet des ampoules, des canaux demi-circulaires et de l'utricule d'avec le saccule et le limaçon, n'est pas un des faits les moins importants pour l'interprétation physiologique de ces mutations successives que nous avons rencontrées jusqu'ici. Mais ce n'est pas tout : la description que nous avons donnée de la *pars superior* a pu être commune à tous les reptiles; il n'en est plus de même pour les parties dont nous commençons aujourd'hui l'étude.

Ici même il faut distinguer. Tandis que d'un côté le limaçon, cet organe véritablement capital, suit sa marche ascendante, lentement, mais sans interruption, et que dans ce mouvement progressif même nous trouvons en quelque sorte le fil conducteur qui nous aidera à comprendre les changements successifs que nous lui verrons subir, d'un autre côté nous voyons que, chez les reptiles, la saccule subit une série de modifications dont il est assez difficile de se rendre compte au premier moment. C'est ainsi qu'en passant des batraciens au serpent, le sac subit une forte réduction de volume; chez l'orvet et le lézard, au contraire, il atteint des dimensions vraiment colossales et arrive ainsi à un maximum de développement qu'il ne dépassera plus.

Déjà chez la tortue et le crocodile, comme nous l'apprend HASSE[1], le saccule est beaucoup plus petit, et chez l'oiseau, nous pouvons l'ajouter, il est tellement réduit que les premiers observateurs étaient allés jusqu'à en nier l'existence. Mais il est probable que ce ne sont là que des modifications sans importance; car nous trouvons que chez les reptiles comme chez les autres animaux, quel que soit le développement du saccule, la seule partie qui en soit vraiment importante au point de vue fonctionnel, la *macula accustica*, se trouve toujours en bas et en arrière de celle de l'utricule et au-dessus et en avant de celle du limaçon. Que maintenant au-dessus de cette *macula* le sac se développe plus ou moins, qu'il aille jusqu'à se transformer en une vaste dilatation sphérique, comme chez le lézard, il est probable que cela ne tient qu'à des conditions secondaires, accessoires, peut-être, pour ne citer qu'un exemple, à la place même qu'il trouve entre les deux groupes ampullaires.

Mais c'est assez s'occuper de ces considérations générales. Passons à une étude descriptive détaillée du *sacculus*. En parlant du labyrinthe osseux, nous avons vu qu'on pouvait le diviser en cavités secondaires, dont l'une, plus grande, située au-dessous des autres, servait à loger le saccule et le limaçon. Chez les animaux inférieurs, chez les batraciens par exemple, cette cavité est presque entièrement remplie par le saccule, et son annexe accessoire, le limaçon rudimentaire, n'y prend que fort peu de place. Déjà chez les ophidiens les choses ont changé: le limaçon, qui s'est développé et isolé vers le bas, a presque totalement rejeté le sac dans la cavité vestibulaire; chez l'orvet, le saccule, encore repoussé davantage, vient se placer devant l'utricule.

c. *Saccule.*

Le saccule lui-même, chez les serpents[2], se présente comme une vésicule allongée, en forme de clepsydre, obliquement dirigée d'en haut, en arrière, et en dedans vers en bas, en avant et en dehors.

Ce saccule, placé en arrière et en dehors du *recessus utriculi*, dé-

[1] HASSE, Cf. Das Gehörorgan der Schildkröte, l. c. — Id. Das Gehörorgan der Crocodile, in Anat. Stud., Heft 4, p. 739.

[2] Cf. Id. Die Morphologie des Gehörorgans von Coluber natrix, in Anat. Studien, Heft 4, 672.

passe légèrement par son contour supérieur l'origine des canaux qui sortent de l'utricule et par la moitié inférieure de sa face interne repose sur le segment antéro-supérieur du limaçon.

Chez l'orvet et le lézard[1] le saccule s'est gonflé en une vaste dilatation presque sphérique qui, située au côté externe du vestibule membraneux, repose en bas sur le toit du limaçon, occupe toute la concavité du canal demi-circulaire horizontal et atteint en haut l'extrémité supérieure de la commissure des canaux demi-circulaires.

Le saccule est presque entièrement rempli par un otolithe considérable, dont il reproduit assez exactement la forme. Cet otolithe, qu'il est facile d'obtenir isolé dans son entier, se compose de cristaux ovalaires relativement assez grands, entourés d'une membrane excessivement fine et retenus entre eux par une sorte de matière muqueuse amorphe. Des deux faces dont se compose le saccule, l'externe plus convexe est excessivement mince, délicate, et il est très-difficile de l'obtenir intacte. C'est un simple feuillet membraneux recouvert d'un magnifique épithélium pavimenteux. La face interne, moins convexe, beaucoup plus résistante et plus épaisse, dépasse surtout en arrière les limites de l'otolithe. C'est sur cette face que nous trouvons les trois ouvertures que présente le *sacculus* et l'expansion qu'il reçoit du nerf auditif.

De ces trois ouvertures, l'une, sacculo-utriculaire, est déjà décrite; contentons-nous d'ajouter que, excessivement fine chez le lézard, elle est un peu plus grande chez le serpent; la seconde, qui appartient à l'*aquæductus vestibuli*, ne nous intéresse pas spécialement, et il suffit de rappeler que c'est par elle que se fait probablement le renouvellement de l'endolymphe. La troisième, qui conduit dans le limaçon, mérite plus d'attention.

Chez les ophidiens elle se présente sous la forme d'une fente allant obliquement d'en haut et en arrière à en bas et en avant, fente située sur la paroi postéro-interne du saccule. Chez le lézard, cette ouverture se trouve presque au fond d'une espèce de gouttière qui occupe tout le bord postérieur du saccule, et est formée par la réunion des deux faces interne et externe, allant se rejoindre après avoir plus ou moins dépassé l'otolithe. Cette ouverture représente une fente étroite, antéro-postérieure, à bords saillants, traversant le toit même du limaçon et comparable au *canalis reuniens* des oiseaux.

Mais c'est maintenant seulement que nous arrivons à la partie vrai-

[1] Cf. CLASON, loc. cit., p. 344 ss.

ment importante du saccule, à la *macula sacculi*. Sur ses deux tiers inférieurs environ, la paroi interne du saccule, beaucoup plus épaisse, excavée, cratériforme, reçoit les filets de la branche postérieure du nerf acoustique. Ces filets, partant ordinairement du côté externe du nerf, vont s'étaler en éventail en suivant surtout les trois directions en haut, en bas et en avant, en bas et en arrière, de sorte que la *macula* présente une forme approximativement triangulaire.

A mesure qu'elle se rapproche de la *macula*, la paroi du sac, jusque-là simplement membraneuse, s'épaissit; le tissu en devient plus homogène, plus compacte et se remplit de cellules fusiformes assez régulièrement disposées: c'est du cartilage connectif qui, comme toujours, forme le plancher de la tache nerveuse. Ce cartilage est séparé de l'épithélium par une membrane basale bien nette.

Quant au revêtement cellulaire de la *macula*, nous allons, avant de le décrire, tâcher d'en donner une idée générale et de le dépeindre tel qu'il se présente au premier coup d'œil, soit qu'on l'examine en quelque sorte à vol d'oiseau, soit que l'on considère une coupe transversale. Nous pourrons ensuite, poussant plus loin notre étude, profiter des données que nous y aurons puisées pour essayer de résoudre deux points encore très-discutés de l'histologie de l'oreille interne.

Un simple coup d'œil jeté sur un fragment de la *macula* et des parties qui l'entourent suffit pour nous montrer comment les cellules claires, basses, presque pavimenteuses et polygonales de la périphérie de la face interne du saccule, font place vers le centre à des cellules cylindriques plus hautes, plus étroites, assez régulièrement groupées, avec un noyau et un nucléole se colorant fortement par le carmin.

Plus loin, ces cellules deviennent plus hautes encore, plus serrées, et cette augmentation successive de hauteur et de nombre se traduit sur les préparations colorées par une augmentation parallèle dans l'intensité de la teinte; pourtant il faut remarquer que la gradation n'est pas tout à fait uniforme et que l'augmentation de hauteur des cellules se fait plutôt par zones successives que par un passage véritablement insensible. Mais, en même temps que ces cellules changent ainsi de forme et d'aspect, nous voyons apparaître entre elles de nouveaux éléments; ce sont des taches claires, jaunes, irrégulières et irrégulièrement semées dans le champ épithélial cylindrique fortement coloré par le carmin. D'abord assez rares, ces amas jaunâtres deviennent d'autant plus nombreux et plus serrés qu'on se rapproche davantage de la *macula*; il arrive enfin un moment où ils se touchent presque ou du moins ne sont plus séparés que par un réseau très-étroit de cellules cylindriques (voyez, pour en avoir une idée, les fig. 46 et 47 de la pl. V).

Mais il est à peu près impossible, sur de pareilles préparations, de se rendre un compte exact de ces masses jaunes indéterminées et de leurs rapports, d'un côté avec les cellules épithéliales voisines, d'autre part avec la *macula*.

Pour cela nous sommes obligé de recourir à des coupes transversales (voy. pl. II, fig. 21). Ici l'on voit tout de suite comment l'épithélium s'élève vers la *macula;* comment celle-ci semble occuper le centre d'une sorte d'élévation dont les deux versants vont se perdre, assez rapidement d'un côté, par une pente excessivement douce de l'autre. Mais remarquons en même temps que la surface de la *macula*, loin de continuer la ligne ascendante, forme plutôt une sorte de plateau excavé, recouvert par une formation cuticulaire très-régulière et par un amas de cristaux oolithiques.

Non-seulement l'épithélium s'élève à mesure qu'il se rapproche de la partie centrale, en même temps il change de direction, il semble converger par son extrémité supérieure vers la *macula*, et de là vient qu'il repose parfois très-obliquement sur le cartilage.

Un examen plus attentif suffit pour nous faire remarquer à la périphérie de la tache nerveuse deux espèces de cellules : les unes (*i*) sont de simples cylindres épithéliaux, clairs, transparents, à contenu légèrement granuleux, possédant un noyau très-net vers leur extrémité inférieure; les autres, au contraire, sont des masses sombres, irrégulières, sans forme déterminée (*g*).

Généralement assez minces à leur extrémité supérieure, elles vont en s'élargissant rapidement et s'étalent sur le cartilage par une base très-étendue. Leur contenu paraît fortement granuleux, ou, pour mieux dire, consiste en un véritable amas de filaments, de granulations protoplasmiques qui, en divergeant dans tous les sens, constituent un feutrage qu'on ne saurait décrire. La plupart de ces éléments cellulaires se terminent par une sorte de bouchon cylindrique très-clair (*h*), transparent, à bords nets, faisant saillie au-dessus de la surface épithéliale voisine. Quoiqu'il soit quelquefois assez difficile de le constater, il semble pourtant que chacune de ces cellules possède un noyau vers le milieu de sa hauteur. Quant à la disposition de cellules entre elles et à leurs rapports avec les cellules épithéliales simples, ils méritent encore toute notre attention. A la périphérie, ces amas protoplasmiques sont assez rares et entourés de tous côtés de cellules épithéliales; plus près de la *macula*, ils augmentent en nombre, se rapprochent, forment des groupes de l'aspect le plus complexe et le plus imprévu. Le plus souvent plusieurs de ces cellules se touchent par leurs bases, envoient des prolongements entre les cellules voisines, de façon à constituer une sorte de réseau solide, de tissu spongieux dans les lacunes ou mailles duquel sont logés les cylindres clairs. Il n'est pas rare non plus de voir plusieurs de ces masses se confondre, soit par toute leur étendue, soit par leur extrémité supérieure seulement, de façon à constituer des amas d'un volume insolite, envoyant des ramifications dans tous les sens. Il est même très-ordinaire de rencontrer de pareilles masses dans le voisinage immédiat de la *macula*.

Le plus souvent ces cellules ne présentent qu'un seul noyau. Pourtant il n'est pas rare d'en trouver qui en présentent plusieurs; il est probable que l'on a affaire alors plutôt à des amas qu'à de simples cellules isolées.

Si nous nous rapprochons encore de la *macula*, nous voyons sans transition l'épithélium changer tout d'un coup totalement de caractère.

Au lieu de ces masses noires ramifiées, se trouvent des éléments cellulaires, cylindriques, d'une transparence parfaite, et formant par leur arrangement un groupe des plus réguliers (*d*). Ce sont des cellules très-minces, allongées, avec un noyau vers leur tiers moyen, d'un contenu granuleux clair; plus larges et non régulièrement cylindriques jusqu'au-dessous du milieu de leur hauteur, ces cellules s'amincissent, s'effilent et se terminent par une extrémité pointue qui repose sur le cartilage. Loin d'être parallèles, ces cellules convergent et se groupent de façon à constituer par leur ensemble un tout bien déterminé entourant la *macula* et la soutenant en quelque sorte de tous les côtés.

Mais autant la nature de ces cellules est facile à comprendre, autant il est difficile de se faire une idée exacte de la structure des masses protoplasmiques qui les entourent. Aussi allons-nous, avant de passer au nevro-épithélium, tâcher d'arriver à compléter nos connaissances sur ce sujet délicat.

α. *Revêtement épithélial indifférent du Saccule.*

Il y a longtemps que l'existence de pareils éléments dans l'oreille interne est connue, et en les constatant chez le serpent, le lézard et l'orvet, nous n'avons fait que compléter la série des animaux chez lesquels on les avait déjà signalés.

C'est M. Schultze[1] qui, dans son travail *Sur le mode de terminaison du nerf acoustique dans le labyrinthe,* trouva pour la première fois et figura des cellules analogues qu'il nomma, voulant simplement rendre compte de leur forme sans rien préjuger de leur nature, *cellules à coupe transversale étoilée.* Il les considère comme de simples cellules énormément développées, envoyant des prolongements en tous sens et prenant par là l'aspect caractéristique qu'elles présentent sur les coupes. Plus tard, Hartmann[2] retrouva ces mêmes cellules chez les poissons osseux et en donna une description assez minutieuse. Ce sont, dit-il, des cellules cylindriques d'un grand diamètre, remplies d'une masse granuleuse et présentant un gros noyau. Elles forment, en se réunissant à deux ou à trois, des groupes serrés, répandus entre les cellules pavimenteuses plus claires. Ces masses sombres granuleuses présentent sur la coupe optique un contour irrégulier; parfois, par exemple dans le sac oolithique, on voit plusieurs de ces groupes s'anastomoser, former une sorte de réseau entourant des îlots de cellules plates plus claires.

On voit donc qu'au lieu de considérer ces éléments comme des cellules simples, Hartmann les regarde plutôt comme des agglomérats de cellules; c'est aussi ainsi qu'il les représente.

Plus tard, ce fut Hasse[3] qui signala chez l'oiseau une disposition analogue: on trouve, dit-il, sur le plancher des ampoules, dans le voisinage des *maculæ acusticæ* de l'utricule et du saccule, des images étoilées plus ou moins grandes, plus ou moins serrées ou disséminées, présentant une coloration sombre, une sorte de pigmentation jaunâtre. Un examen superficiel pourrait les faire prendre pour des éléments cellulaires simples; mais un grossissement plus fort montre que ce sont des amas de cellules irrégulièrement polygonales, ayant chacune un noyau et présentant en détail les mêmes caractères qui en distinguent l'ensemble. Ainsi Hasse se rapproche davantage de Hartmann que de Schultze. Continuant sa description, il ajoute que, sur une coupe transversale, ces cellules sombres se présentent comme des espèces de bouteilles semées entre les cylindres

[1] M. Schultze, Ueber die Endigungsweise der Hörnerven im Labyrinth, in Muller's Archiv für Anatomie und Physiologie. 1858, p. 343.

[2] R. Hartmann, Die Endigungsweise der Gehörnerven im Labyrinth der Knochenfische, in Reichert's und Dubois-Reymond's Archiv für Anat. und Physiologie. 1862.

[3] Hasse, Der Bogenapparat der Vögel, etc., l. c.

épithéliaux. Vers le cartilage ces cellules s'élargissent en un corps très-vaste; vers la cavité de l'ampoule leur diamètre diminue beaucoup.

Le noyau et son nucléole se trouvent dans la partie renflée. La membrane cellulaire est excessivement délicate; le protoplasma est rempli de granulations assez grosses et paraît très-tenace. Souvent il arrive de rencontrer de ces cellules dont la membrane a été déchirée, sans que pour cela le contenu en soit sorti : la surface de la cellule paraît alors inégale, hérissée, grenue, et ce sont précisément ces granulations protoplasmiques qui lui ont donné cet aspect. Se fondant sur leur coloration et sur leur forme, HASSE propose pour ces cellules le nom spécial de *flaschenförmige Pigmentzellen.*

Plus tard il trouva chez la grenouille, et récemment chez le crocodile[1], des amas cellulaires d'aspect et de coloration analogues, mais se rapprochant plutôt de la forme pavimenteuse que de la forme cylindrique. Enfin, chez la tortue[2] il put constater une disposition analogue donnant au revêtement épithélial des ampoules et de l'utricule un aspect tout particulier. Au milieu de cellules cylindriques, claires, transparentes, on en voit d'autres également assez hautes, mais plus irrégulières, presque fusiformes sur la coupe. Ces dernières remplies par un protoplasma granuleux sombre, ou bien sont disséminées en formant des verticilles au milieu des premières, ou se réunissent en groupes plus serrés, de façon à constituer une sorte de mosaïque, parfois des plus délicates, analogue à ce que nous représente la fig. 27.

Enfin, si nous ajoutons que des formes pareilles ont été trouvées chez les poissons, puis par HASSE[3] et ODENIUS[4] chez les mammifères et chez l'homme, nous verrons que nous avons devant nous une disposition qui, bien que variable chez les différents animaux, doit pourtant, par sa généralité même, avoir une signification quelconque et mérite par là de retenir encore notre attention.

C'est à RETZIUS (*l. c.*) que revient le mérite d'avoir jeté un peu de jour sur cette question en nous donnant une description assez exacte de ces formes épithéliales, telles qu'elles se présentent chez les poissons.

[1] Cf. HASSE, Das Gehörorgan der Crocodile, l. c., p. 737.
[2] Id. Das Gehörorgan der Schildkröte, l. c., p. 272.
[3] Id. Die vergleichende Morphologie, etc., p. 72 ff.
[4] ODENIUS, Ueber das Epithel der Maculæ acusticæ beim Menschen, in Archiv für microscopische Anatomie. 1867.

C'est toujours sur le plancher ampullaire ou dans le voisinage des *maculæ* qu'il faut en chercher les exemplaires les plus nets. Tantôt ce sont des cellules plus petites, assez élevées, de forme irrégulièrement polygonale ou fusiforme, qui, en se groupant ou en s'espaçant plus ou moins, présentent un aspect des plus variés; tantôt ce sont de véritables masses protoplasmiques sans forme déterminée, avec de nombreux prolongements entre lesquels on voit ramper d'autres cellules de même nature plus basses et plus allongées. Ces masses par l'acide osmique se colorent fortement et semblent revenir sur elles-mêmes, de façon à laisser voir entre elles un revêtement épithélial ordinaire; souvent même, une de ces masses se détachant permet de voir qu'elle reposait dans une sorte de lacune dont les bords sont constitués par de l'épithélium tassé sur lui-même. Pour ce qui est de la question si importante des noyaux de ces cellules, Retzius se croit en droit d'affirmer que, sauf très-rare exception, elles n'ont qu'un seul noyau, et que, si Hartmann et Hasse ont cru en voir plusieurs, c'est que probablement ils ont compté les noyaux des cellules sous-jacentes.

Chez les reptiles, nous avons pu constater un état de choses qui se rapproche beaucoup du précédent. Nos recherches ont principalement porté sur le saccule du lézard; mais l'orvet et le serpent ont paru donner des résultats tout à fait analogues. Nous avons d'ailleurs déjà, dans notre description générale du saccule, essayé de donner une idée aussi exacte que possible de l'aspect que ces cellules nous présentent, soit sur une coupe, soit sur une vue d'ensemble. Remarquons de suite que si telle est en effet la forme typique à laquelle nous essayerons de ramener toutes les autres, nous avons, sur une série de préparations, tant fraîches que durcies, rencontré une telle variété d'aspects qu'il nous a été très-longtemps difficile de nous créer une idée nette, plus ou moins synthétique, des images si complexes qui nous passaient sous les yeux. Mais disons encore un mot sur les méthodes dont nous nous sommes servi plus spécialement : le procédé qui nous a encore été le plus utile consiste à fixer d'abord les éléments cellulaires en plongeant pendant quelques instants le fragment que l'on veut examiner dans une solution très-étendue d'acide osmique; l'examen peut ensuite se faire directement, soit dans la glycérine, soit, ce qui est préférable, dans une solution saturée d'acétate de potasse. Des préparations encore plus démonstratives s'obtiennent par macération d'un de ces fragments traités par l'acide osmique dans l'alcool 1/3 de Ranvier. Au bout de 24 à 36 heures, on obtient par dissociation des préparations où les divers éléments sont très-bien conservés et se laissent parfaitement colorer par l'hématoxyline ou mieux encore par le picrocarmin ou la purpurine.

Le plus souvent, on obtient des fragments qui, comme la fig. 47 de la pl. V, ne représentent pas autre chose que l'épithélium que nous avons décrit autour de la *macula*. Sur un fond composé de cellules polygonales pavimenteuses, ou mieux, de très-courts cylindres, on voit se détacher des cellules qui, autour d'un noyau assez volumineux, se renflent en une masse indéterminée de matière protoplasmique plus sombre. Ces amas, plus ou moins rapprochés, prennent les contours les plus fantastiques et forment un réseau à grosses mailles saillantes recouvrant plus ou moins les cellules épithéliales ordinaires. Ailleurs, c'est tout une autre figure qui se présente à nous. Autour de quelques-unes de ces masses sombres et disséminées, on voit une mosaïque assez régulière de points brillants, clairs; et il faut déjà une observation prolongée pour voir que ces derniers ne sont pas autre chose que l'extrémité supérieure, la tête arrondie de cellules cylindriques assez minces reposant sur le cartilage par une base un peu élargie.

Chez l'orvet, dans le voisinage de la *macula sacculi*, nous avons obtenu une autre forme se rapprochant beaucoup de celle décrite par Retzius[1]. Au milieu de lacunes assez régulièrement arrondies (fig. 48), bordées par des cellules qui, en se refoulant mutuellement, ont pris l'aspect fusiforme, on trouve des masses (*a*) indéterminées, granuleuses, jaunâtres, assez pâles, évidemment du protoplasma accumulé autour d'un noyau relativement grand et se colorant fortement. Il n'est pas rare de voir une de ces lacunes entièrement vide ou ne contenant plus qu'un noyau, le protoplasma s'en étant détaché.

Ailleurs, et ceci semble être la forme prédominante chez les serpents, on rencontre, au milieu de cellules cylindriques courtes à noyau très-grand, d'autres cellules plus basses, fusiformes, jaunâtres, avec un noyau beaucoup plus petit. Ces dernières, en s'anastomosant de toutes façons, constituent un véritable plexus (fig. 49), enveloppant dans ses replis un ou plusieurs cylindres ordinaires.

Mais jusqu'ici nous avons toujours eu affaire à des amas d'une certaine épaisseur; voyons ce qu'ils deviennent à la périphérie, au point où le revêtement épithélial ne consiste plus qu'en une simple

[1] Retzius, l. c., cf. pl. III, fig. 20.

couche de cellules pavimenteuses reposant sur une membrane presque amorphe et rappelant, pour ne pas dire constituant, un simple endothélium. C'est ce que nous avons pu parfaitement examiner sur quelques préparations venant du saccule du lézard et provenant de cette partie de la paroi externe du sac qui forme à l'otolithe une enveloppe excessivement délicate. Nous voyons (pl. V, fig. 46) un revêtement très-régulier de cellules plates, polygonales, à noyaux et nucléoles très-nets. Ces cellules, d'abord assez grandes, deviennent plus petites à mesure qu'elles se rapprochent de la mince lamelle cartilagineuse dont on voit le commencement. Dans ce revêtement épithélial, on voit une série de masses ou, pour mieux dire, de traînées protoplasmiques, jaunâtres, finement ponctuées, s'anastomosant entre elles tantôt par des prolongements excessivement ténus, tantôt par de véritables tractus intermédiaires. D'abord assez espacées, ces masses se rapprochent, et sur le fragment qui a servi à notre dessin nous les voyons, sur la limite de la lamelle cartilagineuse, former un véritable tapis, grenu, délicat, qu'une déchirure est venue interrompre en même temps que l'épithélium. Jusqu'à présent nous n'avons rien trouvé qui différât beaucoup de ce que nous avons déjà décrit; mais il suffit de prolonger un peu l'examen pour trouver une disposition qui ne laissa pas d'abord que d'exciter notre curiosité.

Assez irrégulièrement semés sur le dessin presque géométrique de la surface épithéliale se voient, d'espace en espace, des points ou plutôt des cercles très-petits, se distinguant dès l'abord par un brillant et un reflet tout particuliers, et occupant toujours le point d'intersection de plusieurs cellules polygonales voisines, qui à ce niveau perdent leur contour. Ces points paraissent d'abord être des trous, de véritables pertes de substance, et j'avoue qu'en contemplant leur siége si précis entre les autres cellules, je fus d'abord tenté de les prendre pour de simples stomates. Mais un examen ultérieur ne me permit pas de maintenir cette opinion. D'abord ces cercles sont, sinon trop petits, du moins trop réguliers pour être de véritables stomates; en même temps nous pouvons nous assurer qu'ils sont constamment situés au-dessus ou au moins sur un des bords de ces traînées protoplasmiques dont nous avons parlé, et paraissent par conséquent avoir avec ces dernières des rapports plus intimes qu'avec le simple épithélium superficiel. Enfin, sur une autre préparation, traitée par de l'acide osmique plus concentré et colorée par l'hématoxyline, nous pûmes nous assurer comment ces masses protoplasmiques mieux conservées (ou plutôt contractées) avaient plus exactement la forme de grandes cellules s'anastomosant[1], et, c'est là ce qui nous intéresse, comment assez régulièrement ce cercle brillant semblait occuper la partie la plus épaisse de la masse sous-jacente dont le protoplasma se contractait en quelque sorte autour de lui en couches concentriques. En même temps, le cercle, au lieu de rester incolore ou de prendre la couleur des parties sous-jacentes, avait pris une teinte bleuâtre spéciale assez nette, qui nous forçait à y voir plutôt un corps solide qu'une simple perte de substance. C'est pour ces motifs que nous considérons ces centres brillants comme l'expression optique de véritables boutons cylindriques; et nous rappelant en même temps la disposition que nous avons signalée dans l'épithélium plus rapproché de la *macula*, et représentée dans la pl. II, fig. 21 *h*, nous arrivons naturellement à regarder tout le complexus que nous avons devant nous comme formé par de simples amas de protoplasma, amas plus plats, étalés autour d'un bouchon cylindrique, probablement cuticulaire, analogue à ceux qui terminent les masses également protoplasmiques, mais plutôt cylindriques, de l'épithélium central du saccule.

Maintenant que nous avons constaté, et au près et au loin de la *macula*, l'existence d'un élément qui, malgré quelques différences de forme, a probablement des fonctions homologues, tâchons, par une dernière étude, d'en éclaircir encore plus complétement la nature.

Pour ce qui concerne ces traînées minces dont nous avons parlé en dernier lieu, nous n'avons plus rien à dire sinon qu'il nous serait impossible d'affirmer qu'elles possèdent un noyau; mais il peut être tout aussi imprudent de notre part d'en nier l'existence, car ces traînées sont si minces et si transparentes qu'elles laissent voir tous les noyaux des cellules épithéliales des autres plans.

Pour les cellules plutôt cylindriques des environs de la *macula*, nous en avons déjà donné, en parlant des coupes transversales du saccule, une description assez complète et se rapprochant jusqu'à un certain point de celle que Hasse (*l. c.*) nous a faite des cellules pigmentaires de l'oiseau.

Nous pouvons y ajouter quelques données que nous ont fournies les méthodes de macération indiquées. Le plus souvent ces cellules ne sont pas isolées complétement, mais on les rencontre par groupes

[1] Cf. Retzius, l. c., pl. III, fig. 17.

dont les corps flottent librement dans le liquide de la préparation, tandis qu'elles sont retenues par leur tête ou extrémité supérieure, comme les montrent les fig. 50 et 52 de la pl. V. Ceci nous pouvons nous l'expliquer facilement, pour peu que nous considérions la fig. 21, qui nous montre comment ces cellules s'engagent dans une sorte de revêtement cuticulaire par leurs têtes en forme de bouchon. D'un autre côté, nous n'avons jamais pu constater l'existence d'une membrane; ce qui nous éloigne de Hasse, lequel en admettait une très-fine, et nous rapproche davantage de Retzius. Chacune de ces cellules possède un noyau vers son tiers moyen. Par le picrocarmin le noyau devient d'un rouge foncé; le corps de la cellule reste jaunâtre. Le corps même de la cellule se termine par une foule de prolongements divergents dans tous les sens, ce que nous voyons sur les fig. 50 et 51, où il est aussi possible de constater comment au-dessus du noyau la cellule se rétrécit pour se terminer par le bouchon solide que nous connaissons déjà. Mais ici encore il faut distinguer, et le mode de préparation n'est pas sans influence. En général, l'acide osmique semble augmenter la consistance et la cohésion du protoplasma. Avec l'eau salée, l'acide chromique, l'alcool 1/3, on obtient des préparations plus instructives. Toute la cellule ne se présente plus que comme un conglomérat de filaments ponctués protoplasmiques très-ténus, droits ou courbés, formant une sorte de pinceau enchevêtré, sans trace de membrane d'enveloppe. Par le monochromate d'ammoniaque, tel que l'a employé Heidenhain dans ses recherches sur l'épithélium strié des tubes urinifères, on arrive à un résultat encore plus frappant. La cellule entière (voy. fig. 52) ne se compose plus que des fins filaments dont nous venons de parler. Ces filaments, partant d'une masse confuse située au-dessous du bouchon cuticulaire, se replient plus ou moins régulièrement sur eux-mêmes et forment autour du noyau des espèces d'anses allant rejoindre leur point de départ.

En un mot, nous voyons que nous avons affaire à un système d'éléments anatomiques particuliers, répandus dans toutes les parties de l'appareil auditif; nous les avons signalés sur le plancher des ampoules, dans l'utricule, dans les grands canaux qui constituent ce dernier, et enfin surtout autour des expansions nerveuses du saccule et de l'utricule. Nous les retrouverons d'ailleurs dans le limaçon et pouvons ajouter que Deiters les a depuis longtemps signalés dans le *tegmentum vasculosum* des oiseaux. En se groupant diversement, ces éléments donnent à l'épithélium où ils sont répandus, ces aspects dont la variété a dû frapper tous ceux qui se sont occupés de l'étude du labyrinthe; ce sont eux surtout qui produisent cette grande complexité de formes que l'on obtient sur les coupes. Il est facile de comprendre, en effet, que selon que ces éléments sont atteints plus ou moins haut, ou plus ou moins obliquement, ils se présenteront soit comme une série de taches sombres allongées ou ramassées, soit comme un réseau plus fin formant parfois un dessin très-régulier, d'aspect presque dendritique, dont notre fig. 27, pl. II, peut donner une excellente idée.

Que si enfin, pour terminer, nous nous demandons ce que sont ces éléments et quel nom leur convient le mieux, il nous sera, je pense, assez facile de répondre. SCHULTZE les appelait cellules cylindriques à coupe étoilée, dénomination qui, si elle rappelle un fait exact, a l'inconvénient de ne pas énoncer un fait assez général. HASSE les nomme cellules pigmentaires en forme de bouteille : nous avons vu que, si souvent ces éléments méritent la seconde épithète, il est absolument inexact de maintenir la première ; car si ces cellules, par les réactifs, prennent un aspect plus sombre qui peut aller parfois jusqu'à simuler une coloration pigmentaire, nous savons qu'à l'état frais ce sont de simples amas de protoplasma granuleux, mais n'ayant rien de commun avec ces cellules pigmentaires que nous rencontrons quelquefois très-abondamment dans le labyrinthe, mais sous une tout autre forme, par exemple dans le cartilage du saccule de la tortue[1]. Aussi nous rallions-nous à RETZIUS, qui, en adoptant le terme de cellules épithéliales protoplasmiques, nous semble en avoir résumé les caractères essentiels.

Pour ce qui est du rôle de ces cellules, c'est encore RETZIUS qui semble en avoir donné une interprétation assez satisfaisante : cet auteur les considère comme de simples amas de protoplasma contractile, cheminant par mouvements amœboïdes sur la face interne du revêtement épithélial, ou fixés par la base et envoyant de là des prolongements dans tous les sens. Pour nous, et en ce qui concerne les reptiles, nous adoptons aussi dans son ensemble cette manière de voir, mais la croyons trop exclusive. Car si cette interprétation peut s'appliquer, telle quelle, à certaines formes que nous avons trouvées chez l'orvet et le serpent, par exemple, il nous semble que, le plus souvent, loin d'être librement semées sur la face interne de l'épithélium ou fixées par leur base, ces grosses cellules protoplasmiques

[1] Cf. HASSE, Das Gehörorgan der Schildkröte, l. c., p. 277.

sont intercalées entre les cellules mêmes ou complétement recouvertes par une couche épithéliale ininterrompue, et, d'autre part, il nous a paru que, si ces cellules sont fixées, elles ne doivent pas l'être tant par leur base, qui nous a toujours semblé reposer assez librement sur le cartilage ou la membrane connective, que par cette espèce de bouchon fortement enfoncé soit dans un rebord cuticulaire très-solide, soit dans la matière cémentaire d'un épithélium polygonal. Si, maintenant que nous connaissons la structure et la disposition de ces cellules, nous nous demandons quel peut en être le rôle physiologique, il nous semble difficile d'admettre qu'elles n'existent qu'au même titre que les cellules plates ou cylindriques claires entre lesquelles elles sont répandues, c'est-à-dire comme simple revêtement d'un cartilage ou d'une membrane. Nous rappelant avec quelle profusion se trouvent accumulés autour des centres nerveux et plus spécialement sensoriels tous les moyens de nutrition et de calorification, ne devons-nous pas voir une disposition analogue dans l'existence de ce réseau protoplasmique si abondamment répandu sur des parties généralement bien vascularisées ou bien très-minces et baignées sur leurs deux faces par un liquide lymphatique, de ce réseau se resserrant encore davantage autour des expansions nerveuses elles-mêmes et en faisant en quelque sorte le centre d'une activité cellulaire exagérée? Et cette supposition, quelque hasardée qu'elle puisse paraître, ne trouve-t-elle pas encore une sorte de confirmation, si l'on songe que le limaçon, dans cette partie de sa paroi que tout le monde s'accorde à regarder comme un organe de calorification et de nutrition, le tegment vasculaire de l'oiseau et son analogue chez les reptiles, nous présente absolument les mêmes éléments cellulaires protoplasmiques que nous avons trouvés dans le saccule et l'utricule?

β. *Revêtement épithélial spécifique du saccule. — Du névro-épithélium acoustique en général.*

La *macula acustica* du saccule, dont nous connaissons la forme et la structure générale, présente un très-bel exemple de cet épithélium spécifique où, comme le soupçonnaient Leydig[1] et Stannius[2], comme l'a démontré Schultze (*l. c.*), viennent se terminer les filets du nerf auditif. Les recherches de ce dernier auteur, qui ont été si fécondes

[1] Leydig, Lehrbuch der Histologie des Menschen und der Thiere.
[2] Stannius, Handbuch der Anatomie der Wirbelthiere.

tant pour le névro-épithélium auditif que pour les autres appareils terminaux des sens, portaient sur les ampoules et le sac oolithique des poissons du genre *raja*. Du premier coup, M. SCHULTZE arriva à des résultats qui dévoilèrent des détails d'organisation très-compliqués dans une partie où jusque-là personne, à l'exception peut-être d'ECKER et de REICH[1], n'avait vu autre chose qu'une sorte de pulpe nerveuse. SCHULTZE commenca par démontrer que la surface des *cristæ* et *maculæ acusticæ* était chez le poisson recouverte de cils longs, raides, cassants, auxquels il donna le nom de cils auditifs. Dans le revêtement cellulaire lui-même d'où s'élèvent ces cils, il distingua trois formes spéciales d'éléments épithéliaux, une couche profonde dont les noyaux occupent le voisinage du cartilage, et qu'il nomma couche des cellules basales (*Basalzellen S.*), une couche superficielle de cellules cylindriques (*Cylinderzellen S.*) et entre les deux des noyaux assez nombreux, entourés d'une aréole protoplasmique, se terminant par deux prolongements, l'un supérieur un peu plus large, tronqué, pénétrant entre les cylindres, et l'autre inférieur, filiforme, parfois variqueux passant jusque entre les éléments de la couche basale et dont SCHULTZE, par analogie avec ce qu'il avait vu dans la muqueuse olfactive, admet l'identité avec les fibres terminales du nerf acoustique. Ce sont ces éléments filiformes que SCHULTZE appelait «*Fadenzellen*». Quant à l'origine exacte des cils qui surmontent cet épithélium, SCHULTZE avoue n'être pas arrivé à un résultat définitif.

Telle est la description sommaire que SCHULTZE donna du névro-épithélium acoustique chez les poissons; les recherches ultérieures du même auteur, puis de KŒLLIKER[2] et d'ODENIUS (*l. c.*), permirent de l'étendre aux animaux supérieurs avec quelques modifications. C'est ainsi qu'ODENIUS, dans une étude détaillée des *cristæ* et *maculæ acusticæ* de l'homme, représente l'épithélium spécifique comme formé par une couche simple et non stratifiée de cellules. Ces dernières, par la position variable de leurs noyaux et les formes diverses qu'elles présentent, quand on les obtient isolées par macération, rappellent pourtant les différentes espèces d'éléments signalés par SCHULTZE; c'est ainsi qu'il y a des cellules à peu près cylindriques, d'autres dont le corps renflé vers le bas rappelle les cellules basales; enfin ODENIUS put constater les rapports des cils auditifs avec des

[1] REICH, Ueber den feineren Bau des Gehörorganes von Petromyzon und Ammocœtes in Ecker's Untersuchungen zur Ichthyologie. 1857.
[2] KŒLLIKER, Handbuch der Gewebelehre, 4. Aufl. 1863, p. 695.

éléments très-minces, fusiformes et que, quoiqu'il n'eût pas réussi à y trouver de noyau, il ne craint pas de ranger dans la catégorie des cellules filiformes, des «*Fadenzellen*» de SCHULTZE.

Mais, tandis qu'ODENIUS arrivait à des résultats concordant encore assez avec ceux de SCHULTZE, un autre observateur, dont nous avons déjà souvent eu occasion de citer le nom, HASSE, dès ses premières recherches sur le limaçon, puis sur l'appareil ampullaire de l'oiseau, se vit forcé de s'écarter de la description précédente. Pour lui, tout névro-épithélium acoustique se compose de deux formes épithéliales, une indifférente à laquelle il donna le nom de «*Zahn- ou Isolationszelle*», et une forme spécifique, portant les organes terminaux et qu'il nomma «*Stäbchen ou Hörzelle*», c'est-à-dire cellule à bâtonnet, cellule auditive. Chacun de ces éléments spécifiques, à peu près cylindrique, est entouré de toute une série de cellules à isolation qui, reposant sur le cartilage par une base élargie, vont en s'amincissant se glisser entre les cylindres terminaux voisins qu'elles servent à isoler. Ces cellules indifférentes présentent vers leur extrémité inférieure renflée un noyau assez gros; ces noyaux, à peu près tous situés à la même hauteur, donnent à la partie de l'épithélium qu'ils occupent un aspect qui rappelle beaucoup celui de la couche basale de SCHULTZE. Comme on le voit, cette description diffère de la précédente en tant qu'elle n'admet que deux espèces d'éléments cellulaires, comparables aux cellules cylindriques et aux cellules basales de SCHULTZE, tandis que les éléments filiformes du même auteur n'y sont pas représentés. Du reste, nous pouvons déjà ici ajouter que cette manière de voir, à laquelle s'est également rattaché GRIMM[1], a été étendue depuis par HASSE à toute la série animale. Ce n'est pas qu'elle n'ait trouvé des contradicteurs; des observateurs plus récents sont revenus à l'opinion de SCHULTZE, et déjà sous ce rapport de nouvelles recherches étaient désirables.

Parmi les auteurs qui, dans les dernières années, ont plus particulièrement étudié le vestibule membraneux, nous ne citerons RUDINGER[2] qu'en passant. RUDINGER admet également deux espèces d'éléments cellulaires dans les taches nerveuses; ce sont d'une part des cellules spécifiques, filiformes, et d'autre part des cellules à isolation, cylindriques : ce sont, comme on voit, les analogues des «*Faden-* et des *Cylinderzellen*» de SCHULTZE; mais la description et

[1] VON GRIMM, O. Der Bogenapparat der Katze in Bulletin de l'Académie impériale des sciences de Saint-Pétersbourg, t. XIV, 1870.

[2] RUDINGER, Das häutige Labyrinth in Stricker's Handbuch, p. 899.

surtout les figures schématiques qui l'accompagnent ne sont pas propres à jeter grand jour sur la question qui nous occupe, notamment si l'on ajoute que RUDINGER nie à peu près complétement l'existence des éléments qui se retrouvent le plus constamment et le plus facilement dans tout névro-épithélium auditif : nous voulons parler des cellules basales de SCHULTZE.

Mais, par contre, nous sommes obligé de nous arrêter un peu plus longtemps sur une étude du névro-épithélium acoustique, entreprise par V. EBNER (*l. c.*) dans le but de contrôler les résultats opposés de SCHULTZE et de HASSE. Cet histologiste, dont les recherches portaient principalement sur les *cristæ acusticæ* de l'oiseau, arriva à des résultats assez singuliers, se rapprochant en somme davantage de ce qu'avait décrit SCHULTZE. Pour lui, le névro-épithélium acoustique se composerait de trois éléments :

De cellules cylindriques, avec un bord cuticulaire et des cils très-fragiles; l'extrémité inférieure de ces cellules est arrondie, et non pas effilée;

D'une couche multiple de cellules filiformes, sortes de fuseaux à surface lisse, dont le corps est presque entièrement formé par le noyau avec deux prolongements, brillants, longs et minces, dont l'un va entre deux cylindres voisins et arrive jusqu'au rebond cuticulaire;

Et enfin d'une couche de cellules basales analogues à celles que M. SCHULTZE a décrites.

Tous ces éléments sont, d'après v. EBNER, plongés dans une espèce de gangue cémentaire, comme il l'appelle; cette substance cémentaire enveloppe les cellules cylindriques jusqu'au niveau du bord cuticulaire et sert ainsi à en assurer l'isolement.

Telle est la description donnée par v. EBNER; elle s'écarte beaucoup, comme on voit, de celle de HASSE; aussi v. EBNER croit-il qu'il faut chercher en partie la cause de cette différence dans le mode de préparation employé par ce dernier histologiste.

Pour nous, et quoique nous ayons mis en usage des modes de préparation variés, et examiné tant des pièces fraîches ou macérées que des coupes durcies, nous sommes arrivé à des résultats qui ne nous permettent pas de nous mettre du côté de v. EBNER, et nous autorisent à regarder la description de HASSE comme beaucoup plus souvent applicable que celle de son contradicteur. C'est, du reste, ce qui résulte déjà de la description toute sommaire que nous avons donnée du névro-épithélium ampullaire, c'est ce que montrera plus clairement encore l'exposé suivant de la structure de la *macula sacculi.*

Le névro-épithélium du saccule, que nous prenons pour type de notre description, présente toujours à l'état frais une coloration jaunâtre qui sert à le faire reconnaître. Il se compose de deux couches : l'une inférieure et que nous pouvons appeler couche des noyaux, l'autre supérieure comprenant les cellules spécifiques que nous désignons aussi par les noms de cellules cylindriques, cellules à cils, cellules auditives, etc.

La couche inférieure se compose de noyaux généralement arrondis, beaucoup moins fortement colorés par l'acide osmique que la couche supérieure. Ces noyaux, qui sont facilement reconnaissables à leur éclat particulier et en général à leur alignement régulier, sont parsemés de quelques granulations. Du reste, ils sont séparés de la membrane basale du cartilage par une matière finement granuleuse, protoplasmique, qui sert en même temps à les isoler les uns des autres. Cette masse protoplasmique remplit également tout l'espace qui sépare la couche inférieure de celle des cylindres, elle se prolonge même entre ces derniers, et joue là encore le rôle de matière isolante.

Quant aux cellules auditives proprement dites, ce sont des cylindres assez longs, mais plus réguliers pourtant que les cellules que nous avons trouvées dans les ampoules. Ces cellules cylindriques, assez épaisses vers leur tiers moyen où elles sont renflées pour un noyau nettement visible, vont en général en s'éffilant par leur extrémité inférieure. Il n'est pas rare d'ailleurs, aussi bien sur des coupes que sur des préparations dissociées, de voir de ces cellules dont l'extrémité inférieure paraît arrondie; mais cette disposition que v. EBNER (*l. c.*) a voulu généraliser n'est qu'exceptionnelle; elle provient le plus souvent de ce que le prolongement inférieur de la cellule, au lieu de rester dans l'axe, s'insère un peu latéralement. En haut, ces cellules se terminent par un renflement cuticulaire spécial portant une touffe de cils assez courts, assez épais, quelquefois agglomérés en une sorte d'aiguillon pointu. Ces cellules sont très-rapprochées les unes des autres et à peine séparées par quelques granulations protoplasmiques; même sur les coupes les plus fines il est rare de n'en atteindre qu'une seule rangée; du reste elles forment une couche très-régulière, prenant par l'acide osmique une coloration très-sombre et un aspect granuleux qui les font reconnaître à l'instant.

Ainsi donc nous retrouvons les deux éléments indiqués par HASSE et correspondant aux cellules cylindriques et aux cellules basales de SCHULTZE; mais jamais nous n'avons pu avec évidence constater dans les *maculæ* la présence de ces cellules filiformes décrites par EBNER. Nous avouons, il est vrai, que parfois les noyaux de la couche inférieure, au lieu d'être à la limite du cartilage, sont un peu plus haut, c'est également ce qu'avait déjà remarqué RETZIUS[1]. Cette disposition assez exceptionnelle dans les *maculæ* est un peu plus fréquente dans les *cristæ acusticæ*. Dans les ampoules, en effet, ainsi que nous l'avons fait voir, l'épithélium est moins régulièrement ordonné; d'un côté il n'est pas rare de voir les cellules auditives plus effilées descendre jusqu'à la limite du cartilage et de l'autre les noyaux de la couche basale remonter quelquefois assez haut entre les éléments précédents. Mais quant à l'existence de ces cellules filiformes si nombreuses, avec leurs noyaux et leurs prolongements brillants, telles enfin que v. EBNER les décrit, jamais nous n'avons pu nous en assurer. Jamais, chez les reptiles comme chez les oiseaux, entre les noyaux de la couche basale et les cylindres auditifs, nous n'avons pu constater autre chose qu'un *stratum* amorphe, granuleux, parsemé de fibres nerveuses, c'est tout au plus si quelquefois, sur des coupes trop grosses ou obliquement portées, nous avons obtenu des images pouvant, par l'accumulation des noyaux dans les régions inférieures de l'épithélium, prêter à une confusion quelconque.

Du reste, nous nous rapprochons de v. EBNER quand il dit que les cellules auditives sont plongées dans une sorte de matière granuleuse. EBNER l'appelle substance cémentaire; nous croyons plutôt y voir un protoplasme à gros grains dépendant des noyaux de la couche basale et formant une sorte de lit dans lequel sont plongés les cylindres terminaux. Remarquons qu'au niveau de la couche basale il est rare de trouver un contour linéaire, rien qui sépare nettement les noyaux les uns des autres et permette de distinguer des territoires cellulaires bien différenciés. Nous ne trouvons donc, si nous voulons nous en tenir strictement à ce que nous voyons, aucune raison pour admettre, du moins chez l'animal adulte, des cellules spéciales destinées à isoler les éléments terminaux. Ces cellules, telles que HASSE les a décrites, existent probablement pendant la période de développement du labyrinthe; mais à l'état adulte, sans vouloir nier qu'on puisse les obtenir entières et indépendantes les unes des autres, nous

[1] G. RETZIUS, *Om hörselnervens ändningssätt i maculæ och cristæ acusticæ* in Nordiskt Med. Archif., Bd. III, Heft 3.

sommes forcé d'avouer que nous n'avons jamais réussi à les voir nettement sous cette forme.

Déjà Grimm (*l. c.*) fait remarquer que chaque cellule auditive est complétement isolée de ses voisines, mais sans que pour cela l'on puisse compter les éléments qui servent à cette séparation.

Du reste Hasse[1] lui-même, qui, dans ses études embryogéniques sur le limaçon, nous représente chaque cellule auditive comme entourée par une couronne régulière de cinq cellules indifférentes, Hasse lui-même admet que plus tard ces cellules subissent un mouvement régressif, et que ce sont leurs noyaux bien développés qui constituent la couche inférieure de l'épithélium. Ainsi formulée, cette opinion nous paraît fort probable; d'ailleurs si nous nous en rapportons aux planches qui accompagnent le dernier ouvrage de Hasse[2], il nous semble que cet auteur est arrivé aux mêmes résultats que nous. Car, tandis que dans ses premiers travaux il représente entre les cellules auditives une couche régulière d'éléments épithéliaux à contours assez nets, renfermant un gros noyau vers leur extrémité inférieure, dans ses dernières études anatomiques il donne d'une coupe du saccule de l'oiseau une reproduction qui se rapproche entièrement de ce que nous avons vu, c'est-à-dire un épithélium composé d'une couche supérieure cylindrique, d'une couche inférieure de noyaux et entre deux une substance protoplasmique pointillée ne présentant aucune trace de délimitation cellulaire. Dans sa description de l'épithélium acoustique chez le poisson, Hasse[3] va même plus loin et admet l'existence d'une sorte de plexus protoplasmique formé par les cellules à isolation et enveloppant les filets nerveux dans un système de mailles ou de lacunes présentant quelque analogie avec la disposition des fibres radiées dans la couche granuleuse interne de la rétine.

D'un autre côté, chez les mammifères et chez l'homme il existerait au niveau des cellules auditives internes une couche de noyaux semblables à ceux que nous trouvons ici. Ces noyaux ou cellules, que M. le professeur Waldeyer[4] appelle «*Kornzellen*», ne sont pas d'après lui autre chose que des noyaux bien développés avec quelques restes

[1] Hasse, Beiträge zur Entwickelung der Gewebe der häutigen Vogelschnecke, in Zeitschrift für wissensch. Zoologie, Bd. XVII, p. 381.
[2] Cf. Id. Studien, pl. X, fig. 19-21.
[3] Hasse, Das Gehörorgan der Fische, loc. cit., p. 454.
[4] W. Waldeyer, Hörnerv und Schnecke in Stricker's Handbuch, p. 943.

de matière protoplasmique, soudés entre eux et comparables jusqu'à un certain point aux granulations qu'on trouve dans le cervelet. Nous renvoyons donc tous ceux qui s'intéressent plus spécialement à la nature intime de ces noyaux, nous les renvoyons aux discussions si animées[1] qu'a soulevées la question de la couche granuleuse du cervelet. Que si, plus récemment, Retzius, dans ses recherches sur l'oreille interne chez les poissons, décrit des cellules à isolation et les représente comme des éléments cellulaires très-longs, presque filiformes, avec une base élargie, coupée nettement en travers du côté du cartilage, et des noyaux très-gros, très-apparents, situés à des hauteurs variables, il reconnaît pourtant que ces cellules sont intimement soudées et qu'il est très-difficile de les obtenir isolées. D'ailleurs, il ne faudrait pas nous étonner si, chez les poissons, nous rencontrions complets et isolés des éléments anatomiques que chez un animal supérieur on ne rencontre plus comme tels qu'à la période embryonnaire de leur évolution.

Pour ce qui est des terminaisons nerveuses dans le névro-épithélium, nous sommes arrivé chez les reptiles à des résultats vraiment imprévus, mais que l'évidence des faits nous force d'admettre.

Comme le montre la fig. 21 (pl. II), aussi loin que s'étend la *macula* l'épithélium est occupé par un lacis de filaments très-fins, pointillés, plus ou moins contournés, d'une couleur sombre et tellement abondants qu'ils masquent pour ainsi dire la partie des cellules qu'ils recouvrent. Ce réseau s'étend entre les noyaux de la couche inférieure qu'il laisse encore relativement assez libres, recouvre complétement l'espace qui les sépare des cylindres et enfin enveloppe ces derniers jusqu'au dessous du noyau, jusqu'au niveau du milieu de leur hauteur.

Ce réseau est tellement abondant que, si nous n'avions à maintes reprises pu constater tout à fait évidemment les rapports qu'il présente avec des filets nerveux traversant le cartilage, nous eussions hésité à le regarder comme étant vraiment de nature nerveuse.

Du reste un examen à un fort grossissement n'eût pu laisser aucun doute. Sur un fragment de *macula sacculi* de l'orvet ou de la couleuvre, examiné avec H : 10 ou 13 (voy. fig. 5, pl. I), nous voyons des filets nerveux partant du tronc pénétrer dans le névro-épithélium : les uns plus gros paraissent composés de plusieurs tubes nerveux

[1] Cf. Zeitschrift für ration. Medicin, 1863, Bd. XV.

accolés, les autres plus minces ne sont constitués probablement que par un seul de ces tubes.

Arrivés à la membrane basale, ces nerfs, jusque-là complets, c'est-à-dire présentant un cylinderaxis, une gaîne de myéline et une gaîne de SCHVANN, perdent leur myéline et leur gaîne connective et pénètrent dans l'épithélium. Nous savons déjà qu'il n'est pas rare chez le lézard de rencontrer des filets nerveux qui ont gardé leur myéline dans l'épithélium.

Une fois la membrane basale traversée, les filets nerveux passent entre les noyaux, mais sans qu'on puisse constater qu'ils se mettent en rapport direct avec eux. Déjà à ce niveau commence la formation du plexus. Il n'est pas rare de voir les nerfs plus gros, composés de plusieurs tubes, dont nous avons parlé tout à l'heure, se diviser, dès qu'ils sont dans l'épithélium, en plusieurs filaments, probablement les cylindres d'axe, et ceux-ci à leur tour ne tardent pas à se résoudre en fibrilles formant une véritable gerbe. Quoi qu'il en soit, une fois que les nerfs ont dépassé la couche des noyaux, ils se présentent comme un plexus, comme un lacis d'une richesse dont on ne saurait se faire idée.

Tout l'espace qui sépare les noyaux de la base des cellules cylindriques est rempli par des filaments se croisant dans toutes les directions, filaments très-fins, très-noirs, présentant en général des renflements en forme de gouttelettes plus noires encore. Ces filaments s'anastomosent d'une façon multiple, et par leur ensemble affectent en général la direction longitudinale, de sorte qu'à leur aspect on croirait voir quelque chose d'analogue aux fibres spirales signalées dans le limaçon de l'homme et des mammifères.

Ce réseau dépassant l'extrémité inférieure des cellules cylindriques, se continue entre et par-dessus elles en décrivant des anses à direction généralement transversale (par rapport à l'axe des cellules), anses qui, se prolongeant jusqu'au-dessus du noyau, jusqu'au niveau de la partie rétrécie du cylindre, passent d'une cellule à l'autre et sont continuellement renforcées par des filets venant des couches inférieures. En un mot, l'abondance des filets nerveux à ce niveau est si grande qu'on ne saurait mieux s'en faire une idée qu'en se représentant chaque cellule auditive comme plongée en quelque sorte dans une sorte de treillis nerveux très-serré et très-délicat. Mais outre ces fibres à direction généralement longitudinale, il en est d'autres plus ou moins obliques se rapprochant néanmoins davantage de la verticale.

Et d'abord ce sont quelques filets, fibres nerveuses en général assez larges, probablement des cylindres-axe entiers, qu'on pvoit resque directement traverser la membrane basale pour aller se perdre dans l'extrémité inférieure effilée des cellules auditives.

D'autres filets de même nature n'arrivent à leur but qu'après un trajet plus ou moins oblique, quelquefois même horizontal sur une certaine étendue.

Remarquons enfin qu'on voit d'autres cellules auditives recevoir des filaments nerveux du plexus lui-même.

Une disposition que l'on rencontre également assez souvent, c'est de voir de plusieurs cylindres-axe voisins, ne formant qu'un faisceau, l'un gagner presque directement une cellule auditive et les autres se résoudre en fibrilles plus fines affectant la direction horizontale.

Enfin, et nous terminerons par là une description nécessairement assez longue d'un état de choses si complexe, on voit nombre de fibrilles nerveuses se détachant, soit directement d'un cylindre-axe traversant le cartilage, soit du plexus longitudinal, soit des anses qui enveloppent la base des cellules auditives, se prolonger par-dessus ou entre ces dernières et arriver ainsi par un trajet plus ou moins vertical dans la région supérieure de l'épithélium. C'est là une disposition que l'on peut constater avec évidence. Il est surtout facile et fréquent de voir des filets nerveux passant entre deux grosses cellules foncées se rendre à ces cellules dont on ne voit qu'un fragment.

Quant à ces fibrilles ascendantes, il est difficile d'en fixer la terminaison. Pourtant le plus souvent elles semblent se diriger vers le plateau cuticulaire et, comme nous le verrons tout à l'heure, y trouver leur terminaison.

Au-dessus du névro-épithélium on voit une membrane de Corti en quelque sorte typique.

C'est une membrane assez épaisse, amorphe, d'une couleur particulière, à bords parallèles, légèrement onduleux. Mais ce qui donne à cette membrane un aspect tout spécial, c'est la succession assez régulière des segments tantôt clairs, tantôt foncés alternant entre eux.

Un grossissement assez fort montre que chaque segment foncé représente une sorte d'excavation en forme de cloche, où l'on voit s'engager une touffe de cils auditifs. Sur la fig. 5, on voit un certain nombre de cils s'engager dans des lacunes moins fortement colorées que les précédentes, et situées entre ou derrière elles; ce sont les cils appartenant à ces cellules auditives d'une rangée postérieure à celles du premier plan et dont, avons-nous dit, la préparation ne reproduit qu'une partie.

Dans ces espèces de cavités creusées en formes de cloches, on voit pénétrer les cils plus ou moins courts, plus ou moins collés ou épars qui terminent les cellules auditives. Ces cils ont en général une couleur assez claire et un degré de réfringence qui les fait facilement reconnaitre. Parmi les touffes qu'ils constituent, il n'est pas rare de voir des filaments très-minces, plus foncés, moins réguliers de forme, allant également se perdre dans l'excavation cuticulaire. Si l'on en compare la couleur et la forme à celles des fibrilles nerveuses qui montent dans l'épithélium, il est difficile de ne pas admettre entre ces deux éléments une grande analogie, pour ne pas dire une complète identité. Du reste, nous avons pu nous assurer plusieurs fois pertinemment de la continuation d'une de ces fibrilles nerveuses jusqu'au-dessus du plateau cuticulaire qui termine les cellules auditives, et, notamment au niveau des interstices qui séparent les grosses cellules foncées du premier plan, il n'est pas rare de voir des filaments très-ténus monter de l'épithélium jusque dans la touffe de poils qui le surmonte.

Telle est la disposition générale du névro-épithélium du saccule et de l'utricule; dans les ampoules, avons-nous vu, quoique la structure soit très-analogue, il y a pourtant quelques différences.

Maintenant que nous avons décrit les terminaisons nerveuses telles que nous les avons constatées dans le névro-épithélium vestibulaire, voyons jusqu'à quel point ces résultats concordent avec ceux des différents auteurs qui se sont occupés du sujet.

Et d'abord, pour ce qui est des filets nerveux dans le cartilage même de la tache nerveuse, nous n'avons pas besoin d'ajouter que nos observations confirment entièrement les résultats auxquels étaient arrivés Hasse, Odenius, etc.; ils forment une sorte de plexus, comme nous l'avons décrit en parlant de l'utricule; les filets nerveux eux-mêmes sont complets, c'est-à-dire se composent d'un cylinder-axis central, d'une gaîne de myéline et d'une membrane enveloppante ou de Schvann. A mesure que le filet nerveux se rapproche de la membrane basale du cartilage, on le voit s'effiler et perdre peu à peu sa myéline, puis sa gaîne de Schvann, et pénétrer dans l'épithélium à l'état de cylinder-axe nu. Il n'est pas rare, avons-nous vu, de rencontrer des filets nerveux qui déjà dans le cartilage se présentent sur une certaine étendue comme des fibres assez pâles et dépouillées de myéline. Ce n'est pas que la structure des fibres nerveuses qui pénètrent dans l'épithélium n'ait prêté à des discussions;

ainsi HASSE et plus récemment v. GRIMM ont prétendu que ce n'étaient pas des cylindres d'axe nus, qu'on trouvait dans l'épithélium des taches acoustiques, mais que toujours les fibres nerveuses y présentaient une gaîne de Schvann; cette gaîne irait se confondre avec la membrane d'enveloppe de la cellule auditive dans laquelle se jette le nerf. Mais ajoutons que ces deux auteurs n'ont pu apporter, à l'appui de leur manière de voir, d'autres preuves que le fait suivant: « Le filet nerveux, disent-ils, de sombre et épais qu'il était dans le cartilage, ne devient pas subitement pâle et mince; la transition se fait toujours lentement. » Ainsi exprimé, c'est là un fait parfaitement exact, mais dont il ne faut pas tirer de conclusion prématurée. Nous aussi avons toujours vu que le nerf perdait ainsi lentement ses couches périphériques; mais jamais sur les fibrilles pâles qui se trouvent dans l'épithélium nous n'avons pu constater trace d'une enveloppe quelconque.

Du reste, c'est là une observation très-délicate, et il est parfois bien difficile de décider si une fibrille appartenant aux éléments les plus fins de l'histologie présente encore tel ou tel détail de structure intime. Nous pouvons d'ailleurs ajouter que MAX SCHULTZE et ODENIUS admettent également l'existence de fibrilles nues dans le névro-épithélium, et qu'enfin ce fait est encore confirmé par les recherches de TODARO[1] sur les plexus nerveux en général.

Le trajet ultérieur des fibres nerveuses dans l'épithélium a, de son côté, prêté à bien des interprétations différentes. Nous ne voulons pas revenir sur la question longtemps discutée de savoir si les filets nerveux, en sortant du cartilage, se divisent en deux ou en plusieurs fibrilles secondaires, puisque nous avons vu à côté de cylindres d'axes allant en entier se jeter dans une cellule auditive d'autres filets nerveux se diviser en véritables gerbes de fibrilles primitives. Du reste, comme l'a justement fait remarquer HENSEN[2], cette question a perdu toute importance, du moment que l'on admet l'existence, dans le névro-épithélium, d'un plexus avec anastomose des fibres nerveuses. Certains auteurs, il est vrai, à l'exemple de HASSE, tout en admettant que les nerfs dans les taches nerveuses forment un plexus intra-épithélial, prétendent que ce n'est là qu'une disposition plexiforme apparente, due à l'entrecroisement des filets nerveux se ren-

[1] F. TODARO, Sur la structure des plexus nerveux. Cf. Centralblatt für med. Wissensch. XI, 1873, p. 245.

[2] HENSEN, Referat über Hasse's vergleichende Morphologie in Archiv für Ohrenheilkund. 1874-1875.

dant dans différentes directions, mais ne s'anastomosant pas. Retzius (*l. c.*) lui-même, dans ses recherches anatomiques, prétend n'avoir jamais pu constater d'anastomoses dans le névro-épithélium acoustique.

Rudinger seul (*l. c.*), et peut-être avant lui Reich (*l. c.*), parmi les auteurs récents, semble admettre l'existence d'un véritable plexus anastomotique dans l'épithélium des *maculæ acusticæ*, mais n'en donne d'ailleurs qu'une figure schématique, à laquelle nous ne pouvons pas attacher grand poids. Rudinger dans ce plexus figure aux points de croisement des renflements triangulaires qu'il regarde comme autant de ganglions. Pour nous, il nous semble que la plupart des renflements que présentent les fibres nerveuses intra-épithéliales, ne sont pas autre chose que des dilatations variqueuses du cylinder-axis; mais malgré cela, il n'est pas rare de rencontrer parfois de vrais renflements ganglionnaires. En tout cas, l'existence d'anastomoses nous semble prouvée et nous pouvons sur ce point positivement confirmer Hensen (*l. c.*), qui, parlant de la manière de voir de Hasse, disait déjà que la preuve évidente de l'absence d'anastomoses est impossible à donner.

Nous n'avons plus, pour terminer, qu'à examiner les résultats assez hypothétiques auxquels est arrivé v. Ebner. Cet auteur, qui a donné du névro-épithélium des *cristæ acusticæ* une description que nous connaissons déjà, admet qu'il existe au niveau de l'extrémité inférieure des cellules cylindriques trois espèces de prolongements fibrillaires, appartenant les uns aux cellules filiformes, les autres aux cellules basales, les troisièmes aux terminaisons nerveuses. Quant à ces filets nerveux terminaux, ou bien ils iraient directement s'unir aux cellules filiformes, ou bien, après s'être plusieurs fois divisés, ils iraient, sans s'unir à aucun élément cellulaire, se glisser entre les cylindres de la couche supérieure, pour se terminer dans le rebord cuticulaire et dans les cils auditifs. Cette dernière description, comme on voit, se rapproche en quelques points de celle que nous avons donnée; comme nous, v. Ebner paraît avoir constaté l'existence de ces filaments qui montent entre les cellules auditives jusqu'au niveau du rebord cuticulaire; mais n'oublions pas que pour v. Ebner ces cellules auditives n'ont absolument aucun rapport avec les éléments nerveux. Pour ce qui est du plexus intra-épithélial, le même observateur en nie l'existence et, à ce propos, fait remarquer combien parfois il est difficile de ne pas confondre des filets nerveux plus ou moins variqueux avec des traînées de cette substance cémentaire qui, d'après lui, joue un si grand rôle dans le névro-épithélium acoustique. C'est là une observation très-judicieuse; nous aussi, en présence de certaines préparations telles que les représente la fig. 21, avons hésité avant d'admettre la nature nerveuse de ce réseau filamenteux qui sillonne le névro-épithélium, et ce n'est qu'après avoir eu sous les yeux des préparations aussi démonstratives que celle reproduite dans la fig. 5, que nous nous sommes arrêté à un jugement définitif, et avons admis l'existence d'un réseau nerveux intra-épithélial. Ce réseau nerveux, nous l'avons trouvé chez tous les reptiles que nous avons examinés; nous l'avons retrouvé également, quoique moins bien développé, chez l'oiseau. C'est surtout dans les *maculæ acusticæ* qu'il faut le chercher; le névro-épithélium des *cristæ* présente en général une disposition un peu différente, déjà signalée; mais le névro-épithélium de la *lagena* se rapproche de nouveau entièrement de ce que nous avons vu dans les taches nerveuses vestibulaires. Du reste, nous avons là évidemment affaire à une disposition générale et dont il faut peut-être chercher l'origine dans le développement embryonnaire des éléments nerveux et épithéliaux qui constituent le revêtement spécifique de la vésicule auditive. C'est là, du moins, le résultat auquel ont été conduits par leurs recherches embryogéniques trois éminents investigateurs de l'appareil auditif: nous voulons parler de Bœttcher, de Hensen et de Gottstein, sur les travaux desquels nous aurons lieu de revenir plus tard.

d. *Limaçon.*

Du limaçon chez les Ophidiens[1].

Nous avons vu que pour la première fois chez les ophidiens, le limaçon présente quelque indépendance, en tant que sa partie inférieure ou *lagena* qui correspond à la *lagena* des batraciens ne communique pour ainsi dire plus directement avec le saccule. D'un autre côté, le développement encore restreint du limaçon, ainsi que la largeur plus considérable de l'orifice qui le fait communiquer avec

[1] Cf. Comparetti, Observationes anatomicæ de aure interna comparata, 1789; Scarpa, l. c.; Windischmann, De penitiori auris in amphibiis structura, 1831; Rathke, Entwicklungsgeschichte der Natter, 1839, et surtout O. Deiters, Ueber das innere Gehörorgan der Amphibien in Reichert und Dubois Reymond's Archiv., 1862; et Hasse, Die Morphologie des Gehörorganes von *Coluber natrix*, in Anat. Studien, Heft 4, p. 648-678, avec la pl. XXX.

le saccule, sont autant de raisons anatomiques qui nous forcent à regarder les ophidiens comme les derniers des reptiles. Le limaçon forme un cône à la partie inféro-postérieure du saccule; la pointe en est inclinée en dedans et en arrière; la base en partie paraît dégagée derrière le milieu du saccule, en partie est recouverte par lui au niveau du tube de communication de l'ampoule postérieure.

Examiné à la loupe ou à un faible grossissement, le limaçon nous présente une partie supérieure plus large, la base du cône, et une partie inférieure arrondie, un peu plus étroite, et facilement reconnaissable aux otolithes qui en remplissent la cavité; c'est la *lagena* proprement dite. La base elle-même en arrière et en bas nous présente une sorte de cadre ovalaire, rempli par une membrane que recouvre en partie une tache sombre. C'est la *pars basilaris*. En avant et en haut cette *pars basilaris* se continue avec cette autre partie du limaçon qui, avons-nous dit, est recouverte par le saccule et dont il est par conséquent difficile de déterminer la forme. Toute la paroi externe du limaçon, sauf la pointe, se présente comme une membrane assez délicate, sur laquelle rampent de nombreux vaisseaux; c'est la membrane de Reissner.

Quant au nerf cochléen, nous savons qu'il est formé par la branche postérieure du nerf acoustique qui, après avoir fourni au saccule et à l'ampoule postérieure, vient se placer au côté interne du limaçon, entre ce dernier et le sac, et se divise en deux rameaux principaux : l'un très-court, passablement gros, vient s'étaler en éventail au niveau de la *pars basilaris;* l'autre, *ramus lagenæ*, se divise presque aussitôt en deux branches assez fortes, constituant par leurs anastomoses une sorte de plexus destiné à la *lagena*.

Voyons si par des coupes en différents sens, nous réussirons à nous faire une idée plus claire de la structure du limaçon des ophidiens.

Sur une coupe transversale (voy. pl. I, fig. 16) passant au niveau de la partie supérieure du limaçon et traversant la membrane basilaire, on trouve une disposition qui rappelle déjà ce que l'on voit chez les animaux supérieurs. Le limaçon se présente comme une sorte de gouttière (*e*) cartilagineuse regardant en dehors et en haut, où elle est fermée par la membrane de Reissner. Cette gouttière elle-même est constituée par deux lamelles cartilagineuses, dont l'une, beaucoup plus grosse, encavée et formant la presque totalité du limaçon, se continue d'un côté avec le cartilage du saccule contre lequel elle est adossée et de l'autre se termine par une extrémité très-mince à laquelle s'insère la membrane basilaire (*g*). L'autre cartilage (*f*), situé en arrière et en dehors, est beaucoup plus petit; il a la forme d'un triangle sphérique irrégulier dont le côté inférieur va se perdre dans le tissu périlymphatique et qui, par son angle antérieur, sert d'attache à la membrane basilaire, par son angle postérieur, à la membrane de Reissner (*k*).

Dans l'espace qui sépare le cartilage antérieur du saccule, espace en partie rempli par du tissu connectif lâche, se voit le tronc nerveux dont quelques branches se rendent à la *macula sacculi*, tandis qu'un cordon assez gros traverse le cartilage, arrive au niveau de l'insertion de la membrane basilaire et se perd dans un amas épithélial assez haut, assez nettement limité et qui n'est pas autre chose que la papille acoustique.

Un examen plus attentif ne tarde pas à nous montrer sur le cartilage antérieur ou nerveux une disposition qui doit exciter tout notre intérêt. Ce cartilage, avons-nous dit, est assez régulièrement encavé; assez épais en bas et au milieu, il devient plus mince à son extrémité supéro-interne par laquelle il donne insertion à la membrane de Reissner. Ce cartilage paraît lui-même divisé en deux par une sorte de crête allant d'en haut et en arrière à en avant et en bas. Tandis que la partie située en arrière de cette crête sert d'insertion à la membrane basilaire, la partie située en avant et en haut plus grande, beaucoup plus encavée, nous présente à peu près en son centre (*j*) un épithélium qui, par sa structure, se rapproche de celui que nous trouvons sur la membrane basilaire, en un mot un véritable névro-épithélium, dont la place est indiquée par un amas d'otolithes.

Sur une coupe transversale passant plus bas, au-dessous de la membrane basilaire par exemple, le limaçon se présente comme une simple gouttière purement cartilagineuse, où l'on peut encore dans une échancrure trouver une trace de la séparation primitive en deux cartilages. Ce cartilage est, sur une grande partie de son étendue, tapissé par de l'épithélium nerveux, et recouvert d'une masse oolithique très-considérable. Enfin, plus bas encore, la *lagena* est formée (voy. pl. I, fig. 4) par un anneau cartilagineux à peu près complet, assez épais en dedans et en avant, plus mince en arrière et en dehors, où il est tapissé par un simple épithélium indifférent, tandis que sur le reste de sa circonférence il présente un magnifique névro-épithélium.

Maintenant que nous avons complété l'examen morphologique du limaçon par ce que nous ont appris les coupes transversales, nous pouvons déjà nous faire une idée très-nette de la structure du limaçon chez le serpent.

La partie supérieure plus large se compose de deux divisions juxtaposées, séparées par une crête. Ce sont, si l'on préfère, deux excavations creusées dans la paroi supérieure interne du limaçon. Par cela même que la crête de séparation va en s'abaissant, ces deux parties vont se confondre en bas pour former la *lagena*, qui, pour elle, se présente sur une coupe comme une cavité unique complétement entourée de cartilage.

L'excavation postérieure présente en son centre un amincissement extrême de sa paroi interne, amincissement portant sur un espace ovalaire obliquement dirigé d'en haut et en arrière à en avant et en bas. Dans cet espace le cartilage a disparu et il n'est resté que la membrane basale, de sorte que nous retrouvons ici, mais plus nette et plus étendue, une disposition que nous avions signalée chez les batraciens. Aussi, comme chez ces derniers, a-t-on appelé cette partie du limaçon *pars basilaris*. Cette *pars basilaris* reçoit, comme nous savons, une expansion spéciale du nerf acoustique et porte une tache nerveuse semi-lunaire, isolée, en grande partie située sur la membrane basilaire; c'est ce que nous appellerons désormais la papille acoustique (Huschke). L'excavation antérieure, creusée tout entière dans le cartilage, contiguë au saccule et côtoyée par le tronc du nerf, porte aussi une tache nerveuse, séparée par une crête de la papille acoustique. Seulement cette tache, au lieu d'être isolée comme celle que porte la membrane basilaire et de recevoir un nerf propre, va en bas se confondre avec le névro-épithélium de la *lagena*, dont elle reçoit également les filets nerveux.

Quant à la *lagena*, elle porte une tache nerveuse qui s'étend presque verticalement jusqu'à sa pointe et présente grossièrement la forme d'un fer à cheval. Cette *lagena* est remplie par des otolithes; elle communique largement avec les deux subdivisions supérieures du limaçon par une ouverture allongée en haut et en arrière.

Ainsi, nous avons réussi à interpréter les différentes parties que nous présente le limaçon des ophidiens; nous y avons trouvé une *lagena* bien évidente, une *pars basilaris* bien isolée; mais reste toujours à interpréter cette tache nerveuse qui occupe l'excavation antérieure du limaçon parallèlement à la papille acoustique. Pour en comprendre la nature, nous sommes obligé de faire un pas en arrière et de rappeler ce que nous avons dit du limaçon des batraciens. Chez ces animaux le limaçon se compose de trois excavations creusées dans la paroi du saccule. Ce sont en haut, au-dessous du tube de communication de l'ampoule postérieure, la *pars initialis;* en arrière et au-dessous de celle-ci la *pars basilaris*, et enfin directement au-dessous de la première la *lagena*, la seule qui ait quelque indépendance. Supposons[1] que ces parties se développent, se rapprochent l'une de l'autre, et nous verrons la *pars initialis* descendre de façon à toucher en bas et en arrière la *pars basilaris*, tout en étant séparée par un relief assez haut; mais par cela même qu'elle se développe vers le bas, cette *pars initialis* est obligée de se mettre en communication avec la *lagena* qui, savons-nous, se trouve immédiatement au-dessous. C'est ainsi que chez les ophidiens nous voyons ces deux parties, *pars initialis* et *lagena*, se confondre entièrement, sans que la moindre crête les sépare; et il n'y a pas seulement fusion des deux cavités, mais encore des *maculæ* et des nerfs, de sorte que le limaçon ne présente plus à vrai dire que deux taches nerveuses, une pour la partie basilaire, une pour la *lagena* et la partie initiale, et deux rameaux nerveux seulement.

Mais en même temps que le limaçon s'est ainsi agrandi et complété, il s'est isolé du saccule avec lequel il ne communique plus que par sa base. La paroi externe du saccule (voy. pl. I, fig. 16), dépassant cette ouverture, se continue par dessus le limaçon et va s'insérer à tout le bord postérieur du cartilage triangulaire, ainsi qu'au bord supérieur recourbé de la *lagena;* elle transforme ainsi une simple gouttière en un canal fermé, et constitue une véritable rampe moyenne en rapport en dehors avec la rampe vestibulaire (*m*), en dedans avec la rampe tympanique (*l*).

Maintenant que nous connaissons exactement la forme et la structure du limaçon, étudions en quelques mots les caractères histologiques des divers éléments qui le constituent, nous proposant non pas tant d'en faire une étude complète que d'en constater l'identité avec le limaçon de l'orvet et du lézard, auquel nous avons consacré plus de temps.

La charpente du limaçon est constituée par du cartilage connectif simple qui ne diffère en rien de celui que nous avons trouvé dans la *pars superior*. Vers la périphérie et notamment du côté du nerf cochlien, dans l'intervalle qui sépare le limaçon du saccule et du côté de la rampe tympanique, le cartilage a une grande tendance à faire

[1] Cf. HASSE. Vergleichende Morphologie, etc., p. 31.

place à du tissu connectif lâche, à se transformer en véritable tissu périlymphatique. Vers le centre, au contraire, il s'épaissit en une membrane basale assez solide qui, se constituant par-dessus la perte de substance ovalaire dont nous avons parlé, constitue la membrane basilaire. Cette dernière, sur les coupes, se présente comme une ligne brillante d'une certaine épaisseur, avec quelques noyaux sur sa face tympanique.

Quant au revêtement épithélial, il faut distinguer d'abord entre l'épithélium simple ou de recouvrement et l'épithélium spécifique.

Le premier se compose uniquement de cellules cylindriques plus ou moins hautes, avec un contenu légèrement granuleux assez clair et un noyau situé plus ou moins haut, selon que la cellule est elle-même plus ou moins élevée.

C'est ainsi que nous trouvons le cartilage triangulaire ou postérieur recouvert de cellules qui, commençant déjà sur la membrane basilaire, atteignent sur le cartilage lui-même une certaine élévation pour diminuer ensuite peu à peu et aller se confondre avec l'épithélium de Reissner. Un revêtement analogue se rencontre sur le cartilage nerveux entre la papille acoustique et la crête qui sépare les deux excavations; puis il fait place au névro-épithélium de la *pars initialis* pour reparaître ensuite, et aller tapisser le bord mince du cartilage nerveux en se confondant insensiblement avec l'épithélium de la membrane de Reissner.

Sur le bord postérieur du cartilage nerveux et sur la membrane basilaire, empiétant plus sur cette dernière en son milieu que sur ses bords, se voit la papille acoustique sous forme d'une tache ovalaire nettement limitée.

Sur une coupe transversale nous y retrouvons les deux éléments constitutifs de tout névro-épithélium; c'est d'abord immédiatement contre le cartilage ou la membrane basilaire une couche de cellules rondes, granuleuses, entourées de protoplasma, et au-dessus une rangée de beaux cylindres très-réguliers, se terminant par un plateau épaissi, d'où l'on voit déjà avec un faible grossissement faire saillie des cils relativement assez épais et assez courts. Au-dessus de ces cils se voit une sorte de membrane, épaisse, jaunâtre, amorphe, percée de trous où les poils s'engagent : c'est évidemment une formation cuticulaire telle que celle que nous avons rencontrée dans le saccule : c'est la *membrana tectoria* ou de Corti dont la figure 8 représente un fragment.

Les filets nerveux que nous voyons se détacher du tronc principal, et traverser le cartilage nerveux dans presque toute son étendue, arrivent jusqu'au bord antérieur de la membrane basilaire, s'effilent et se perdent dans la papille acoustique sans que nous voulions pour le moment y suivre leur trajet.

Quant à l'épithélium nerveux de la *pars initialis* et de la *lagena*, il forme une *macula* très-longue reposant sur une partie du cartilage excavée pour recevoir le gros tronc nerveux lagenien.

Cet épithélium présente du reste absolument les mêmes caractères que celui que nous venons de décrire, sinon que les cils qui le surmontent paraissent moins épais, plus longs et qu'au lieu de *membrana tectoria*, c'est plutôt une sorte de reticulum muqueux qui les recouvre. A mesure qu'on descend dans la *lagena*, cet épithélium nerveux occupe une plus grande partie de la circonférence; et il arrive un moment où l'épithélium simple est refoulé à cette petite portion amincie du cartilage qui en constitue le bord externe et postérieur et qui sert d'insertion à la membrane de Reissner. Quant aux nerfs de la *lagena* dont nous connaissons le trajet général, ils enveloppent presque tout le névro-épithélium, avec lequel ils se comportent comme nous avons eu occasion de le dire en parlant du saccule; la *pars initialis* est également innervée par quelques filets du nerf lagenien allant s'y perdre par un trajet rétrograde.

Quant à la membrane de Reissner, c'est un mince feuillet connectif dans lequel rampent des vaisseaux; recouverte sur sa face externe par un endothélium, elle porte sur sa face interne un épithélium cylindrique se continuant avec celui du cartilage triangulaire et du cartilage nerveux, et formant une couche assez régulière dans laquelle on ne rencontre que rarement de ces grosses cellules protoplasmiques dont nous avons parlé dans le chapitre précédent.

*Du limaçon chez l'*Anguis fragilis[1].

Chez l'orvet (*Anguis fragilis*), que l'anatomie comparée range entre les ophidiens et les lacertiens, plus près pourtant de ces derniers, on pourrait s'attendre à trouver un labyrinthe membraneux constituant une sorte d'intermédiaire entre les deux espèces. Ce n'est pas entièrement le cas. Et d'abord, nous savons déjà que, pour ce qui concerne les ampoules, l'utricule et le saccule, l'orvet se rapproche complétement du lézard. Pour le limaçon, il n'en est pas

[1] Cf. DEITERS, l. c.; HASSE, Zur vergleichenden Morphologie, etc., p. 32-33.

ainsi ; car, quoique mieux développé que chez le serpent, quoique mieux dégagé encore du saccule, le limaçon chez l'orvet diffère notablement de ce qu'il est chez le lézard ; la *pars basilaris* en est beaucoup plus simple ; la membrane basilaire n'est pas divisée en deux par un pont médian, et la papille qui la recouvre, au lieu de recevoir un gros tronc nerveux divisé également en deux branches, n'est fournie que par un seul rameau nerveux. De plus, et c'est déjà Deiters (*l. c.*) qui en fait la remarque, tandis que la *pars basilaris* est plus petite que chez le lézard, la *lagena* est à peu près aussi grande ; de sorte que, si, comme c'est logique, nous mesurons le degré de perfection du limaçon chez une espèce animale par le rapport du volume de la *pars basilaris* à celui de la *lagena*, nous sommes forcés de mettre l'orvet à une certaine distance au-dessous du lézard et de le rapprocher des serpents, chez qui, à la vérité, ce rapport est encore plus petit. Il est vrai, et je m'empresse de l'ajouter, que, chez l'orvet, la rampe moyenne ne communique plus avec le saccule que par une ouverture excessivement fine, beaucoup plus étroite que chez le serpent ; or c'est là, comme nous savons, un fait d'une valeur physiologique très-importante.

Ayant assez minutieusement décrit le limaçon du serpent pour ce qui en concerne la forme extérieure, nous proposant de faire cette étude encore plus complétement chez le lézard, nous pouvons, je pense, passer ici assez vite sur tout ce qui concerne la simple morphologie.

Nous retrouvons, du reste, le même plan que chez le serpent, c'est-à-dire une *pars basilaris* formée par deux cartilages, l'un antérieur ou nerveux, l'autre postérieur ou triangulaire, entre lesquels se trouve tendue une membrane basilaire portant une papille acoustique isolée ; à côté de cette *pars basilaris*, et séparée d'elle par une crête plus marquée que chez le serpent, se trouve la *pars initialis*, dont la *macula* se confond en bas avec celle de la *lagena*, qui, comme c'est la règle, est constituée par un véritable cylindre membraneux.

Est-il nécessaire d'ajouter que la membrane de Reissner vient compléter le limaçon ainsi formé ?

Telles sont les diverses parties dont nous devons faire une rapide description histologique. Pour cela, je crois que nous n'avons rien de mieux à faire que de mettre sous les yeux du lecteur une coupe transversale complète du limaçon (voy. pl. II, fig. 22) et d'en expliquer les différentes parties, en nous complétant, s'il est besoin, par des notions puisées sur d'autres préparations.

Le cartilage triangulaire (a'') a vraiment la forme d'un triangle sphérique : l'angle postérieur sert d'attache à la membrane de Reissner et est ordinairement relié à la paroi osseuse par une bride assez solide; l'angle antérieur sert d'attache à la membrane basilaire; l'angle inférieur fait saillie dans l'espace péri-lymphatique et sert à limiter de ce côté la rampe tympanique. Le cartilage nerveux (a'), facilement reconnaissable en ce qu'il porte les nerfs destinés à la papille, a une forme moins nettement dessinée; ce qui se conçoit aisément, puisqu'il se continue d'un côté avec le cartilage lagenien et que son bord inférieur, ordinairement plus ou moins échancré pour le passage du nerf, se résout en mailles connectives se rattachant au tissu péri-lymphatique.

Son bord supérieur est interrompu par une élévation assez haute, sorte de mamelon arrondi, destiné à séparer la partie basilaire de la partie initiale. A cette espèce de promontoire fait suite une lamelle mince se continuant directement avec la membrane basilaire. De l'autre côté de ce promontoire se trouve le cartilage de la *lagena* (a), qui se recourbe sur lui-même, présente sa plus grande épaisseur au niveau de la *macula*, puis devient plus mince et se termine en une extrémité arrondie mousse, où s'insère la membrane de Reissner. Remarquons en passant qu'il semble y avoir, entre le cartilage de la *lagena* et le cartilage de la *pars basilaris*, une certaine différence de structure et de coloration, se faisant sentir encore au-dessous de la membrane basilaire, aussi loin que le cartilage nerveux se prolonge avant de se fusionner complétement avec la *lagena*. La membrane basilaire, comme chez le serpent, est plutôt la continuation de la membrane basale du cartilage qu'une vraie lamelle striée comme chez l'oiseau. Elle paraît assez épaisse, amorphe, avec quelques noyaux sur sa face inférieure; elle constitue dans son ensemble une lame régulièrement ovalaire, beaucoup plus petite que chez le lézard.

Passons à la description du revêtement épithélial. Le cartilage triangulaire est occupé par un épithélium cylindrique (j) qui, assez élevé vers le milieu du cartilage, va s'abaissant lentement en dehors se confondre avec le revêtement de la membrane de Reissner, et de l'autre côté, par une pente plus rapide, se transforme en cellules plus plates, allant recouvrir la membrane basilaire jusque près de la papille acoustique.

Le promontoire et tout l'espace qui sépare la *pars basilaris* de la *lagena* sont tapissés par des cellules à peu près cubiques, claires (*h*), présentant un noyau très-net et relativement très-considérable. Cet épithélium s'abaisse un peu au milieu de l'intervalle qui sépare le promontoire de la *lagena*, puis va par gradation insensible rejoindre le niveau des cellules de cette dernière. Du côté de la membrane basilaire, le revêtement épithélial, autant qu'on en peut juger, semble beaucoup moins élevé. Remarquons du reste que sur toute son étendue, cet épithélium semble limité par un liseré brillant très-net, probablement un revêtement cuticulaire d'une certaine épaisseur.

A cet épithélium indifférent fait suite, d'un côté le névro-épithélium de la *lagena* (*b*), de l'autre celui de la membrane basilaire (*i*).

Si, au contraire, la coupe transversale passe à une certaine distance de la *pars basilaris*, on voit que le cartilage triangulaire et le cartilage nerveux ne font plus qu'un, et que le promontoire en a complétement disparu ou ne constitue plus qu'un simple dos d'âne. Dans ce cas, tout l'espace qui s'étend depuis l'insertion de la membrane de Reissner au cartilage triangulaire jusqu'à la *macula lagenæ* n'est plus revêtu que par un épithélium simple, plus élevé à ses deux extrémités, et s'abaissant de chaque côté pour atteindre son minimum de hauteur, à peu près au point où les deux cartilages se sont confondus. Nous arrivons maintenant à la description de l'épithélium qui recouvre la membrane basilaire, à la papille acoustique proprement dite.

Sur une coupe transversale, cette papille se présente à nous comme une saillie convexe, à bords arrondis et très-nettement marqués. Reposant immédiatement sur la membrane basilaire se voit une couche de noyaux analogues à ceux que nous avons déjà décrits. Ces noyaux assez régulièrement arrondis semblent isolés les uns des autres par une substance moléculaire très-fine, mais sans qu'on puisse dire s'ils appartiennent vraiment à des cellules. Du reste, ils ne sont pas très-régulièrement alignés ; on dirait même parfois avoir affaire à deux couches superposées. Sur cette couche de noyaux repose une rangée de cellules cylindriques très-régulières, un peu effilées par la base, présentant un noyau avec nucléole très-net un peu au-dessous du milieu de leur hauteur. Le corps même de la cellule paraît plus foncé que le noyau ; il se termine par une sorte de cupule plus claire, du fond de laquelle s'élève une touffe de poils donnant à cet épithélium un aspect caractéristique.

Ce ne sont pas en effet des cils allongés, simplement striés à la base, comme ceux que nous avons rencontrés dans les ampoules, ou des pinceaux étroits de poils généralement peu nets et accolés, des espèces d'aiguillons comme ceux que nous retrouvons dans la *lagena* et que nous avons déjà étudiés dans le saccule ; mais ce sont de véritables touffes très-fournies de poils passablement gros, ou, si l'on préfère, de bâtonnets qui, tantôt parallèles, tantôt s'entrecroisant, s'élèvent à une certaine hauteur au-dessus de la cellule et vont se loger dans des cavités spéciales de la *membrana tectoria*. Ces cils ou poils paraissent très-réfringents et présentent une coloration ou plutôt un éclat tout particulier. Du reste, à un fort grossissement, ces cils paraissent striés transversalement ; nous ferions peut-être mieux de dire que chacun d'eux se compose d'une série de segments très-courts, et que c'est de la disposition des interlignes que résulte une apparence striée très-nette. Ces stries, parfois irrégulièrement répandues, paraissent le plus souvent exactement transversales et avec une forte lentille telle que *H 13*, ou même *H 10*, il est très-facile de s'assurer qu'elles constituent des lignes concentriques ou spirales, dont nous essayerons plus tard d'expliquer la nature. Enfin, et nous terminerons par là cette étude assez rapide des cils auditifs chez l'orvet, remarquons que jamais les poils ne paraissent occuper toute la surface supérieure d'une cellule ; ils constituent un simple faisceau, plat, s'insérant sur la cellule par un espace à peu près linéaire.

Au-dessus de la *papilla acustica* se trouve une masse amorphe, jaunâtre, brillante, creusée sur sa face inférieure de logettes destinées à recevoir les touffes de poils auditifs : c'est la membrane de Corti, que nous n'avons pas reproduite dans la fig. 22. Un cordon nerveux d'une certaine épaisseur (*m*), après avoir traversé le cartilage quadrangulaire, arrive au fond même de la membrane basilaire, et s'y étale, s'y amincit : on voit les filets nerveux se terminer en pointe, perdre leur myéline et pénétrer dans l'épithélium par une série de petits canaux creusés dans l'épaisseur du cadre ovalaire. Une fois arrivés dans l'épithélium, les filets nerveux, simples cylindres d'axe sans myéline, passent entre les éléments de la couche granuleuse, et après un trajet plus ou moins long, où ils constituent une sorte de plexus, se perdent au niveau de l'extrémité inférieure des cellules cylindriques. J'ai même pu constater une fois très-nettement le passage d'un de ces nerfs dans l'extrémité inférieure effilée d'une cellule auditive. Ailleurs, on dirait voir les nerfs pénétrer dans la cellule même, ou du moins s'élever jusqu'au-dessus du noyau, presque jusqu'au niveau du plateau cuticulaire qui la termine.

Quoique ordinairement les noyaux qui constituent la couche inférieure de l'épithélium nerveux soient sans rapport direct avec les nerfs, il m'est arrivé de voir une fois à leur niveau plusieurs filets nerveux converger vers un point pour y constituer une sorte de noyau à contours irréguliers, qu'il faut probablement interpréter comme une sorte de renflement ganglionnaire analogue à ceux que nous rencontrerons chez l'oiseau.

Quant au névro-épithélium de la *lagena*, nous pourrons être plus court, retrouvant ici les mêmes dispositions que dans le saccule. Remarquons cependant que les cellules cylindriques qui le constituent paraissent plus étroites que celles de la papille acoustique, et que le plateau cuticulaire qui les termine, moins épais, moins nettement cratériforme, porte une touffe de poils qui par leur aspect diffèrent beaucoup de ceux que nous avons vus sur la papille. Plus pâles, moins nets, ce sont des faisceaux très-probablement aplatis, striés longitudinalement, se terminant plus ou moins irrégulièrement en pointe, et se perdant par leur extrémité dans une sorte de réticulum muqueux envoyant des filaments entre eux, et les isolant des otolithes.

Quant aux nerfs de la *lagena*, nous avons pu constater avec certitude que les filets nerveux, après avoir perdu leur myéline, pénétraient dans l'épithélium, y formaient un plexus très-serré, occupant tout l'espace qui sépare la couche granuleuse de la couche des cylindres, recouvrant même la base de ces derniers et envoyant de très-fins filaments jusque vers leur extrémité supérieure. Il faut ajouter qu'ici encore nous avons vu parfois des filets nerveux aller, directement ou après un trajet assez court, se jeter dans l'extrémité inférieure d'une cellule auditive.

Dans son ensemble, la *macula lagenæ* constitue, sur une coupe transversale, une sorte de demi-cercle ou de fer à cheval occupant toute la partie concave du cartilage. Le névro-épithélium paraît plus élevé au centre de la *macula*, et de là s'abaisse des deux côtés pour aller se confondre avec les cellules simples dont nous avons déjà parlé. Du reste, tout l'ensemble de cet épithélium, aussi bien les cellules que leurs terminaisons cuticulaires, semble converger vers un centre fictif situé dans le milieu de la cavité lagenienne.

Au point où le cartilage recourbé sur lui-même s'amincit, l'épithélium nerveux fait place à de simples cellules cylindriques, puis cubiques, allant se confondre avec le revêtement épithélial de la membrane de Reissner.

Cette dernière (*k*), dont nous connaissons les insertions, est constituée par un feuillet connectif où rampent de nombreux vaisseaux dont l'un suit exactement le bord du cartilage de la *lagena*, et qui généralement présentent des anastomoses avec les vaisseaux du tissu péri-lymphatique. Un revêtement endothélial recouvre et ce réseau vasculaire et la lame membraneuse qui les porte. Sur sa face interne la membrane de Reissner est tapissée par des cellules qui, à ses deux extrémités, sont cubiques, granuleuses, tandis que vers le milieu nous retrouvons les cellules protoplasmiques, à ventre renflé, à col allongé, et entre elles des cellules épithéliales plus claires, en un mot une disposition parfaitement analogue à celle que nous avons rencontrée dans la paroi externe du saccule dont la membrane de Reissner n'est qu'une expansion.

Au point où la membrane de Reissner s'insère au cartilage triangulaire, nous avons trouvé assez constamment une disposition dont nous ne pouvons encore nous expliquer la nature, et que nous ne signalons qu'à cause de l'analogie qu'elle présente avec certaine partie dont l'étude chez le lézard nous retiendra plus longtemps. L'extrémité postéro-externe de ce cartilage se résout d'un côté en un faisceau de brides connectives servant à la rattacher au périoste, et d'un autre elle se confond avec une masse sombre, épaisse, granuleuse ou plutôt filamenteuse qu'il est très-difficile d'obtenir intacte. Cette masse (*l*) se prolonge sous forme de tractus épais jusqu'entre les vaisseaux de la membrane de Reissner, et du côté opposé envoie entre la face interne ou centrale du cartilage et les cellules qui le recouvrent des filaments assez épais, à contours très-visibles, soulevant en quelque sorte les cellules épithéliales, mais sans qu'on puisse dire s'ils entrent en connexion avec elles.

Du Limaçon chez les Lacertiens[1].

Chez le lézard, le limaçon s'est encore développé. La *pars basilaris* notamment, comme nous verrons, est beaucoup plus grande que

[1] COMPARETTI, l. c., p. 207 et suiv. — CUVIER, Ossements fossiles, v. II, p. 253; Leçons d'anatomie comparée, Paris, 1805, II, p. 463. — WINDISCHMANN, loc. cit. — STANNIUS, Handbuch der Anatomie der Wirbelthiere. — LEYDIG, Lehrbuch der Histologie, p. 276. — DEITERS, loc. cit. — IBSEN cité par Clason. — E. CLASON, Die Morphologie des Gehörorgans der Eidechsen, in Hasse's Anat. Studien. Heft 2, p. 300-371, avec la pl. XVII.

chez l'orvet; et quoiqu'elle soit encore inférieure en volume à la *lagena*, le rapport entre ces parties a tellement changé de ce qu'il était chez le serpent et l'orvet, qu'on peut être étonné de voir survenir un tel changement dans des espèces aussi rapprochées.

Le limaçon se présente comme une sorte de cône rejeté en arrière du saccule et s'accolant par sa base obliquement coupée à la paroi interne de ce dernier.

Clason[1] en compare justement la forme à celle d'un entonnoir ou d'un cornet aplati de dehors en dedans, remplissant à peine la moitié en largeur du limaçon osseux. Aussi la cochlée est-elle environ trois fois plus longue que large. La partie supérieure, par suite même de cette disposition ne présente que deux faces, une antéro-externe et une postéro-interne se joignant par des bords mousses et arrondis. Mais, comme le diamètre antéro-postérieur diminue rapidement de haut en bas, tandis que le transversal reste le même, il s'ensuit que l'aplatissement du limaçon tend à s'effacer, et que vers le bas il y a quatre parois, une antérieure se formant aux dépens de l'externe et une postérieure qui se confond avec l'interne. Ajoutons enfin qu'en bas, comme chez l'oiseau, la pointe du limaçon paraît recourbée en dedans.

La charpente du limaçon est constituée par une lamelle cartilagineuse, presque circulaire en haut où elle concourt à former le *tectum cochleæ* ainsi que toute la paroi interne et une partie de la paroi externe. A mesure qu'on descend, le cartilage occupe une plus grande partie de la circonférence du limaçon et en bas vers la pointe nous retrouvons une *lagena* entièrement cartilagineuse. Entre les bords déhiscents de ce cartilage se trouve une ouverture irrégulièrement triangulaire qui occupe la plus grande partie de la paroi externe, le segment antérieur du toit et l'angle postérieur du limaçon. Cette ouverture est fermée par la membrane de Reissner. Vers l'angle postérieur du limaçon la lamelle cartilagineuse et la membrane de Reissner au lieu de se souder, laissent entre elles une sorte de gouttière que remplit une masse cellulaire considérable. Cette masse fort peu cohérente, rattachée en partie au périoste péri-lymphatique, va en augmentant vers le bas, mais sans atteindre la pointe de la *lagena*. C'est elle qui, comblant une échancrure que présente le bord postérieur du limaçon au niveau de la jonction de la *pars basilaris* avec

[1] Loc. cit., p. 350.

la *lagena*, donne à l'ensemble une forme assez régulièrement conique.

Un simple coup d'œil suffit pour nous montrer la signification des diverses parties que nous venons d'étudier. Tandis que la paroi postérieure nous présente un cadre cartilagineux analogue à celui que nous avons vu chez le serpent et l'orvet, la partie antérieure et la pointe forment une seule gouttière remplie en entier par une masse oolithique commune. Ce sont là d'un côté la *pars basilaris* et de l'autre la *lagena* se confondant en haut avec cette subdivision qui, encore isolée chez les batraciens, déjà confondue chez les ophidiens et l'orvet, constitue la *pars initialis* de HASSE. Par leur ensemble ces différentes parties forment la rampe moyenne que le feuillet membrano-épithélial que nous avons nommé membrane de Reissner sépare en dehors de la rampe vestibulaire, c'est-à-dire de cette partie externe plus considérable de l'espace péri-lymphatique qui par le voisinage de la fenêtre ovale communique avec l'appareil de conduction des sons. Dans le cadre cartilagineux dont nous avons parlé se trouve tendue la membrane basilaire : entre cette membrane, les bords saillants du cadre cartilagineux et la paroi péri-lymphatique se trouve un espace libre, assez restreint, il est vrai, mais qui n'est pas autre chose qu'un rudiment de rampe tympanique. Nous savons d'un autre côté par les recherches de CLASON[1], et HASSE[2], que cette rampe tympanique, se continuant avec le canal péri-lymphatique que nous connaissons déjà, va s'ouvrir au dehors par la fenêtre ronde, et ainsi se trouve réalisée chez les reptiles une disposition parfaitement semblable à celle que nous connaissons chez l'homme.

Le cadre basilaire, qui est formé par un épaississement de la lamelle cartilagineuse et occupe les 2/3 de la longueur du limaçon, n'en atteint pas tout à fait le toit, mais descend jusqu'au niveau de la partie cylindro-conique que nous avons appelée *lagena*. Le bord postérieur de ce cadre constitue également le bord postérieur du cartilage; son bord antérieur atteint le milieu du limaçon. Aussi ce cadre a-t-il une direction oblique, et une surface convexe comme la paroi interne du limaçon qu'il contribue à former.

On peut dire que ce cadre est constitué par deux bords confondus en haut et en bas : l'antérieur, en rapport avec les nerfs, constitue ce que nous appellerons cartilage nerveux, l'analogue de la lame spirale

[1] Loc. cit., p. 333-334.

[2] HASSE. — Die Lymphbahnen, etc., p. 806.

des mammifères; le postérieur, assez régulièrement triangulaire, constitue l'analogue du ligament spiral.

Le cartilage nerveux a une forme plus irrégulière; il se continue directement avec la lamelle cartilagineuse commune, et est limité du côté du cadre par une arête aiguë, au devant de laquelle il se renfle pour constituer une saillie assez élevée. Cette saillie ou crête arrondie, commençant presque au niveau supérieur du cadre ovale, arrive jusqu'à la *lagena*, où elle diminue peu à peu. Nous voyons donc qu'il existe ici, pour séparer la *pars initialis* de la *pars basilaris*, une disposition analogue à celle que nous avons constatée chez l'orvet et le serpent.

Au bord supérieur du cadre ovalaire, les cartilages qui le constituent sont réunis par leurs arêtes internes, de manière à fermer complétement la rampe tympanique; au bord inférieur, au contraire, le cartilage postérieur très-aminci se confond simplement avec le cartilage nerveux. Au milieu se trouve entre les deux bords de l'orifice basilaire une sorte de pont cartilagineux assez étroit au milieu, plus large vers les bords, en tout cas très-mince, qui partage cet orifice en deux moitiés triangulaires égales, une supérieure et une inférieure. Ces deux espaces sont remplis par une membrane vitreuse, amorphe; c'est la membrane basilaire qui a ceci de spécial qu'elle est divisée en deux par le pont cartilagineux, absolument, a dit Deiters (*l. c.*), comme si chez l'homme une bande osseuse occupait le milieu de la lame spirale membraneuse.

Terminons ce rapide aperçu morphologique du limaçon des lacertiens en disant comment se comporte le nerf acoustique. Déjà dans le conduit auditif interne, il se divise en deux branches, une antérieure ou vestibulaire et une postérieure ou cochléenne, présentant chacune un renflement ganglionnaire. Tandis que la branche vestibulaire fournit, comme nous savons, au *recessus utriculi* et aux ampoules antérieures, la branche postérieure plus grosse se divise en trois rameaux, un pour le saccule, un plus petit pour l'ampoule frontale et enfin un rameau très-large qui se rend au limaçon. Ce dernier fournit, outre le rameau basilaire, une série de branches plus petites qui se rendent à la *lagena* en suivant le bord antérieur du limaçon, et vont se perdre dans une tache sombre, recourbée, recouverte par l'otolithe et qui n'est autre que la *macula lagenæ*. Quant au rameau basilaire, relativement très-gros, renforcé encore par le ganglion cochléen qui se prolonge entre lui et la paroi du limaçon, il se divise en deux branches dont chacune est destinée à une des moitiés de la membrane basilaire. Arrivées au bord du cartilage, ces branches deviennent tout à coup très-minces, s'étalent et disparaissent dans deux taches nerveuses qu'on voit sur la membrane basilaire et qui constituent la papille acoustique.

Pour ce qui est de la texture des cartilages du limaçon, nous n'avons rien à ajouter à ce que nous en avons déjà dit chez l'orvet et la couleuvre.

Remarquons seulement le contraste frappant qui existe entre la partie lagenienne et la partie basilaire de la lamelle cartilagineuse (voy. pl. I, fig. 7). Tandis que cette dernière (*a'*), qui constitue le véritable cartilage nerveux, se colore toujours beaucoup plus fortement par l'acide osmique et se montre plus riche en éléments cellulaires, la première *a* paraît plus claire et garde une structure plutôt fibrillaire avec quelques noyaux fusiformes moins nombreux semés entre les fibres. En un mot, comme le fait déjà remarquer Clason [1], le cartilage nerveux se rapproche plus de la forme embryonnaire du cartilage hyalin que du cartilage connectif proprement dit. Cette différence de structure est toujours indiquée par une ligne qui, partant en avant du promontoire, coupe obliquement le cartilage jusqu'au point où il est traversé par les nerfs. Du reste, cette différence se fait sentir encore à une certaine distance au-dessous de la membrane basilaire, aussi longtemps que le cartilage basilaire n'est pas encore complétement fusionné avec la masse commune de la *lagena*.

Au niveau de l'insertion de la membrane basilaire, le cartilage nerveux se termine par une arête très-mince, amorphe et percée de trous nombreux qu'il est facile de voir sur une coupe plate de limaçon. Ce serait là, d'après Deiters, une sorte de bandelette destinée au passage des nerfs, un analogue de la *Habenula perforata* des mammifères.

La membrane basilaire elle même (*b*) possède une face tympanique lisse avec quelques noyaux endothéliaux; du côté de la rampe moyenne elle présente en son milieu un renflement arrondi *b'* très-large et très-haut, qui, atteignant sa plus grande hauteur de chaque côté du pont cartilagineux médian où il commence assez brusquement, va se perdre lentement en haut et en bas.

Par suite de cet épaississement médian considérable, la membrane basilaire se présente sur les coupes transversales avec un aspect tout particulier. Ce n'est plus une simple ligne brillante, comme chez

[1] Loc cit., p. 358.

l'orvet; c'est une véritable surface triangulaire à bords réfringents, à milieu plus mat, c'est une masse amorphe, dont l'aspect vraiment diffère beaucoup, pour ne pas dire avec Deiters complétement, de ce que l'on voit chez l'oiseau par exemple. Malgré cela, il est probable que la différence ne consiste que dans la simple exagération d'un fait normal; car sur nombre d'espèces animales, Hasse (*l. c.*) a constaté un certain épaississement de la membrane basilaire dans ses parties supérieure et médiane.

La membrane basilaire porte une papille acoustique (*c*) double, une de chaque côté du cartilage médian. Cette papille sur des coupes transversales, n'occupe que le milieu de la membrane et fait place vers les bords à un épithélium simple peu élevé. Cette papille acoustique constitue un groupe épithélial d'une certaine hauteur, dans lequel Deiters (*l. c.*) avait déjà signalé la présence des cellules terminales de l'appareil auditif, mais sans pouvoir en élucider plus complétement la nature. Nous y avons retrouvé les deux couches caractéristiques de tout névro-épithélium, c'est-à-dire, au bas, au-dessus de la membrane, une couche de cellules rondes ou plutôt de noyaux perdus dans un fond granuleux protoplasmique, et au-dessus une rangée non moins régulière de cellules cylindriques, parfaitement semblables à celles que nous avons vues chez l'orvet, c'est-à-dire se terminant vers le bas par une extrémité plus effilée et présentant en haut un plateau cuticulaire d'où l'on voit sortir une touffe de poils très-nets. C'est à ces cylindres qu'aboutissent un certain nombre de filets nerveux (*e'*), qui tantôt semblent simplement ramper sur la face supérieure de la membrane basilaire, et tantôt paraissent la perforer sur une certaine étendue.

J'ai pu notamment sur un certain nombre de coupes voir les filets nerveux arrivés au bord du cartilage s'effiler, perdre leur myéline et se creuser une voie dans la membrane basilaire sous forme de filaments très-fins, très-noirs, parsemés quelquefois de gouttelettes plus sombres encore. Quant à la manière dont ces filets nerveux se terminent dans l'intérieur de la papille acoustique, nous renvoyons à ce que nous avons dit du limaçon chez l'orvet qui présente des dispositions tout à fait analogues.

Au-dessus de la papille acoustique, recouvrant en partie les cils auditifs, se trouve la *membrana tectoria* (*d*), qui se présente comme une masse amorphe, jaunâtre, plus foncée que la membrane basilaire. Arrondie par le haut, dentelée à sa base, cette membrane se moule sur le contour du névro-épithélium, et présente sur sa face inférieure une série d'excavations destinées à recevoir les touffes de poils des cellules nerveuses. Du reste cette membrane se détache facilement, et il est assez rare de l'obtenir entière et sans déplacement.

Le cartilage nerveux présente un revêtement épithélial dont DEITERS déjà a donné une description complète : ce sont des cellules cylindriques (*f*), granuleuses, assez claires, à noyau très-net, qui, assez basses, presque cubiques au niveau de l'insertion de la membrane basilaire, s'élèvent peu à peu et atteignent une certaine hauteur sur le promontoire. De l'autre côté de ce renflement vers l'union du cartilage nerveux avec le cartilage lagenien, nous retrouvons un épithélium parfaitement semblable à celui que nous avons décrit chez l'orvet et qui, par conséquent, ne mérite pas de description spéciale. Nous en dirons autant du névro-épithélium de la *lagena*. Contentons-nous de remarquer que, sur les coupes transversales passant au niveau de la membrane basilaire, ce névro-épithélium lagenien paraît occuper beaucoup moins de place que chez l'orvet; ce qui indiquerait que cette partie de la *macula lagenæ* qui, parallèle à la papille acoustique, mérite le nom de *pars initialis*, commence déjà à suivre le mouvement rétrograde auquel la condamne le développement toujours croissant de la partie basilaire.

Si jusqu'ici nous n'avons rien trouvé qui différât notablement de ce que nous connaissons déjà chez les autres reptiles, il n'en est pas tout à fait de même pour le revêtement épithélial du cartilage postérieur ou triangulaire, et surtout pour ce groupe cellulaire qui occupe l'angle postérieur du limaçon.

Le segment postérieur de la membrane basilaire et le cartilage triangulaire (voy. pl. I, fig. 6) sont tapissés par des cellules qui, d'abord assez basses, deviennent de plus en plus hautes; sur le cartilage triangulaire cette augmentation de hauteur l'emporte tellement que l'on n'y trouve plus que de longs cylindres très-étroits (*c*), formant par leur ensemble une masse proéminente s'élevant par un bord arrondi jusqu'au niveau de la membrane de Reissner. Cet épithélium cylindrique, faisant ainsi saillie dans la rampe moyenne, repose en arrière et en dehors non plus sur le cartilage, mais sur ce groupe cellulaire (*d*) que nous connaissons déjà et dont il est séparé par une lamelle membraneuse très-nette.

Du reste, cet épithélium, comme le montrent les coupes, présente toujours un certain désordre; les cellules sont irrégulières, plissées, recourbées; par leurs bases elles forment une masse confuse indéterminée, dans laquelle semblent se perdre des prolongements filamenteux de toute nature; les noyaux paraissent du reste plus rapprochés de leur extrémité supérieure.

Tel est le revêtement épithélial du cartilage postérieur, revêtement signalé déjà par CLASON[1], mais encore méconnu de DEITERS (*l. c.*), qui avait par cela même été conduit à donner une interprétation erronée de ce groupe cellulaire qui occupe l'angle postérieur du limaçon, et dont nous commençons maintenant l'étude.

Au niveau du cartilage triangulaire, dit DEITERS, on trouve des cellules pâles, vitreuses, peu réfringentes, irrégulièrement cylindriques; le corps assez renflé de ces cellules se termine en une tige, longue, mince, à contours assez nets; la forme et la grandeur de ces éléments sont du reste très-variables. Il ne paraît pas qu'ils possèdent une membrane propre, et sont du reste très-fragiles, de sorte qu'il est difficile d'en obtenir des exemplaires complets. L'étude que nous avons faite de ce groupe cellulaire nous a donné des résultats analogues que nous voulons résumer ici.

Isolées par l'alcool dilué de Ranvier et colorées au carmin, ces cellules se montrent sous les formes les plus variables. Elles sont ordinairement plissées, enroulées sur elles-mêmes, le plus souvent fragmentées et réduites à un corps renflé en forme de ventre. Elles se présentent (voy. pl. II, fig. 24) comme des plaques très-pâles, avec contour arrondi d'un côté et ordinairement plus ou moins anguleux de l'autre; le noyau très-grand est rond, avec un nucléole peu net; il ne se colore pas par le carmin et se distingue nettement de la substance cellulaire qui semble constituée par un très-fin pointillé protoplasmique, peu abondant.

Celles de ces cellules qui sont intactes se terminent par une sorte de tige assez raide (*a*), moins colorée que la cellule elle-même, probablement plus réfringente, et qui, le plus souvent déchirée en travers, se continue parfois avec des filaments très-longs; d'autres de ces cellules se terminent simplement par une pointe allongée, se rapprochent davantage de la forme de fuseau, ou enfin sont bifides à une extrémité.

Remarquons que la plupart du temps ces tiges ne partent pas du bord ou de la pointe: comme le montre la fig. 24, il est très-ordi-

[1] Cf. CLASON, loc. cit., p. 365 et s.

naire de les voir se prolonger sur la cellule même, jusqu'aux environs du noyau; le plus souvent elles constituent une sorte de relief, de crête donnant à ces cellules un aspect tout particulier. Du reste ces cellules, qu'il faut nous représenter comme des lamelles minces, sont fréquemment courbées, infléchies et le noyau qui occupe alors le plus souvent la ligne de courbure semble se détacher du corps même de la cellule. Sur quelques-unes de ces lames se présentant de profil, il est facile de voir qu'elles sont très-minces, moins épaisses peut-être que le noyau qu'elles entourent. D'ailleurs ces cellules se moulent les unes sur les autres, et, comme déjà Deiters l'avait remarqué, elles présentent des empreintes provenant de la pression des cellules voisines.

Mais si ces préparations par dissociation nous donnent une idée exacte de la forme de ces cellules, il est nécessaire pour en bien comprendre l'agencement de les étudier sur des coupes traversant en différents sens le groupe qu'elles constituent.

Sur une coupe transversale (voy. pl. I, fig. 6) ces cellules forment un groupe bien limité (*d*), prolongeant en l'arrondissant l'angle postérieur du limaçon. Ce groupe est séparé de la *scala media* par l'épithélium du cartilage triangulaire et par la membrane de Reissner, ou pour mieux dire par un feuillet très-mince (endothélial) qui, passant en dehors de ce revêtement épithélial, assure l'occlusion de la rampe moyenne. A la périphérie, ce groupe est également limité par un feuillet membraneux qui l'isole de la cavité péri-lymphatique. Ce n'est que vers le cartilage triangulaire qu'il n'y a pas de limite très-précise. Les cellules plates semblent se continuer avec ce cartilage, qui à ce niveau présente une structure réticulaire ou fibreuse très-marquée.

La coloration de ce groupe cellulaire sur les préparations par l'acide osmique est différente de celle que présentent les parties voisines. Elle est plus uniformément lavée, et manque de ce grenu serré qui caractérise la nature protoplasmique de l'épithélium voisin. Sur la coupe, ces cellules paraissent irrégulièrement arrondies, ou même quadrangulaires, ou polygonales par pression réciproque. Détachées, elles ressemblent en général à des lamelles écailleuses; souvent on en voit se terminer par une sorte de pointe dirigée vers le cartilage ou se perdant entre les cellules voisines; le noyau toujours très-évident, paraît plutôt situé en quelque sorte sur la surface cellulaire que compris dans son intérieur. Ces cellules s'imbriquent les unes sur les autres en dirigeant leurs extrémités effilées entre le cartilage et l'épithélium qui le recouvre; vers la membrane de Reissner et à la périphérie, elles semblent plutôt converger vers le feuillet membraneux qui les entoure. Mais, ce qui est plus important à noter, ces cellules sont en relations intimes avec les branches vasculaires (*e é*) qui, partant de l'angle postérieur du cartilage, se rendent vers la membrane de Reissner et envoient de nombreuses anses à travers la masse cellulaire en question. Sur des coupes très-fines, on peut s'assurer que ces cellules touchent la paroi vasculaire; les vaisseaux envoient des fibres connectives adventitielles entre elles; aussi n'est-il pas rare de rencontrer sur des préparations dissociées des vaisseaux complétement entourés de ces éléments cellulaires.

C'est, chose remarquable, avec ces cellules que Deiters s'efforce de construire un organe de Corti. Les tiges de ces cellules, dit-il, dépassant le cartilage, vont s'insérer jusqu'au bord de la membrane basilaire. Les corps eux-mêmes s'imbriquent les uns sur les autres; leur extrémité supérieure est librement tournée vers l'intérieur du limaçon; par leur ensemble ces cellules forment une espèce de membrane reliant le cartilage postérieur à la membrane de Reissner.

Cette interprétation provient évidemment de ce que Deiters ignorait l'existence de l'épithélium du cartilage triangulaire. Or, comme nous l'apprend la description que nous en avons donnée plus haut, cet épithélium existe et complète le revêtement de la rampe moyenne. Ce n'est pas pourtant que l'hypothèse de Deiters soit sans fondement et aussi inexplicable que le pense Clason (*l. c.*); car, sur maintes préparations fraîches, et surtout sur une coupe parallèle à la membrane basilaire et traversant le cartilage triangulaire à la même hauteur, il est aisé de voir (voy. pl. II, fig. 25) que les grandes cellules qui recouvrent en s'imbriquant l'angle postérieur de ce cartilage envoient par-dessus un vaisseau assez gros (*e*), analogue du *vas spirale externum*, de nombreux prolongements filamenteux plus ou moins fins (*d*), qui, s'entrecroisant de toutes façons, forment sur le cartilage un véritable réticulum d'un aspect grenu, pointillé, tout spécial. Ce réticulum vers le bord antérieur du cartilage se perd entre des noyaux arrondis, assez nombreux, constituant une sorte de tissu lymphoïde (*d''*) dont il est assez difficile de déterminer la nature exacte.

Si, d'un autre coté, nous prenons en considération ce que nous avons dit de l'épithélium qui recouvre le cartilage triangulaire, nous ne pouvons nous empêcher de trouver un certain rapport entre la présence de ce réticulum à la surface de ce cartilage, et ce désordre, cette complication toute particulière que présentent à leur base les cellules qui le recouvrent.

C'est aussi le moment de nous rappeler ce que nous avons rencontré chez l'orvet, cette masse sombre, filamenteuse, indécise qui d'un côté se glisse sous les cellules du cartilage triangulaire et de l'autre semble se perdre le long des vaisseaux de la membrane de Reissner. Quoique nous n'ayons pas pu constater chez l'orvet le rapport de cette masse filamenteuse avec des cellules plates, il est impossible néanmoins de nier qu'il n'y ait une grande analogie avec ce que nous rencontrons chez les lacertiens.

Jusqu'à présent nous nous en sommes tenu à une description purement anatomique d'un état de choses spécial au lézard, et peut-être à l'orvet. Irons-nous plus loin et tâcherons-nous d'en donner une interprétation qui soit plus heureuse que celle de Deiters? C'est ce qu'a fait Clason, et c'est son opinion qui nous paraît en somme réunir le plus de probabilités. Admettant une continuité directe et par suite une communauté d'origine entre la membrane de Reissner et le groupe cellulaire en question, se fondant d'autre part sur la forme même de ces cellules, Clason les regarde comme un reste du feuillet embryonnaire moyen ou *mésoblaste*. Pour nous, l'isolement même de ces cellules plates d'avec le revêtement épithélial de la membrane de Reissner, dont elles sont séparées par un feuillet membraneux très-net, les rapports évidents au contraire qu'elles présentent et avec le substratum connectif de cette même membrane de Reissner et avec le cartilage nous confirment encore dans la manière de voir de Clason, et nous forcent à attribuer à ces cellules une origine purement connective. D'un autre côté, l'abondance des vaisseaux dans ce groupe cellulaire et leurs rapports assez intimes avec ces cellules n'indiquent-ils pas quelque chose d'analogue à la *Stria vascularis* des animaux supérieurs?

Je crois donc que ce n'est pas trop se hasarder que de regarder ce groupe cellulaire comme un reste non arrivé à complet développement de cet élément de la vésicule auditive qui, provenant du feuillet moyen du blastoderme, est destiné à constituer les parties connectives et vasculaires du labyrinthe membraneux.

Nous n'avons plus, pour terminer, qu'à étudier la structure de la membrane de Reissner dont nous avons eu si souvent occasion de parler.

C'est une couche membraneuse connective, absolument du reste comme chez l'orvet, s'insérant d'un côté à la partie recourbée de la lamelle cartilagineuse et se perdant de l'autre au niveau de la masse cellulaire qui occupe l'angle postérieur du limaçon. De nombreux vaisseaux rampent dans cette membrane et vont s'anastomoser avec des branches vasculaires venant du tissu péri-lymphatique ou du groupe cellulaire postérieur. Cette membrane de Reissner est tapissée sur sa face externe par une couche endothéliale continue; sur sa face interne elle présente un revêtement épithélial plus intéressant, qui avait déjà attiré l'attention de Deiters. Cet éminent observateur le compare au tegment vasculaire de l'oiseau et le décrit sous le nom d'épithélium composé. Commençant par de simples cellules cubiques faisant suite à celles de la *lagena*, cet épithélium prend peu à peu les caractères que nous lui connaissons déjà chez l'orvet, c'est-à-dire qu'entre de simples cellules cylindriques basses, peu granuleuses et assez claires, on en voit d'autres plus foncées, dont le corps très-gros fait suite à un col allongé, de véritables cellules protoplasmiques comme celles que nous avons décrites dans le saccule. Deiters, qui représente cet épithélium comme formé par deux couches superposées, une superficielle de cellules claires, l'autre profonde de cellules plus grosses foncées, semble s'être laissé induire en erreur par une forme qui se présente parfois : les corps des cellules protoplasmiques prennent un tel développement comparativement à la ténuité de leur partie supérieure, que bien souvent, pour peu que la coupe soit un peu oblique, on ne rencontre plus dans l'épithélium que deux couches, une inférieure foncée, une supérieure claire. D'ailleurs, sur des coupes divisant la membrane de Reissner plus ou moins parallèlement à sa propre surface, nous retrouvons les aspects variés que nous avons décrits en parlant du saccule; nous rappellerons du reste que cette similitude de structure ne doit pas nous étonner, puisque nous savons et que nous avons pu nous assurer directement que la membrane de Reissner n'est pas autre chose qu'une expansion des parois du saccule au-dessus du limaçon.

DEUXIÈME PARTIE.

DU LABYRINTHE AUDITIF, ET PLUS SPÉCIALEMENT DU LIMAÇON CHEZ L'OISEAU[1].

1° INTERMÉDIAIRES ENTRE LE LABYRINTHE DES LACERTIENS ET CELUI DES OISEAUX.

Maintenant que nous avons terminé l'étude du limaçon chez les *lacertiens*, c'est-à-dire chez les reptiles les plus élevés que nous ayons examinés, nous n'aurions plus, pour remplir notre programme, qu'à commencer un travail analogue chez les oiseaux. Mais, je l'avoue, quoique construit sur le même plan et composé des mêmes éléments, le limaçon de l'oiseau, par sa forme et la disposition de ses parties, diffère assez de celui que nous venons de décrire chez le lézard, pour qu'il soit possible au premier coup d'œil de ne pas saisir l'homologie qui les rattache l'un à l'autre. C'est qu'en effet, en allant des lacertiens aux oiseaux, nous avons fait un grand pas et complétement négligé de parler de deux classes très-importantes, celles des *Chéloniens* et celle des *Crocodiliens*. Aussi, ne voulant pas, en en interrompant la continuité, perdre le fil qui nous a déjà si bien conduit à travers ces nombreuses modifications par lesquelles nous avons vu passer le labyrinthe membraneux, suppléerons-nous au manque de nos connaissances propres en empruntant à Hasse[1] une description aussi sommaire que possible de l'appareil acoustique chez la tortue et le crocodile.

Le labyrinthe membraneux de la tortue, perdu en quelque sorte dans une masse connective assez dense, provenant de l'hyperplasie du tissu embryonnaire péri-lymphatique, paraît beaucoup plus resserré que chez les autres reptiles. Le saccule, arrondi, plus petit déjà que chez le lézard, communique avec le limaçon par une ouverture relativement plus grande que son homologue chez les lacertiens. Le lima-

[1] Hasse, Das Gehörorgan der Schildkröten in Anat. Studien, Heft 2, p. 226-300.
Id., Das Gehörorgan der Crocodile nebst weiteren vergl. anat. Bemerkungen in Anat. Studien, Heft 4, p. 680-750.

çon lui-même se détache de la paroi postérieure du saccule sous forme d'une sorte de cylindre plus indépendant et plus développé que nous ne l'avons vu jusqu'à présent. Ce cylindre est, comme toujours, formé par deux cartilages se réunissant en bas pour constituer une *lagena* complétement close, constituant plus haut une simple gouttière qu'une expansion du sac vient recouvrir en prenant le nom de membrane de Reissner. Cette partie supérieure correspond à la *pars basilaris;* elle présente un cadre ovalaire, portant sur une membrane tendue à son intérieur une papille acoustique. Mais, et c'est ici que se montre une différence considérable d'avec ce que nous avons vu, tandis que, chez le lézard encore, à côté de cette *pars basilaris* et séparée d'elle par une crête assez forte, nous voyons une tache nerveuse, homologue de la partie initiale des batraciens, allant se perdre en bas dans le névro-épithélium de la *lagena*, chez la tortue au contraire la base du limaçon est entièrement occupée par une seule expansion nerveuse : c'est la papille acoustique, qui, plus vaste, empiète d'un côté davantage sur la membrane basilaire, d'un autre a pour ainsi dire complétement éliminé la *pars initialis* dont on ne voit plus traces.

Chez les *Crocodiliens* le limaçon fait encore un grand pas de plus vers la forme qu'il prendra chez l'oiseau. La partie basilaire, énormément agrandie, ne s'ouvre plus directement dans le saccule; la lamelle cartilagineuse qui constitue le limaçon s'isole complétement des parois du saccule; la membrane de Reissner elle-même est presque indépendante : la communication n'existe plus que par l'intermédiaire d'un canal d'une certaine longueur, à parois épaisses, allant se jeter dans la partie inféro-postérieure du saccule : c'est le premier rudiment du *canalis reuniens*, que nous rencontrerons constamment désormais chez les vertèbres. Mais en même temps le limaçon s'est beaucoup allongé : à une simple courbure de sa pointe en arrière, comme celle que nous avons vue jusqu'ici chez les reptiles, s'est ajoutée une torsion spirale, de sorte que, par sa forme et sa direction, le limaçon du crocodile se rapproche beaucoup de celui de l'oiseau. Contentons-nous encore d'ajouter que la membrane basilaire, plus large et plus longue, commence au niveau de l'embouchure des *canalis reuniens*, et s'étend de là jusqu'à la *lagena*, qui n'a pas pour ainsi dire augmenté de volume.

Quant aux deux cartilages (ou plutôt segments de la lamelle commune) qui constituent la *pars basilaris*, l'un, le triangulaire, mérite vraiment le nom de ligament spiral qu'il portera désormais; l'autre, le cartilage nerveux, se rapproche également par sa forme du limbe spiral cartilagineux des animaux supérieurs; les deux, en se réunissant en haut, au niveau du *canalis reuniens*, forment un rudiment de cul-de-sac vestibulaire; en bas ils se confondent également pour constituer la *lagena*; entre leurs bords déhiscents est tendue la membrane de Reissner, qui par les circonvolutions qu'elle présente sur une partie de son étendue, mérite déjà le nom de tegment vasculaire qu'elle portera chez l'oiseau.

En même temps, les nerfs qui se rendent au limaçon se sont autrement groupés; on n'en distingue plus à vrai dire que deux faisceaux: l'un, assez gros, comprenant tous les filets nerveux qui se rendent à la papille acoustique; l'autre, plus petit, nettement isolé du précédent et se rendant à la *lagena*.

C'est ainsi que chez la tortue et le crocodile nous trouvons les deux chaînons qui rattachent les oiseaux aux reptiles par nous étudiés, et nous pouvons maintenant, certain de ne pas faillir à l'ordre que nous nous sommes imposé, consacrer tous nos efforts à l'étude de cette partie que nous avons vue pas à pas prendre plus de développement et qui, chez l'oiseau déjà, constitue la plus grande partie de tout le limaçon. C'est de la *pars basilaris* que nous voulons parler, et de la tache nerveuse qu'elle porte, de cette *papilla acustica* qui, encore assez rudimentaire et facile à comprendre chez les reptiles, acquiert déjà une structure plus délicate et plus compliquée chez l'oiseau, et devient enfin chez les mammifères le plus complexe et le plus difficile, peut-être, à expliquer de tous les organes des sens.

Nous trouvons chez l'oiseau la même subdivision du labyrinthe membraneux en une *pars superior* et une *pars inferior* que chez les animaux inférieurs, et notamment chez les reptiles. Les deux communiquent par une fine ouverture existant entre le saccule et l'utricule, au niveau de la commissure des canaux demi-circulaires. Mais tandis que jusqu'ici la *pars inferior* était toujours plus ou moins directement au-dessous de la *pars superior*, chez l'oiseau, au contraire, par suite du développement que subissent en sens opposé l'encéphale d'un côté, l'appareil conducteur des sons de l'autre, nous trouvons toujours la *pars inferior*, c'est-à-dire le limaçon, en bas, en avant et en dedans de la partie supérieure ou vestibulaire. C'est là une disposition qui ira encore en s'accentuant chez les mammifères, et dont nous trouvons d'ailleurs déjà la première trace chez les crocodiliens.

Une autre différence assez caractéristique et qui au premier coup d'œil suffirait pour distinguer le labyrinthe de l'oiseau de celui des reptiles inférieurs, c'est le rapprochement considérable des deux groupes ampullaires.

Nous ne trouvons plus ici, comme chez le lézard ou le serpent, deux ampoules antérieures, la sagittale et l'horizontale, séparées par toute l'épaisseur d'un saccule énormément développé, de l'ampoule frontale, reléguée complétement en arrière; les trois ampoules, au contraire, sont beaucoup plus rapprochées, plus resserrées et arrivent jusqu'à se toucher. Les canaux demi-circulaires, par suite même de ce rapprochement de leurs points d'origine, sont beaucoup plus courbés, plus convexes et se maintiennent assez exactement dans la direction qui sert à les désigner.

A un utricule très-court, angulairement rejoint par une commissure relativement large, fait suite un *recessus utriculi* en rapport plus direct avec l'ampoule horizontale qu'avec la sagittale.

Ne trouvant plus de place entre les ampoules, et en quelque sorte arrêté dans son développement par le rapprochement de ces dernières, le saccule, excessivement réduit, se présente comme une petite poche refoulée au-dessous et en avant de la *pars superior*. Remarquons que le saccule chez l'oiseau a acquis un minimum de développement qui en a longtemps fait méconnaître l'existence, et qui plus tard l'a fait comprendre avec l'utricule sous la dénomination d'*alveus communis*. Malgré cela, le saccule, ainsi que l'a démontré Hasse, n'a pas perdu son indépendance : sa paroi interne plus forte, excavée, porte la *macula acustica*; sa paroi externe, excessivement délicate, déjà percée d'une ouverture pour l'utricule, se continue en dehors et en arrière avec un canal très-petit, très-difficile à obtenir dans son entier : c'est le *canalis reuniens* rattachant au labyrinthe le limaçon qui semble s'en détacher de plus en plus. Se fondant précisément sur l'exiguité du saccule, sur la finesse extrême du *canalis reuniens*, certains auteurs, parmi lesquels nous citerons Bœttcher[1], ont proposé de séparer le sac de la *pars inferior* pour le rattacher à la *pars superior*; mais nous ne pouvons nous rallier à cette manière de voir, qui, acceptable peut-être pour la physiologie, ne l'est pas pour l'anatomie comparée, et nous continuerons à ranger dans un même groupe, sous le nom de *pars inferior*, et le saccule et le limaçon.

Le limaçon lui-même nous représente un tube recourbé dont la

[1] A. Bœttcher, Kritische Bemerkungen, etc., 1872.

pointe seule regarde en arrière; ce tube est rattaché à la partie postérieure du saccule, de telle sorte que, quelque contraires que soient les apparences, nous retrouvons ici le type décrit chez tous les animaux, des poissons au crocodile. Si, chez ces derniers, nous avons toujours vu le limaçon rejeté dans le domaine de l'ampoule postérieure, il fallait en chercher la raison dans le développement même du sac; maintenant que cette cause n'existe plus, et que le sac lui-même est déjà revenu en avant, il est tout simple que le limaçon ait suivi ce mouvement et soit venu se placer plus près des ampoules antérieures, au-dessous et en avant de la postérieure. Mais ce n'est pas tout, et nous trouvons dans la disposition même du nerf acoustique chez l'oiseau une nouvelle preuve de l'influence que peut exercer sur l'architecture du labyrinthe le développement d'une seule de ses parties. Chez les reptiles, le nerf acoustique, pour se rendre aux taches nerveuses, séparées par un saccule parfois énorme en deux groupes bien distincts, se divisait lui-même en deux branches, une vestibulaire et une cochléenne, dont nous connaissons la distribution. Chez l'oiseau, au contraire, dont le labyrinthe forme un tout plus compacte et plus serré, une pareille division du tronc nerveux n'a plus de raison d'être. Aussi voyons-nous le nerf acoustique, sans qu'on puisse le diviser en branches antérieures ou postérieures, fournir une série de rameaux plus ou moins gros allant innerver les différentes taches auditives auxquelles ils sont destinés.

Mais nous allons terminer ici ces considérations générales sur le labyrinthe membraneux des oiseaux, considérations auxquelles nous ne nous sommes livré que pour compléter ce que nous avons dit des reptiles. Nous nous bornerons désormais à l'étude du limaçon, pouvant pour la structure histologique des autres parties, telles que les canaux demi-circulaires, les ampoules, etc., parfaitement renvoyer à ce que nous avons dit des parties analogues chez les reptiles.

2° DESCRIPTION MORPHOLOGIQUE DU LIMAÇON DE L'OISEAU.

Les notions que nous possédons actuellement sur la structure du limaçon chez l'oiseau reposent en partie encore sur les recherches déjà anciennes de Scarpa, de Treviranus, de Tiedemann, de Huschke et de Windischmann, qui, sans avoir sous la main d'autres ressources que celles de l'anatomie descriptive, n'en ont pas moins laissé que fort peu à faire à leurs successeurs.

Le limaçon osseux, d'après leurs recherches, est formé par un canal court, peu courbé, à peu près cylindrique. Deux orifices font communiquer ce canal, d'une part avec le vestibule, d'autre part avec la caisse du tympan; un troisième, tourné vers la base du crâne, laisse pénétrer le nerf acoustique. Ce canal osseux contient un appareil membraneux déjà soupçonné par les plus anciens auteurs, tels que Perraut et Casserius[1], mais dont nous devons la connaissance exacte à Scarpa[2]. Cette partie membraneuse présente une charpente composée de deux cylindres cartilagineux, appliqués contre les parois opposées du tube osseux, le traversant dans toute sa longueur et le divisant par suite en deux rampes, une tympanique, une vestibulaire. Vers leur terminaison, ces deux cylindres se réunissent et forment comme une ampoule cartilagineuse, plus épaisse sur une de ses parois.

L'existence d'une membrane fine tendue entre ces deux cylindres cartilagineux paraît avoir échappé à Scarpa, qui, par contre, donne déjà quelques renseignements exacts sur le trajet des nerfs. Pour lui, le nerf gagne un des cylindres, y pénètre à peu près vers le milieu et s'y étale dans tous les sens. Un filet plus long va gagner la partie terminale renflée dont nous avons parlé et y rayonne comme un pinceau. Les terminaisons nerveuses flotteraient librement dans le liquide qui remplit la cavité du limaçon. C'est là tout ce que Scarpa nous apprend sur la distribution des nerfs du limaçon de l'oiseau, et ses successeurs ne nous donnent pas de détails plus précis.

Tiedemann et Treviranus[3] vinrent ensuite compléter nos notions sur la structure du labyrinthe membraneux. Treviranus en particulier découvrit un nouvel appareil membraneux unissant les deux cartilages et tendu au-dessus de la *lamina basilaris;* cette membrane, qu'il représente déjà comme très-riche en vaisseaux et transversalement plissée, serait, d'après lui, le siége des terminaisons nerveuses : de là le nom de *laminæ auditoriæ*, qu'à cause de ses prétendues propriétés fonctionnelles il donna à cet appareil purement vasculaire.

Quoique ne nous occupant spécialement que du labyrinthe membraneux, nous ne pouvons pas ici passer sous silence le nom de

[1] Cf. Deiters, Untersuchungen über die Schnecke der Vögel. Archiv. für Anat. und Phys., 1860.
[2] Scarpa, Anatomicæ disquisitiones de auditu et olfactu. Ticini 1789.
[3] Cf. Deiters, loc. cit.

Breschet[1], qui, par ses travaux encore admirés aujourd'hui sur l'organe de l'audition chez les oiseaux, a été en quelque sorte le fondateur de la morphologie du labyrinthe auditif osseux, de cette étude à laquelle Hasse, de nos jours, a imprimé un si puissant développement.

C'est enfin à Windischmann et à Huschke[2] que nous devons une description de l'appareil auditif de l'oiseau, encore exacte aujourd'hui, et des notions aussi complètes que le permettaient les instruments encore assez primitifs de leur époque. Windischmann (*l. c.*) en particulier reconnut la véritable nature des *laminæ auditoriæ* de Treviranus, en nia les rapports avec les nerfs et y décrivit, au contraire, en connexion avec une matière épithéliale pulpeuse un stratum vasculaire qu'il compare assez judicieusement au plexus choroïde du cerveau.

Huschke, en découvrant dans un des cartilages des proéminences en forme de dents, qu'il appela en conséquence *dents auditives*, ouvrit en quelque sorte le champ aux observations microscopiques plus exactes.

Claudius[3] fut le premier, à vrai dire, qui fit une étude histologique approfondie du limaçon des oiseaux; mais encore ses recherches furent-elles peu fructueuses, puisqu'en parlant de la lame spirale (membrane basilaire), il prétend n'y avoir jamais trouvé d'organe de Corti ou seulement quelque chose d'analogue.

Plus tard, Leydig[4], en décrivant dans le limaçon deux espèces de cellules, les unes simplement épithéliales cylindriques, les autres probablement spécifiques, se terminant par une sorte d'aiguillon cuticulaire, fit faire un grand pas à la question qui nous occupe.

Enfin, nous devons à Deiters (*l. c.*) et tout récemment à Hasse[5] une description du limaçon de l'oiseau très-complète, ne laissant que fort peu de choses à ajouter, et à laquelle nous serons obligé de revenir bien souvent.

[1] Breschet, Recherches sur l'organe de l'ouïe chez l'homme et les animaux vertébrés. Paris 1840, 2e édit.

[2] Huschke, E. Frorieps Notizen 1832. Isis 1833, etc.

[3] Cf., Deiters, loc. cit.

[4] Leydig, Lehrbuch der Histologie, 1857.

[5] Hasse, *De cochlea avium*. Dissert. inaugur. Kiliæ, 1866. — Die Endigungsweise des *N. acusticus* im Gehörorgane der Vögel. Göttinger Nachrichten, 1867, nº 11. — Die Schnecke der Vögel in v. Siebolds und Kœllikers Archiv für wissenschaftliche Zoologie, Bd. XVII, 1867. — Nachträge zur Anatomie der Vogelschnecke, ibid., p. 461. — Zur Morphologie des Labyrinthes der Vögel in Anat. Studien, Heft 2, 1871.

Le limaçon membraneux des oiseaux se présente comme une sorte de tube, s'étendant en bas, en dedans et en avant. Ce tube est constitué par une lamelle cartilagineuse, formant dans sa partie supérieure un cadre où est reçue la membrane basilaire et se repliant en bas sur elle-même, de façon à constituer une *lagena* complétement close; une membrane d'aspect particulier, la membrane de Reissner, vient en s'insérant aux bords libres de la lamelle cartilagineuse compléter la paroi du limaçon. Outre la courbure longitudinale, ce limaçon présente encore une sorte de torsion en demi-spirale, de telle façon que la membrane de Reissner est dans ses deux tiers supérieurs dirigée en avant et en dehors, et ne regarde complétement en dehors que tout à fait en bas, au niveau de sa jonction avec le cartilage lagenien. La membrane basilaire, par conséquent, regarde en dedans et en arrière, et ce n'est qu'en bas qu'on la voit franchement dirigée en dedans.

Nous voyons donc que, sur une coupe transversale, les diverses parties constituantes du limaçon seraient autrement situées chez l'oiseau que chez le reptile. Plus large en haut, le limaçon garde ensuite la même largeur presque jusqu'à sa pointe, où il se renfle pourtant un peu au niveau de la terminaison de la *lagena;* si l'on enlevait la membrane de Reissner, on pourrait approximativement comparer la cavité du limaçon à celle d'une pantoufle dont, comme le fait fort bien remarquer Hasse, la *lagena* constituerait l'extrémité close, tandis que la partie ouverte, évasée, correspondrait à ce que nous avons jusqu'à présent appelé partie basilaire.

La lamelle qui constitue la charpente de ce limaçon est elle-même formée par deux cartilages, se réunissant vers le haut en une commissure arrondie, écartés ensuite de toute la largeur de la membrane basilaire et se rejoignant en bas pour constituer par leur fusion une sorte de dilatation ampullaire complétement cartilagineuse. L'un de ces cartilages, plus gros, plus large, sert au passage des nerfs : c'est le cartilage nerveux ou, d'après sa forme, quadrangulaire; dans ses deux tiers supérieurs, il est situé en dedans et en arrière; dans son tiers inférieur, il regarde directement en arrière. Quant à l'autre, c'est une mince lamelle triangulaire, servant d'insertion et à la membrane de Reissner et à la membrane basilaire, mais sans rapport avec les filets nerveux. Nous pouvons dès à présent établir l'analogie de ces cartilages avec le cartilage quadrangulaire et le cartilage triangulaire des reptiles; s'ils sont autrement placés, cela tient à la courbure même et à la torsion en spirale de l'axe du limaçon des oiseaux; est-il nécessaire d'ajouter que, par conséquent, le cartilage quadrangulaire n'est pas autre chose que le *limbus spiralis cartilagineus* et l'autre le *ligamentum spirale* des mammifères? Tout à fait au haut du limaçon, au niveau où les deux cartilages se réunissent pour clore le cadre basilaire, on voit la membrane de Reissner, jusque-là tendue entre les deux lamelles et les recouvrant de ses plis épais, faire place en un point très-restreint à un tissu délicat rejoignant la paroi externe si mince du sac. C'est du reste là une disposition assez difficile à constater, à cause de l'extrême fragilité des tissus, et qui avait d'abord échappé à Hasse lui-même. Ce tissu très-délicat, auquel fait place assez brusquement l'épaisse couche cellulaire qui constitue la membrane de Reissner, n'est pas autre chose que la paroi d'un canal membraneux très-fin, très-mince, établissant une communication plus ou moins virtuelle entre la cavité du saccule et celle du limaçon. Ce *canalis reuniens*, dont nous avons déjà trouvé un exemple chez le crocodile, s'ouvre à la partie postéro-inférieure du saccule, c'est-à-dire à la place où, chez les animaux inférieurs, nous avons toujours trouvé l'orifice sacculo-cochléen. C'est par l'intermédiaire de ce canal que la cavité du limaçon ou rampe moyenne communique avec le reste du labyrinthe membraneux; c'est par lui que se fait le renouvellement de l'endolymphe du limaçon, et non pas par une ouverture spéciale creusée dans la membrane de Reissner, comme le croyait d'abord Hasse. Chez l'oiseau, comme chez tous les autres animaux, la cavité endolymphatique est complétement close du côté de l'oreille interne elle-même, et le renouvellement de l'endolymphe ne se fait que par l'intermédiaire d'un tube membraneux s'ouvrant d'une part dans le saccule, de l'autre dans l'espace lymphatique épicérébral, où il se termine par une dilatation ou *saccus endolymphaticus*[1]; le tube lui-même dans son ensemble porte le nom d'aqueduc du vestibule, et a déjà été très-bien décrit et représenté par Ibsen (*l. c.*).

Maintenant que nous connaissons la forme générale du limaçon membraneux, nous allons en quelques mots donner une idée de ses rapports avec l'os et les parties voisines, étude indispensable si l'on veut se rendre compte du mécanisme physiologique de l'audition.

Le limaçon est, comme nous savons, enfermé dans une coque osseuse qui en reproduit exactement la forme; cette coque dure et

[1] Cf. Hasse, Die Lymphbahnen, etc., loc. cit., p. 790.

compacte est en partie cachée dans du tissu spongieux et ne se reconnaît de l'intérieur du crâne que grâce aux otolithes qu'on voit briller à travers ses parois. Exactement moulée sur son contenu membraneux, cette coque ne s'en écarte un peu qu'en haut où elle présente une sorte de dilatation communiquant d'un côté avec la cavité osseuse du vestibule et de l'autre avec le dehors par la fenêtre ovale et la fenêtre ronde. Les deux cartilages sont intimement collés à la paroi osseuse; le cartilage nerveux, notamment, est rattaché par des brides connectives à une crête faisant saillie dans l'intérieur du limaçon osseux, et qu'on pourrait comparer à la lame spirale osseuse des mammifères. Par suite de cette disposition, il existe entre la rampe moyenne et les parois du limaçon osseux deux rampes secondaires, l'une séparée de la rampe moyenne par la membrane de Reissner, c'est la rampe vestibulaire; l'autre située entre l'os et la membrane basilaire, c'est la rampe tympanique. Les deux, à peu près isolées sur leur parcours, ne communiquent qu'en bas au niveau de la pointe du limaçon par des espaces libres creusés dans les mailles du tissu péri-lymphatique. Du reste, ce n'est qu'à la hauteur de la partie basilaire du limaçon que ces deux rampes prennent un développement notable. A ce niveau, l'une, la rampe vestibulaire, se continue avec cette partie externe de l'espace péri-lymphatique qui, comme nous savons, est toujours plus développée et se trouve en rapport avec l'appareil conducteur des sons, c'est-à-dire avec la fenêtre ovale et la columelle. Chez l'oiseau, par suite des dimensions très-restreintes du saccule, et en général de tout le vestibule qui ne représente qu'un appendice insignifiant de l'appareil ampullaire, cette fenêtre ovale va s'ouvrir presque directement et uniquement au niveau du limaçon, de telle sorte que la rampe vestibulaire reçoit en premier les chocs de la columelle, les transmet le long de la membrane de Reissner, de la paroi externe de la *lagena* jusqu'au fond du limaçon, d'où ces vibrations gagnent la rampe tympanique, et, se propageant le long de la membrane basilaire, arrivent à la fenêtre ronde, et par là au dehors.

Mais ici il faut faire une distinction[1]: chez certains oiseaux, en général les espèces aquatiques, qui par là se rapprochent entièrement des reptiles, cette fenêtre ronde est ouverte; chez d'autres, les oiseaux chanteurs, les *columbidæ*, etc., cette fenêtre ronde est au contraire fermée par un tympan secondaire déjà indiqué par BRESCHET

[1] Cf. HASSE, Zur Morphologie des Labyrinthes der Vögel, loc. cit.

(*l. c.*). Du reste, cette différence se marque encore par un dévelop pement moins considérable du limaçon, qui paraît plus court, moins courbé chez les oiseaux à fenêtre ronde ouverte que chez les autres; ce qui semble assez nettement diviser les oiseaux en deux grandes classes, se rapprochant l'une davantage des reptiles, l'autre davantage des mammifères. D'ailleurs, pour ce qui concerne le mécanisme de la propagation des sons, il est clair que la différence est minime, et qu'un tympan secondaire permet tout aussi bien aux vibrations de la péri-lymphe de se communiquer au dehors qu'une simple ouverture; or, c'est là une condition importante dans le fonctionnement physiologique de ces parties. Mais il en est autrement pour ce qui concerne le renouvellement même de cette péri-lymphe; car, d'un côté, comme l'a montré Hasse[1], chez les oiseaux à trou rond ouvert, nous retrouvons une disposition qui rappelle tout à fait les reptiles : cette fenêtre ronde s'ouvre dans une sorte de sac lymphatique, situé le long de la paroi externe de la veine jugulaire et communiquant, soit avec un espace lymphatique épicérébral, soit avec un lymphatique périphérique, de sorte que le renouvellement de la péri-lymphe est directement assuré. Au contraire, chez les oiseaux, qui ont un tympan secondaire, on trouve un état de choses qui se rapproche tout à fait de celui des mammifères : en même temps que la fenêtre ronde s'est close, elle s'est rapprochée de la fenêtre ovale, et de ce côté la péri-lymphe ne peut trouver passage. Aussi voit-on survenir une disposition nouvelle : cette partie de la rampe tympanique qui, comme nous avons vu chez les reptiles, allait, sous le nom de *ductus peri-lymphaticus*, s'ouvrir dans la fenêtre ronde, se fraye un passage en dedans de cette dernière, près de la jugulaire, sous forme d'un petit pertuis livrant ordinairement passage à quelques branches vasculaires et constituant l'ouverture externe de l'*aquæductus cochleæ*, tel que l'ostéologie nous apprend à le connaître.

α. *Des parois du* canalis cochlearis *ou rampe moyenne.*

Maintenant que nous avons une idée suffisante de la forme générale du limaçon et de ses rapports, d'une part avec le reste de l'appareil auditif, d'autre part avec le dehors, nous pouvons passer à une étude plus détaillée des diverses parties qui le composent, cartilages,

[1] Zur Morphologie des Labyrinthes, etc., loc. cit.—Die Lymphbahnen des inneren Ohres der Wirbelthiere, ibid., p. 810.

membrane basilaire, membrane de Reissner, et enfin revêtement névro-épithélial de la rampe moyenne.

Le cartilage nerveux ou quadrangulaire mérite assez bien ce dernier nom, au moins dans la partie supérieure de son trajet; du reste, il faut remarquer que sa forme est beaucoup plus irrégulière, plus variable que celle du cartilage triangulaire (voy. pl. III, fig. 31, et pl. IV, fig. 35 *a'*).

Nous lui distinguons en somme quatre faces et quatre angles, que nous désignerons en partant du centre même de la rampe moyenne. La face interne excavée regarde vers l'intérieur de la cavité du limaçon; la face inférieure n'est que légèrement convexe, presque coupée à angle droit du côté de la face externe, dont la courbure se moule sur celle de l'os contre lequel elle est appliquée; enfin au commencement du limaçon on peut encore distinguer une face supérieure, plus courte, creusée, destinée à recevoir l'insertion du tegment vasculaire.

De toutes ces faces il n'y a guère que l'interne en rapport direct avec le revêtement épithélial du limaçon qui nous intéresse; l'inférieure est logée sur une grande étendue par le nerf, qui, arrivé à une certaine distance de son bord, la traverse presque perpendiculairement, détachant ainsi de la lamelle tout l'angle interne et inférieur avec le segment cartilagineux voisin. Ce bout détaché de la lamelle est ordinairement traversé par un ou deux vaisseaux assez gros.

Des quatre angles que nous présente le cartilage nerveux, l'un sert d'insertion à la membrane basilaire; l'autre, situé au-dessus du précédent et séparé de lui par l'excavation de la face interne, fait, du moins dans la partie supérieure du limaçon, une saillie assez considérable, constituant la dent auditive de Huschke (*l. c.*). Mais, plus bas, cet angle disparaît peu à peu, de telle sorte qu'il ne mérite pas le nom spécial que Huschke voulait lui donner. L'angle supérieur sert, à proprement parler, d'insertion à la membrane de Reissner; et enfin l'angle inférieur, d'abord presque droit, à bords arrondis, appliqués contre l'os, se continue plus bas en une lamelle cartilagineuse mince triangulaire, contribuant à fermer la rampe tympanique.

Nous voyons donc que le cartilage nerveux a une forme assez irrégulière, assez difficile à décrire; vers la terminaison du limaçon il se simplifie: la face supérieure disparaît; les deux angles qui la limitaient se confondent en un seul assez saillant, auquel s'insère le tegment; la face inférieure et la face externe, au lieu de se rejoindre à angle presque droit, ne forment plus qu'une face unique, courbe, se continuant en bas avec cette lamelle mince dont nous avons parlé, et qui, beaucoup plus développée, va à la rencontre d'un prolongement analogue que lui envoie le cartilage triangulaire pour mieux clore la rampe tympanique.

Le cartilage triangulaire (voy. pl. III, fig. 28 *a''*) a une forme plus régulière, plus constante. Par sa face externe arrondie, il s'applique contre l'os; par sa face inférieure concave, il regarde la rampe tympanique; par sa face supérieure, la plus importante, il contribue à former le plancher et la paroi externe de la rampe moyenne. Sur une certaine longueur, vers son angle inférieur, ce cartilage se prolonge en une lamelle mince, effilée, s'appliquant contre l'os et servant à achever l'occlusion de la rampe tympanique. Ordinairement sur la coupe ce cartilage présente plusieurs vaisseaux sanguins d'un certain calibre.

En haut, à l'origine du limaçon, ces deux cartilages se confondent et forment une sorte d'arcade, limitant de ce côté l'insertion de la membrane basilaire. En bas, vers la *lagena*, la fusion des deux lamelles se fait d'une façon un peu moins simple: c'est d'abord cette partie détachée du cartilage nerveux qui, avons-nous dit, fait saillie dans la rampe tympanique, c'est cette partie qui se soude la première au cartilage triangulaire, dont le prolongement en forme d'arête appliquée contre l'os, va rejoindre un prolongement analogue de l'angle inféro-externe du cartilage quadrangulaire. De cette façon la continuité de la lamelle cartilagineuse est assurée, d'un côté au moins, et le nerf déjà enfermé dans une sorte de canal complet. Mais ce n'est pas tout; à mesure qu'on descend vers la *lagena*, on voit les deux cartilages se rejoindre par leurs angles supérieurs; une coupe transversale de cette ampoule lagenienne montre donc, absolument comme chez les reptiles que nous avons examinés, un anneau cartilagineux complet; une coupe longitudinale fait voir comment la lamelle se recourbe sur elle-même, constituant ainsi un segment de cylindre clos de tous côtés; et, enfin, comment par son extrémité libre cette lamelle donne insertion à la membrane de Reissner (voy. pl. II, fig. 23).

La texture de ces cartilages est la même que chez les reptiles: c'est du cartilage connectif, dont la substance fondamentale amorphe est parsemée d'éléments cellulaires fusiformes; des vaisseaux assez nombreux parcourent les deux lamelles dans toute leur étendue. En général, la face de ces cartilages, qui regarde dans l'intérieur du limaçon, présente une membrane basale plus ou moins nette; au contraire, il n'est pas rare de voir la partie périphérique du cartilage prendre un aspect plutôt lamelleux ou fibrillaire et se confondre avec le tissu péri-lymphatique. Quant à ce dernier, surtout abondant vers la pointe de la *lagena*, nous n'avons rien à en dire, sinon que nous le trouvons parsemé de cellules pigmentaires analogues à certaines formes que l'on rencontre dans les membranes de l'œil: ce sont des cellules plus ou moins fusiformes ou étoilées, remplies par une quantité de points sombres, qui leur donnent une coloration mate toute particulière.

La membrane de Reissner, qui forme la paroi antéro-externe du limaçon, n'est plus, comme chez les reptiles, une simple expansion de la paroi du saccule par-dessus la gouttière cartilagineuse du limaçon. Ce n'est que par le *canalis reuniens* que la membrane de Reissner de l'oiseau se rattache encore au saccule. Du reste (voy. pl. III, fig. 31 *g*, et pl. II, fig. 23 *g*), cette membrane présente les mêmes rapports anatomiques: elle s'insère d'un côté au cartilage nerveux, en haut sur toute la face supérieure, plus bas à l'angle supérieur de ce cartilage; d'un autre côté elle s'attache, mais moins solidement, à l'angle saillant du cartilage triangulaire; en haut elle ferme complétement le limaçon (sauf le *canalis reuniens*), en bas elle s'insère au bord recourbé de la lamelle cartilagineuse, se prolongeant même un peu dans l'intérieur de la *lagena*. C'est, du reste, une membrane assez épaisse, de coloration sombre, présentant dans ses deux tiers supérieurs une série de plis transversalement dirigés, lui donnant un aspect particulier. Pour ce qui concerne la texture histologique de cette paroi de la rampe moyenne, nous n'avons pas grand'chose à ajouter à ce que nous en avons déjà dit chez les reptiles. C'est un feuillet connectif délicat avec quelques éléments cellulaires arrondis, quelques fibres élastiques et un réseau vasculaire, dont les branches chez l'oiseau, et déjà chez le crocodile, ont cela de particulier qu'elles se dirigent transversalement, à intervalles assez réguliers, et refoulent la membrane vers l'intérieur du limaçon, dans lequel elle fait saillie par une série de plis ou de circonvolutions assez régulièrement parallèles (voy. pl. III, fig. 29 *c* et *d*).

Nous retrouvons d'ailleurs sur ce feuillet membraneux un revêtement épithélial complétement analogue à celui que nous avons décrit chez le lézard par exemple, c'est-à-dire des cellules peu granuleuses, assez claires, et entre elles des éléments beaucoup plus foncés, à ventre renflé, à tête généralement arrondie, de véritables cellules protoplasmiques, comme nous en avons décrit dans le saccule des reptiles (comp. les fig. 31 *g'* et fig. 21 *g*). Nous rappelons, du reste, que Deiters (*l. c.*) connaissait déjà parfaitement cette disposition et que nous lui devons une description très-exacte de ces éléments sombres, à corps granuleux et en quelque sorte feutré, donnant à la membrane de Reissner son caractère spécial. C'est également à Deiters que nous devons le nom de ***tegmentum vasculosum***, caractérisant assez bien la richesse vasculaire de la paroi externe du limaçon chez l'oiseau.

Vers son tiers inférieur la membrane de Reissner perd ses plis transversaux; c'est un simple feuillet membrano-épithélial se confondant peu à peu avec le revêtement du cartilage.

Telle est, en quelques mots, la texture de cet organe, texture qui, au premier coup d'œil, peut paraître assez compliquée à celui qui ne connaît pas les caractères généraux de la membrane de Reissner dans la série animale, mais qui ne fait que nous confirmer dans nos considérations générales sur l'épithélium protoplasmique de l'appareil acoustique.

Il ne nous reste plus, pour achever la description des parois du ***canalis cochlearis***, qu'à parler de la membrane basilaire, de cette lame très-mince, tendue entre les deux cartilages depuis le haut du limaçon jusqu'au commencement de la ***lagena***, et qui, déjà connue des auteurs anciens, a été de nos jours très-bien décrite par Deiters, qui la compare à la ***membrana pectinata*** des mammifères.

La membrane basilaire reproduit exactement la forme du cadre cartilagineux dans lequel elle est tendue : c'est-à-dire qu'arrondie à son extrémité supérieure, elle devient de plus en plus large à mesure qu'elle descend vers la ***lagena;*** au niveau où les deux cartilages se sont réunis pour former une sorte d'ampoule à parois uniformément épaisses, elle se termine en s'insérant à une crête dont la convexité assez faible regarde vers le fond de la ***lagena***.

Sur une coupe transversale du limaçon (voy. pl. III, fig. 28), on voit que cette membrane s'insère d'un côté à l'angle interne saillant du cartilage triangulaire (***angulus*** ou ***limbus basilaris***) et de l'autre au ***limbus tympanicus*** ou encore ***labium tympanicum*** du cartilage nerveux. Très-mince au niveau de son insertion au cartilage quadrangulaire, la membrane basilaire s'épaissit peu à peu, présente généralement sa plus grande épaisseur au tiers environ de sa largeur et va de là, en diminuant, rejoindre le ligament spiral, auquel elle s'insère en général beaucoup moins solidement. D'après Hasse, cette augmentation d'épaisseur n'existerait, il est vrai, que vers le centre de la membrane, mais serait assez considérable. Sans vouloir la nier, il me semble que Hasse s'en est un peu exagéré l'importance; nous n'avons pu constater un pareil épaississement qu'immédiatement après l'insertion au cartilage nerveux, et encore nous semblait-il, quand il existait, provenir simplement d'une disposition plus ondulée de la membrane.

En tout cas nous n'avons jamais trouvé chez l'oiseau quelque chose qui rappelât le gonflement médian si considérable de la membrane basilaire chez le lézard.

Du reste, par sa structure, la membrane basilaire de l'oiseau diffère assez notablement de celle des reptiles que nous avons étudiés. Tandis que chez ces derniers c'était une simple lamelle amorphe, vitreuse, semblable à la membrane basale du cartilage, chez l'oiseau elle s'en distingue au premier abord par l'existence de stries assez fortes, généralement parallèles, obliquement tendues entre le cartilage nerveux et le cartilage triangulaire (voy. pl. III, fig. 29 *b*). Ce n'est pas que ces stries constituent toute la membrane; on peut, avec un peu d'attention, constater qu'au-dessus et entre elles se trouve encore une très-mince couche de tissu cuticulaire amorphe, et rien n'est plus facile que de distinguer sur la face tympanique de la membrane des noyaux disséminés, quelquefois encore entourés de restes de protoplasma. Sous ce rapport, la membrane basilaire de l'oiseau se rapprocherait déjà de celle des mammifères qui, comme nous l'ont appris des travaux récents, se compose d'une couche finement striée, d'une couche moyenne amorphe, épaisse, et d'une couche inférieure fibrillaire avec quelques noyaux. Il nous semble pourtant que chez l'oiseau les stries sont plus épaisses, plus solides; ce sont elles qui constituent la masse de beaucoup la plus importante de toute la membrane basilaire. Elles sont parallèles, et ordinairement rectilignes; elles ne forment qu'une seule couche; et s'il arrive de les voir onduleuses ou en couches superposées, cela tient à la préparation. Assez épaisses, elles font saillie sur la face vestibulaire de la membrane. Il est probable que ce sont de simples filaments élastiques ou cuticulaires; d'après ce que nous avons vu, nous les regardons plutôt comme des tubes pleins que comme des cylindres creux; mais j'avoue que c'est là un point assez délicat à décider.

Malgré ces différences de structure, il ne faut voir dans la membrane basilaire des reptiles, dans celle des oiseaux et des mammifères que des parties complétement homologues et d'une origine commune. C'est surtout aux recherches sur l'embryologie du limaçon que nous devons nos connaissances sur ce sujet. Les cellules embryonnaires destinées à former les parties connectives du limaçon sécrètent sur leur face interne, celle tournée vers la rampe moyenne, une sorte de matière cuticulaire formant une membrane basale; sur une étendue correspondant à l'emplacement de la future membrane basilaire, cette membrane basale s'épaissit, puis les éléments cellulaires, au lieu de se développer davantage, subissent un mouvement régressif et ne se présentent plus que comme quelques noyaux épars sur la face tympanique d'une membrane basilaire telle que nous l'avons trouvée et décrite chez les reptiles. Que si maintenant cette sécrétion cuticulaire, au lieu d'être uniforme, se fait avec plus d'activité sur certains points, nous aurons la membrane basilaire du lézard, avec ses épaississements partiels, si incompréhensibles au premier abord. Mais il peut arriver également que les cellules embryonnaires, après avoir sécrété une mince couche cuticulaire, continuent à rester actives, envoient des prolongements qui, devenant de plus en plus longs et plus épais, prenant une consistance en quelque sorte élastique, forment cette couche striée si régulière qui constitue la partie la plus solide de la membrane basilaire chez l'oiseau. Or, c'est là un fait dont l'exactitude a été constatée, et c'est ainsi, selon Hasse [1], qu'il faut interpréter les stries de la membrane basilaire, dont les cellules, après avoir rempli leur destination, s'atrophient et se constituent plus que les quelques noyaux qu'il est aisé de voir sur la face tympanique de la membrane.

Le nerf acoustique traverse obliquement la partie postéro-supérieure élargie du limaçon osseux, sous forme d'un renflement assez considérable constituant le ganglion cochléen. Après avoir donné quelques rameaux aux parties supérieures du limaçon, il va se placer le long de la face inférieure du cartilage quadrangulaire, et, comme nous l'avons dit, envoie une série de faisceaux qui, traversant le cartilage près du limbe tympanique, vont se perdre dans la tache nerveuse située immédiatement au-dessus. Le nerf devient de plus en plus faible, et une fois qu'il est arrivé au milieu environ de la longueur de la membrane basilaire, il s'en détache quelques rameaux

[1] **Hasse, Beiträge zur Entwickelung, etc., loc. cit. — Zur vergleichenden Morphologie; etc.**

isolés destinés à la *lagena* et complétement enveloppés dans le cartilage.

Nous connaissons maintenant les différentes parties qui constituent le canal du limaçon ; nous n'avons plus qu'à ajouter quelques lignes sur le revêtement épithélial qui en tapisse les parois.

Le cartilage quadrangulaire présente sur sa face cochléenne un épithélium dont Deiters (*l. c.*) avait donné une description assez complexe, simplifiée et refaite plus exactement par Hasse. Faisant suite aux cellules cubiques du tegment vasculaire (voy. pl. III, fig. 31 *e*) se voit une série de beaux cylindres très-longs, transparents, hyalins, présentant un noyau vers leur extrémité inférieure ; par les réactifs, ces cellules prennent une coloration plus foncée, un aspect plus granuleux, et souvent se résolvent en une simple masse indéterminée sans forme précise. Assez basses au moment où elles commencent, c'est-à-dire près du tegment, ces cellules deviennent de plus en plus hautes à mesure qu'elles descendent sur le cartilage (voy. pl. III, fig. 28 *e*) ; en même temps elles changent de direction : au haut les cylindres sont tournés vers la membrane basilaire, plus bas ils sont presque horizontaux, plus bas encore ils se rapprochent de plus en plus de la direction verticale et diminuent de longueur. Arrivés au point où les filets nerveux commencent à traverser le cartilage quadrangulaire, ces cylindres cessent assez brusquement et font place à un complexus épithélial dont nous aurons à parler longuement. Vers le milieu du limaçon, la face interne du cartilage quadrangulaire, au lieu d'être régulièrement encavée, présente, plus près de l'angle basilaire, une surface à peu près plane (voy. pl. III, fig. 31 *e*), séparée du reste par un angle obtus, et que Hasse[1] a comparée au *sulcus spiralis internus,* voyant dans la partie infléchie du cartilage quadrangulaire un analogue du *limbus vestibularis* des mammifères. Tandis que les cylindres épithéliaux vont, en augmentant de longueur jusqu'à cette inflexion, dans le sillon lui-même, si toutefois on peut l'appeler ainsi, ils n'augmentent plus de dimensions, et vont plutôt, en s'abaissant un peu, à la rencontre du nevro-épithélium.

Quant à la nature de ces cellules, il est évident que nous ne devons y voir qu'un simple épithélium de revêtement, analogue à celui que nous avons signalé sur le cartilage nerveux des reptiles ou même,

[1] Die vergleichende Morphologie, etc., p. 85 ss.

à un point de vue plus général, analogue aux éléments des *plana semilunata* ampullaires, etc. Hasse, qui les appelle *Zahnzellen*, tout en reconnaissant que le cartilage sur lequel elles reposent ne présente pas de dents, c'est-à-dire des irrégularités de surface aussi prononcées que l'admettait Deiters, Hasse les considère aussi comme de simples cellules épithéliales cylindriques. Au contraire, Deiters (*l. c.*), croyant retrouver chez les animaux inférieurs un homologue des arcs de Corti, tels qu'ils existent dans le limaçon des mammifères, a donné de ces cellules une description et une interprétation que nous ne pouvons plus admettre. Il les appelle *corps cylindriques*, et n'admet pas que ce soient de simples éléments cellulaires; chacun d'eux se composerait, dit-il, d'un corps à peu près cylindrique et d'une extrémité supérieure aplatie; ces corps cylindriques auraient d'ailleurs perdu leurs propriétés cellulaires et ne constitueraient plus que des éléments ayant un rôle purement mécanique, comme les arcs de Corti. Arrivés à une certaine distance de l'angle basilaire du cartilage nerveux, ces corps cylindriques disparaîtraient pour faire place à une série de cellules hyalines, rondes, allant se confondre avec les éléments de la tache nerveuse. Telle est la description de Deiters, description que nous ne pouvons plus accepter, et pour ce qui concerne les corps cylindriques dont elle méconnaît les véritables caractères, et pour les cellules hyalines dont on n'a plus depuis pu constater l'existence. Nous avons déjà, en parlant du lézard, signalé une erreur analogue de Deiters, et il est assez remarquable de voir comment un observateur pourtant aussi éminent que lui, a pu se laisser égarer deux fois, et tout cela par suite d'une simple idée préconçue, par un désir exagéré de construire chez les reptiles et les oiseaux un limaçon aussi complet que celui des mammifères.

Quant au cartilage triangulaire, il présente (voy. pl. III, fig. 28 *e*) un revêtement épithélial sur la nature duquel tous les auteurs sont d'accord : ce sont de simples cellules cylindriques, d'abord assez hautes, puis diminuant lentement à mesure qu'elles se rapprochent de la membrane basilaire. Ces cellules sont en général mieux conservées que celles du cartilage nerveux; leur corps assez fortement granuleux présente un noyau et un nucléole tout à fait évidents. La surface même de ce cartilage triangulaire présente sur une certaine étendue une partie plus excavée, dont on a voulu faire un *sulcus spiralis externus*, et où en général les cellules commencent à diminuer de hauteur. Du reste, cet épithélium se prolonge sans discontinuer sur la membrane basilaire dont il occupe environ un tiers de la largeur et cela sur toute son étendue (voy. pl. III, fig. 29 *h*).

Les cellules qui recouvrent la membrane sont à la fois plus basses et plus étroites que celles du cartilage, de telle sorte que la différence entre la partie de la membrane occupée par le névro-épithélium et celle qui est recouverte par de l'épithélium simple est parfaitement nette.

Entre les cellules cylindriques plus élevées du cartilage nerveux et les cellules presque plates du bord externe de la membrane basilaire se voit un amas épithélial à bord arrondi, rappelant complétement la papille acoustique des reptiles et à qui nous donnerons par conséquent la même dénomination. Avant de passer à une étude détaillée de ce névro-épithélium, disons encore quelques mots sur le revêtement épithélial de la *lagena* (voy. pl. II, fig. 23).

A mesure que les deux cartilages se prolongent et par leurs arêtes inférieures de façon à envelopper le nerf, et par leurs angles supérieurs de manière à refouler le tegment, on voit le revêtement épithélial simple de leur face interne prendre un développement plus considérable. Une fois que la *lagena* est totalement formée, et qu'avec la membrane basilaire ont complétement disparu les éléments qui nous ont occupé jusqu'ici, nous n'avons plus devant nous qu'un simple tube cartilagineux présentant un revêtement épithélial complet, mais de deux formes tout à fait différentes. Le fond de la *lagena* et les intervalles rapprochés soit de la membrane de Reissner, soit de la membrane basilaire, sont tapissés par de simples cellules épithéliales cubiques ou cylindriques, de hauteur variable, telles que les représente la fig. 23. Mais sur le reste de son étendue la *lagena* présente un revêtement presque circulaire de névro-épithélium parfaitement analogue à celui que nous avons trouvé dans la *lagena* des reptiles et dans l'utricule des oiseaux par exemple, et dont, pour éviter une répétition superflue, nous ne donnerons ici qu'une description très-rapide. Sur une coupe longitudinale de la *lagena*, cet épithélium se présente comme une bande plus sombre (*e*), plus élevée en son milieu, s'abaissant de chaque côté pour se confondre avec les cellules voisines. Séparé du cartilage par une membrane basale assez nette, cet épithélium se compose de deux couches, une inférieure granuleuse, une supérieure cylindrique. Aussi loin que s'étend la tache nerveuse, on voit le cartilage, généralement plus épais à ce niveau, traversé par de nombreux filets nerveux (voy. pl. IV, fig. 37). Nous retrouvons donc ici la même structure que chez les reptiles. Remarquons pourtant que les noyaux de la couche granuleuse paraissent plus serrés, les cylindres plus courts, plus gros, moins effilés chez les oiseaux que chez les reptiles. Il est très-fréquent de voir deux cellules cylindriques intimement soudées par leurs parties supérieures contenues dans une sorte de loge plus claire produite probablement par une contraction plus forte de la substance protomasplique interstitielle. Les deux couches, celle des noyaux et celle des cylindres, sont séparées par un espace, assez minime il est vrai, rempli d'une matière finement ponctuée. Un rebord cuticulaire très-nettement dessiné limite ce névro-épithélium du côté de la rampe moyenne. Au-dessus de ce rebord font saillie les éléments vraiment caractéristique, c'est-à-dire des cils assez épais, recourbés en aiguillon, se présentants ordinairement comme des bâtonnets simples, diminuant rapidement de volume de la base au sommet. Ces cils, qui convergent vers le milieu de la bande épithéliale, vont également en augmentant de hauteur de la périphérie de la tache nerveuse jusqu'à son centre. Au-dessus de ces cils se voit une matière fibrillaire, cuticulaire (fig. 23 *e'*), constituée par un lacis de fibres amorphes et rappelant tout à fait ce que nous avons vu dans la *lagena* des reptiles : c'est une espèce de *membrana tectoria* séparant le névro-épithélium des otolithes (*e''*) qui remplissent la *lagena*.

β. *De la papille acoustique du limaçon.*

Nous allons enfin passer à l'étude de la partie la plus importante du limaçon, de la *papilla spiralis*, de cette expansion nerveuse qui, sans pourtant changer notablement de caractère, a du serpent jusqu'à l'oiseau pris un si grand développement.

Cette papille acoustique occupe les deux tiers de la membrane basilaire; or, comme cette dernière va assez régulièrement en s'élargissant à mesure qu'elle descend vers la *lagena*, il semblerait que la papille dût subir une augmentation parallèle dans le nombre de ses éléments. Mais ce n'est pas tout à fait le cas; car, au lieu d'être comme chez les mammifères limitée à la membrane basilaire, la tache nerveuse empiète sur le cartilage quadrangulaire, dont elle recouvre la face interne aussi loin qu'elle est perforée par les filets du nerf cochléen. En haut la papille acoustique se termine par une sorte de bourrelet arrondi qui ne recouvre que la membrane basilaire et une partie de la commissure des deux cartilages; en bas elle se termine par une ligne convexe comme la membrane basilaire elle-même.

Les limites de cette expansion nerveuse seraient assez nettement tracées pour qu'on pût en compter les éléments, si ces derniers étaient régulièrement distribués sur toute l'étendue qu'ils recouvrent; mais ce n'est pas le cas, et il suffit d'un coup d'œil sur la fig. 29 de la pl. III pour voir que les cellules auditives sont juxtaposées sans ordre fixe bien net.

Ce n'est guère que sur une coupe transversale du limaçon qu'on peut juger pourquoi nous avons donné à l'ensemble du névro-épithélium le nom de papille acoustique. Toute la partie de ce revêtement épithélial qui recouvre le cartilage quadrangulaire avec la bande voisine de la membrane basilaire est plus élevée, plus saillante. C'est une sorte de mamelon séparé d'un côté des grosses cellules cylindriques du cartilage nerveux par le sillon spiral, s'abaissant de l'autre assez brusquement et ne formant plus sur la membrane basilaire qu'une saillie très-peu élevée. Pour avoir une idée générale de la structure de la papille acoustique chez l'oiseau, il suffit de jeter les yeux sur une de nos fig. 28, 31 ou 35, représentant des coupes transversales du limaçon à des niveaux différents.

Toujours l'on voit le cartilage percé par les faisceaux du nerf acoustique, dont les fibres vont se perdre dans une masse granuleuse, non plus simple, comme celle que nous avons rencontrée jusqu'à présent, mais plus ou moins épaisse, plus ou moins riche en éléments cellulaires. Au-dessus de cette couche granuleuse dans laquelle on peut, sans beaucoup d'attention et sur presque toutes les préparations, apercevoir un réticulum nerveux d'aspect variable, au-dessus de ces noyaux se trouve enfin la couche des cellules spécifiques, cellules auditives, généralement assez régulièrement alignées et se distinguant dès l'abord par une coloration plus foncée.

Au-dessus des cellules auditives et se moulant en quelque sorte sur l'épithélium nerveux, se voit une couche amorphe jaunâtre, cuticulaire, dont il est assez délicat de se faire une idée exacte (voy. fig. 28 ou fig. 31 *d*). Sur une coupe transversale, elle se présente généralement comme une masse assez épaisse, à peu près triangulaire, commençant au niveau des cellules cylindriques du cartilage quadrangulaire, s'enfonçant dans le sillon spiral, et se continuant de là par-dessus tout le névro-épithélium pour se terminer à peu près avec ce dernier avant d'arriver au cartilage triangulaire. Comme le montrent les figures ci-dessus désignées, cette masse suit la convexité même de la papille acoustique, dont elle ne quitte pour ainsi dire pas le contour; aussi ne pouvons-nous pas accepter la description de

Deiters (*l. c.*), pour qui cette *membrana fenestrata*, comme il l'appelle, s'insérerait d'une part aux dents du cartilage nerveux, d'autre part au cartilage triangulaire, de façon à diviser l'intérieur même du limaçon en deux cavités secondaires: l'une, entre le névro-épithélium et la lame fenêtrée, serait, d'après Deiters, l'analogue de la rampe moyenne des mammifères; l'autre, entre le tegment et la membrane de Corti, constituerait la rampe vestibulaire, subdivision tout à fait inexacte et dont nous ne pouvons nous expliquer l'origine qu'en nous rappelant que Deiters n'admettait pas la membrane de Reissner dans le sens où nous la comprenons aujourd'hui. Deiters se rapproche beaucoup plus de la réalité dans la description qu'il nous donne de la structure histologique de cette partie. C'est, dit-il, une production qui se rapproche beaucoup de ce qu'on appelle en général membranes fenêtrées. Ce qu'elle a de particulier, c'est l'abondance des orifices, la consistance hyaline absolument amorphe de la substance fondamentale; ce n'est pas d'ailleurs une simple membrane perforée; elle acquiert par la superposition de plusieurs couches intimement soudées une certaine épaisseur. Les orifices des diverses couches ainsi superposées peuvent se correspondre, et former ainsi de courts canaux, ou bien ils se recouvrent imparfaitement, laissant voir la substance de la couche sousjacente. Autant que nous en pouvons juger d'après une série de coupes, cette membrane présente un bord vestibulaire relativement assez lisse, ou simplement onduleux; mais sur toute son épaisseur elle est creusée de canaux et de trous de forme très-variable; le bord inférieur est échancré, et présente souvent, notamment au niveau du sillon spiral, des filaments comme muqueux servant à le rattacher aux éléments cellulaires sousjacents. (Voy. pl. III, fig. 31.) Pour peu que l'on ait une préparation bien conservée, il est facile de voir comme les touffes de poils des cellules auditives font saillie dans ces échancrures de la face inférieure de la membrane; du reste, ces échancrures se transforment parfois en véritables canaux d'une certaine longueur : c'est là une disposition que nous avons rencontrée chez les oiseaux aquatiques, et en particulier chez le canard et que nous reproduisons dans la fig. 28. Chez ces oiseaux, toute la membrane de Corti est excessivement développée; elle forme une masse considérable se prolongeant surtout très-loin sur les cellules du cartilage nerveux et présentant une coloration et un aspect tout particuliers, qui en font au premier abord un des éléments les plus incompréhensibles de cette rampe moyenne où nous avons pourtant déjà signalé tant de dispositions spécialement intéressantes. Mais ce qui donne à la *membrana tectoria* du canard un aspect différent de celui de la *membrana tectoria* du pigeon par exemple, c'est qu'elle est creusée dans les deux tiers de son épaisseur de canaux parallèles, très-fins, s'ouvrant chacun au niveau d'une cellule auditive, dont ils suivent en quelque sorte la direction générale. — Chez la plupart des autres oiseaux, ce sont de simples échancrures plus ou moins profondes qui sont creusées dans la paroi inférieure de la membrane de Corti; une couche moyenne présente toutes sortes de pertes de substance à peu près arrondies, et enfin plus près de la face supérieure nous trouvons de nouveau des lacunes plutôt allongées qu'arrondies. Toute la partie renflée par laquelle cet organe repose sur les cellules du cartilage nerveux est irrégulièrement creusée de vastes lacunes sans aucune forme déterminée; la face inférieure de la lame fenêtrée présente à ce niveau une succession d'échancrures faiblement arrondies, par lesquelles elle repose sur les têtes également plus ou moins rondes des cylindres épithéliaux (voy. pl. III, fig. 28 *e*).

Est-il nécessaire d'ajouter que nous avons affaire ici à une nouvelle forme, plus complexe il est vrai, de ces *membranæ tectoriæ* que nous avons déjà rencontrées et chez l'oiseau et chez les reptiles? Aussi ne répéterons nous plus sur la consistance, la nature et la composition de ce tissu tout spécial ce que nous en avons déjà dit tant de fois. Contentons-nous de remarquer que chez l'oiseau la membrane de Corti a pris un degré de complexité parallèle à celui de tout le limaçon.

Au-dessous de cette *membrana tectoria* et en connexions intimes avec elle, se trouvent les cellules cylindriques auditives, dont la forme se rapproche complétement de celle que nous connaissons déjà et fera d'ailleurs encore l'objet d'une étude spéciale. Ces cellules assez hautes, assez régulièrement juxtaposées sur la *papilla acustica*, deviennent un peu plus basses, plus comprimées sur la membrane basilaire. Pour ce qui est de leurs rapports avec cette dernière, nous aurons lieu d'en reparler. Contentons-nous de faire remarquer maintenant (voy. pl. III, fig. 29) que ces cellules reposent non pas sur une, mais sur plusieurs fibres ou stries basilaires, et que leur direction croise sous un angle assez constant celle de ces stries: c'est là un fait qui peut paraître oiseux, mais qui nous permettra quelques déductions importantes. — Laissant de côté pour le moment toutes les discussions auxquelles a donné lieu la question des cellules à isolation, ajoutons simplement que les cellules auditives sont très-rapprochées, et séparées, autant qu'on en peut juger d'après les coupes transversales les plus fines, seulement par une masse protoplasmique finement granuleuse.

Ce qui nous intéresse le plus dans cette étude, mais ce qui aussi est le plus difficile à élucider, c'est la structure de cette partie de la papille qui, voisine du passage des nerfs, ne nous présente au premier coup d'œil qu'un ensemble assez compliqué de noyaux, de fibres ou droites ou réticulées, et dont il est à peu près impossible de se faire une idée exacte, à moins d'examiner avec attention une série de coupes faites dans des directions différentes.

Le nerf suit la face tympanique du cartilage quadrangulaire sous forme d'un cordon assez épais, accolé lui-même à un amas ganglionnaire constituant le ganglion cochléen, et toujours situé vers la face interne du crâne. De ce cordon nerveux partent (voy. fig. 28, 31 ou 35 *f*) des faisceaux assez serrés, allant perforer le cartilage en décrivant un arc dont la concavité paraît généralement dirigée vers la rampe tympanique. Assez rares encore au commencement du limaçon, ces faisceaux vont en augmentant en nombre à mesure que, se rapprochant de la *lagena*, la lamelle cartilagineuse qui les porte devient elle-même plus large. Remarquons encore que ces faisceaux sont plus nombreux et plus serrés vers l'*angulus basilaris* du cartilage, où ils forment une masse très-dense, que vers le cartilage nerveux lui-même, et ils sont toujours plus rares, plus épars. Ceci est du reste une conséquence naturelle de la distribution de ces fibres. Comme on peut s'en assurer sur les fig. 28, 31, 36, etc., les tubes nerveux sont groupés en faisceaux qui, s'amincissant, vont traverser le bord du cartilage par une série d'orifices rappelant la *habenula perforata* des mammifères. Dans leur trajet à travers le cartilage, les nerfs, comme on peut s'en assurer sur une coupe (voy. fig. 29, 30), forment une sorte de plexus, peu serré, peu compliqué, dû probablement au simple entrecroisement des faisceaux nerveux. Sur une coupe transversale (fig. 31), à côté de fibres nerveuses traversant directement le cartilage et se présentant dans toute leur longueur, on en voit d'autres coupés transversalement, ou plus ou moins obliquement; ce sont les filets nerveux se rendant par un trajet plus horizonal à des parties de la papille plus rapprochées de la *lagena*.

Du reste, ce sont toujours des tubes nerveux à double contour que l'on voit dans le cartilage; le plus souvent cylindriques, ils sont quelquefois très-nettement variqueux, moniliformes. Ordinairement ces fibres nerveuses sont séparées soit par de très-minces travées cartilagineuses, soit par un réticulum connectif assez délicat, parsemé de quelques rares noyaux et ne méritant pas une attention plus soutenue.

Jusqu'ici nous n'avons pas rencontré grandes difficultés et retrouvé, somme toute, les éléments essentiels de toute tache nerveuse. Mais il n'en sera plus de même une fois que nous aurons abordé l'étude de cette couche intermédiaire entre le cartilage et les cellules auditives, de cette couche qui, formant au niveau de la sortie des nerfs un véritable coussin arrondi, va se perdre petit à petit le long de la membrane basilaire.

C'est dans cette partie de la papille qu'il faut chercher le secret de la distribution des nerfs; aussi a-t-elle été de tout temps l'objet des études spéciales de ceux qui se sont occupés de cette question.

Déjà Deiters, dans sa monographie, parle d'une couche de noyaux situés au-dessous des cellules auditives, et dans laquelle il aurait vu de fins filaments variqueux semblant former la continuation des tubes nerveux du cartilage. Mais c'est surtout Hasse qui a soumis à une exploration attentive la papille acoustique de l'oiseau et en a fait l'objet d'une série de recherches anatomiques et embryologiques (*l. c.*) d'une grande valeur. Entre les cellules auditives, dit-il[1], et la membrane basilaire, dans cette couche parsemée de noyaux, on voit un réticulum très-fin, jaunâtre, dont l'on peut, par ci par là, suivre quelques fibres sur une certaine étendue. « Au commencement, ajoute-t-il, je croyais avoir devant moi un tissu connectif délicat, par lequel passeraient les filets nerveux et qui irait en diminuant de la papille vers la membrane basilaire. Plus tard, continue-t-il, je pus me convaincre que je n'avais affaire qu'à un réticulum de fibres nerveuses; et par réticulum j'entends ici un simple lacis, et non pas un véritable réseau; car on peut suivre une fibre nerveuse du commencement à la fin sans qu'elle change d'épaisseur; s'il y avait de véritables anastomoses, il y aurait variation dans le calibre des fibres. Ce n'est pas qu'on ne rencontre des lacis parfaitement réticulés, mais il est probable qu'on n'a devant les yeux qu'un simple effet d'optique; et il faut se garder de rapporter à un même plan des éléments qui peuvent être superposés. Quant à ces fibres nerveuses, elles se rendent à l'extrémité inférieure des cellules auditives; il ne m'est jamais arrivé de constater un rapport direct quelconque entre

[1] Die Schnecke der Vögel, *l. c.*

ces filets nerveux et les noyaux entre lesquels ils semblent se glisser pour aller plus loin. » Ainsi s'exprimait Hasse en 1867, dans sa monographie sur le limaçon des oiseaux; il est vrai que plus récemment, dans ses études de morphologie comparée du labyrinthe membraneux, il donne de la papille acoustique une description générale, s'appliquant par conséquent aussi aux oiseaux, un peu différente de la précédente. Après avoir décrit le névro-épithélium, il ajoute : Les filets nerveux pénètrent dans l'épithélium comme fibres pâles avec membrane de Schvann, et vont rejoindre l'extrémité inférieure des cellules auditives, ou bien se divisent et forment un plexus intraépithélial, dont quelques branches suivent un trajet longitudinal parallèle à l'axe du limaçon (chez les mammifères?).

Voilà en somme tout ce que nous connaissons sur la papille acoustique des oiseaux; et encore faut-il remarquer que la seconde description de Hasse paraît purement schématique; voyons si nos recherches nous ont permis d'arriver à un résultat plus certain.

Et d'abord, pour ce qui concerne les éléments cellulaires de la papille, nous savons que ce sont de simples noyaux, formant, non pas comme croyait Deiters, comme semble encore l'admettre Hasse, une couche simple ou du moins assez pauvre; ces noyaux sont très-nombreux, irrégulièrement semés dans toute l'étendue de la papille; il est juste de remarquer que le long du cartilage ils forment, en se juxtaposant, une rangée assez régulière, semblable à la couche granuleuse unique que nous avons signalée chez les reptiles et dans la *lagena* de l'oiseau. En général, en se rapprochant des cellules cylindriques, ces noyaux deviennent également un peu plus serrés et vont ainsi, en suivant la courbure de la papille, se perdre sur la membrane basilaire (voy. fig. 28, 31, 36).

Ces noyaux sont en général arrondis ou ovalaires; ils présentent des contours assez nets, et dans leur intérieur, au milieu de granulations sombres, un point plus clair qu'on pourrait prendre pour un nucléole.

Entre ces noyaux se trouve une masse finement ponctuée, granuleuse, très-délicate, autrement colorée par l'acide osmique; c'est évidemment de la matière protoplasmique remplissant les interstices cellulaires, pénétrant jusqu'en haut entre les cylindres auditifs et constituant la gangue amorphe du névro-épithélium (voy. fig, 30 *k*).

Voyons ce que deviennent les nerfs dans ce tissu en quelque sorte fondamental de la papille. Comme les montrent les fig. 28, 30, 36 et autres, les tubes nerveux, après avoir perdu leur myéline et s'être effilés, traversent le bord du cartilage et pénètrent dans l'épithélium, où ils forment un réticulum s'adaptant parfaitement à la description donnée par Hasse. Passant entre les noyaux de la couche basale, ces filets nerveux constituent un véritable réseau (fig. 28 *f'*, *f* 35 *i*) irrégulier, à mailles inégales, plus ou moins resserrées, enveloppant les noyaux de la couche moyenne et allant, en devenant ordinairement plus lâche, se perdre vers les cellules cylindriques. Il est très-facile ou du moins très-fréquent de voir les extrémités inférieures de ces cellules entrer en rapport direct avec des fibres partant de ce plexus; on peut même parfois, sur une certaine étendue, voir d'une façon très-régulière les mailles du réticulum se terminer dans les cellules auditives (voy. pl. IV, fig. 36).

Ce réseau se compose en général de fibres assez fortes, plus foncées, mais en même temps plus réfringentes que le tissu voisin; il n'est pas rare de rencontrer de ces fibres qui, au lieu d'avoir une épaisseur uniforme, présentent quelques renflements variqueux; c'est du reste un véritable réseau qu'elles forment, et non pas simplement, comme le croyait Hasse, un simple lacis d'apparence réticulée; nous avons pu maintes fois constater l'anastomose directe de ces fibres, et, de plus, comme nous verrons plus loin, nous ne serions pas éloigné d'admettre que parfois, à leurs points d'entrecroisement, ces fibres présentent des espèces de renflements ganglionnaires.

Tel est le résultat primitif auquel nous avions cru pouvoir nous arrêter à la suite de recherches faites, tant sur le limaçon de pigeons, de passereaux que de canards et autres oiseaux aquatiques. C'était, comme on voit, une répétition, un peu modifiée, il est vrai, de la description donnée par Hasse, et nous étions d'autant plus tenté de l'admettre sans réserve qu'elle coïncidait assez bien avec les résultats auxquels nous étions arrivé dans l'étude de la *lagena*, des ampoules, etc. Mais au moment où nous croyions toucher au but, une série de coupes faites sur le limaçon du pigeon, et en démontrant les détails les plus fins avec une grande précision, nous fournirent des résultats qui nous forcèrent à modifier ou du moins à compléter la description que nous venons de donner.

Il suffit d'un coup d'œil sur les fig. 30, 31 et 35, représentant quelques-unes de ces coupes, pour voir que nous retrouvons ici les divers éléments que nous avons décrits, mais formant, malgré une netteté beaucoup plus grande des parties, un ensemble d'une complexité dont jusqu'à présent nous n'avions qu'une idée imparfaite.

C'est d'abord une rangée de cellules auditives complète, avec tous les détails de leur structure intime; notons bien qu'ici encore ces cellules nous ont toujours paru très-rapprochées et seulement séparées par quelques éléments protoplasmiques. Mais ce qui doit surtout nous frapper, c'est la structure délicate et compliquée de la couche granuleuse. Nous retrouvons, du reste, les noyaux tels que nous les avons décrits; mais entre ces noyaux ce n'est plus un réticulum aussi nettement dessiné que celui de nos fig. 28 ou 36 qui se présente à nous. C'est un ensemble de fibres s'entrecroisant, présentant le plus souvent deux directions principales et que, d'après leur trajet et leur aspect, on peut dès l'abord diviser en deux ordres parfaitement différents.

Les unes qui, sur nombre de coupes, paraissent à première vue n'avoir pas de rapports avec les nerfs, sont plus sombres, plus épaisses, plus solides; elles ne paraissent pas non plus, si je puis m'exprimer ainsi, aussi souples, aussi délicates que les autres. Du reste, ces fibres ne sont pas rectilignes; elles s'anastomosent et constituent ainsi des mailles assez lâches, assez rares, entre lesquelles on voit les noyaux entourés de détritus protoplasmiques. Ces fibres affectent en général une seule direction, c'est-à-dire que, partout, soit de la *habenula perforata*, soit de la membrane basilaire, elles se dirigent vers les cellules auditives, à l'extrémité inférieure desquelles elles se terminent, comme nous aurons occasion d'en reparler.

Jusqu'à présent nous n'avons rien trouvé, je l'avoue, qui diffère considérablement de nos premières données; et rien n'est plus naturel et probablement aussi plus vrai que de considérer les fibres dont nous venons de parler comme une forme parfaitement analogue du réticulum nerveux, dont Hasse déjà avait constaté l'existence.

Mais c'est dans le second ordre de fibres que nous trouvons un élément nouveau. Sur toutes ces coupes, en effet, il est très-facile de voir partir de la *habenula perforata* et s'élever de là pour rayonner dans toute la papille, un bouquet très-dense de fibres pâles, minces, ténues, contrastant par leur couleur et leur aspect avec les fibres plus sombres et plus grosses dont nous venons de parler. Ces fibres ou plutôt fibrilles, et pour éviter toute confusion nous leur conserverons désormais ce nom, constituent par leur ensemble une sorte de trame excessivement fine, remplissant toute la couche granuleuse, aussi bien sur la papille que vers la membrane basilaire (voy. fig. 30 *f* ou fig. 35 *j* et *j'*). Du reste, ces fibrilles ne s'entrecroisent pas, ne présentent pas trace de disposition réticulée. Partant de la *habenula*, par faisceaux correspondant chacun à un tube nerveux, elles vont de là en divergeant s'étaler sur une grande surface et aboutissent, non pas à l'extrémité inférieure des cellules auditives, mais au-dessus, jusqu'au niveau de leur plateau circulaire, ainsi que nous avons pu nous en assurer souvent. Généralement ces fibrilles croisent la direction des fibres plus grosses et plus sombres, en tout cas ne s'anastomosent jamais avec elles. Elles constituent par leur ensemble un système particulier, indépendant, propre à la *papilla spiralis*, et dont jusqu'ici nous n'avons pas encore trouvé de véritable homologue. Ces fibrilles se continuent sur la membrane basilaire, comme le montre la fig. 35, par plusieurs faisceaux partant de l'angle basilaire et allant, après une certaine inflexion, former au-dessous de la couche cylindrique un véritable tractus excessivement ténu, d'où l'on voit se détacher successivement des fibrilles très-pâles se rendant au niveau du plateau cuticulaire.

Que si l'on se demande maintenant quelle peut être la nature de ces fibrilles, la réponse est facile : leur forme, leur couleur, leur aspect particulier nous indiquent assez à quelle classe de tissu nous avons affaire. En un mot, nous avons devant nous de ces fibres nerveuses pâles, variqueuses, se présentant plutôt comme une succession de gouttelettes excessivement fines que comme une ligne bien nette; ce sont des fibrilles primitives absolument comme celles que Schultze [1] a signalées dans la rétine, comme celles qui ont été récemment découvertes au niveau des cellules auditives externes du limaçon des mammifères.

Nous avons du reste pu nous assurer directement de la nature nerveuse de ces fibrilles; de sorte qu'à ce sujet aucun doute n'est possible. Sur un fragment très-fin de la papille acoustique du pigeon (voy. fig. 30) nous avons pu constater pertinemment comment plusieurs tubes nerveux à double contour (*e*), arrivés à la limite du cartilage (*e'*), après avoir perdu leur myéline, se résolvaient, littéralement parlant, en une véritable gerbe de fibrilles pâles (*f*) tellement nombreuses qu'il était absolument impossible de les compter. Dès leur arrivée dans l'épithélium, ces fibrilles divergent dans tous les sens, formant ainsi une des images les plus délicates que le microscope puisse révéler; pourtant, malgré leur énorme ténuité, ces fibrilles, par leur couleur et leur caractère, se distinguent tellement

[1] M. Schultze, Die Retina in Strickers Handbuch.

bien de la masse des tissus voisins, qu'il n'est pas permis de vouloir encore, avec HARTMANN (*l. c.*), les considérer comme un produit artificiel, comme le résultat de la compression d'un gros cylinder-axis plus ou moins écrasé.

Quant à savoir si ces fibrilles sont complétement nues ou si elles présentent encore, soit une gaine de Schvann (HASSE), soit une enveloppe rudimentaire de myéline, c'est une question d'anatomie générale que nous ne pouvons pas discuter ici : contentons-nous de répéter encore une fois que certainement elles doivent être comptées parmi les éléments nerveux les plus fins, les plus simples que l'on connaisse, parmi les fibrilles primitives (SCHULTZE) ou fibrilles d'axe (WALDEYER).

Mais, maintenant que nous avons constaté dans la *papilla acus tica* de l'oiseau ce système de fibrilles *certainement* nerveuses et en rapport égalément avec les cellules auditives, comment faut-il interpréter cet autre ordre de fibres plus fortes, réticulées, dont nous avions en premier lieu démontré l'existence? Faut-il toujours y voir des fibres nerveuses et alors admettre dans la papille acoustique deux espèces de terminaisons nerveuses, ou bien ne devons-nous y voir que des éléments d'une autre nature, indifférents et n'ayant rien à faire avec l'appareil acoustique véritablement actif? C'est là une question aussi difficile à résoudre qu'importante à élucider; aussi l'avons-nous étudiée avec soin, et si nous ne sommes pas arrivé à des résultats complétement certains, du moins pouvons-nous émettre quelques présomptions qui jetteront déjà plus de jour sur ce terrain.

Et d'abord, nous ferons remarquer que HASSE, dans la description qu'il donne de la papille spirale de l'oiseau, parlant des fibres réticulées qu'on y trouve, affirme également la nature nerveuse de ces dernières, tout en ajoutant qu'au commencement il avait de grandes tendances à n'y voir qu'un simple réseau connectif. Nous-même, dans les préparations que nous avons obtenues du moineau et du canard, avons pu constater directement le passage de ces fibres réticulées dans les tubes nerveux traversant le cartilage (voy. fig. 28 *f* et *f'* et fig. 36 *g*); nous ajouterons enfin que, sur quelques préparations par le chlorure d'or, nous avons obtenu, avec moins de netteté il est vrai qu'avec l'acide osmique, un réticulum semblable à celui dont nous parlons. D'ailleurs, sur nombre de coupes provenant du pigeon et montrant les fibrilles pâles, nous avons pu constater un plexus tout à fait analogue à celui que nous avons décrit primitivement, c'est-à-dire un réticulum de fibres plus grosses, plus sombres, assez inégales, formant des mailles étroites au-dessus du cartilage et s'élargissant de plus en plus à mesure qu'elles s'élèvent (comparez les fig. 28 et 35).

Or, et c'est là le fait important, toujours ces fibres réticulées que nous pouvions poursuivre jusque sur la membrane basilaire, semblaient provenir de la *habenula perforata;* une fois même il nous a été permis de constater comment les tubes nerveux, en traversant le cartilage, se résolvaient en gerbes de fibrilles pâles, d'entre lesquelles on voyait sortir une fibre plus grosse, plus sombre, allant avec des fibres analogues constituer le réticulum décrit (voy. fig. 30 *j* et *j'*).

Il semble donc que, d'après cela, il faille également considérer nos fibres de premier ordre comme de nature nerveuse, et probablement comme des cylinder-axis entiers, comme des faisceaux de fibrilles primitives. Du reste, cette manière de voir n'aurait rien d'étonnant si nous rappelons ce que nous avons dit du névro-épithélium du saccule chez les reptiles; nous y avons, en effet, trouvé et décrit une disposition analogue à la présente : de plusieurs tubes nerveux voisins, les uns se résolvaient en fibrilles pâles, les autres se continuaient simplement en une fibre plus grosse, probablement le cylinder-axe, gagnant plus ou moins directement l'extrémité inférieure d'une cellule auditive.

J'avoue que cette double distribution nerveuse dans la papille ne laissa pas que de m'étonner beaucoup, et que longtemps je ne voulus voir dans le réticulum qu'une sorte de tissu isolant connectif ou d'appareil de soutien, comme les fibres de Müller dans la rétine, ou le système des prolongements basilaires des cellules auditives des mammifères. Je ne cacherai pas que, sur certaines préparations fortement durcies par l'acide osmique, l'on peut être presque confirmé dans cette opinion. Il n'est pas rare, en effet, de voir alors de ces fibres réticulées, qui se présentent comme des filaments assez forts, gagner l'extrémité inférieure d'une cellule auditive, et là, au lieu de s'y terminer simplement, s'épaissir encore et servir en quelque sorte à porter la cellule; en un mot, plus d'une fois je crus avoir sous les yeux quelque chose d'analogue au prolongement basilaire des cellules auditives externes telles, qu'elles ont été décrites chez les mammifères. Pourtant l'ensemble des faits que j'ai énumérés plus haut ne me permet pas d'adopter cette manière de voir. J'eusse d'ailleurs trouvé encore une preuve du contraire en soumettant à une étude plus détaillée cette couche granuleuse dont jusqu'à présent nous n'avons décrit que l'ensemble.

En examinant avec attention une série de coupes traversant plus ou moins obliquement la papille acoustique, nous ne tardâmes pas à découvrir qu'il fallait parmi les noyaux de la couche granuleuse distinguer deux espèces d'éléments.

Les uns sont de simples noyaux, comme ceux que nous avons décrits dans l'épithélium nerveux des reptiles; les autres, au contraire, beaucoup plus rares, se distinguent par leur coloration plus sombre et leur forme moins régulière (voy. pl. I, fig. 15, et pl. III, fig. 32). Autour d'un noyau généralemeut plus petit, on voit une masse protoplasmique assez dense ramifiée dans tous les sens (*c*), envoyant des prolongements à des cellules voisines analogues et communiquant par d'autres expansions avec des filaments assez gros, évidemment constitués par nos fibres réticulées.

Ces cellules, de formes très-variables, sont distribuées et le long de la membrane basilaire et plus près de l'épithélium cylindrique, le plus souvent isolées, quelquefois réunies en groupes anastomosés. Ailleurs nous avons pu constater (fig. 32) que ces cellules sont en rapport, d'une part avec nos fibres réticulées, et d'autre part avec une fibre analogue se rendant à l'extrémité inférieure d'une cellule auditive.

Il est impossible, en présence d'un tel état de choses, de ne pas être frappé par l'analogie qui existerait entre ces cellules et ces éléments ganglionnaires décrits dans les centres nerveux et dans quelques organes des sens périphériques. Du reste, nous avons déjà, chez les reptiles, décrit une disposition pareille; rappelons que chez les mammifères on a pu également constater les rapports de toute une catégorie de fibres nerveuses (les fibres spirales) avec certains éléments réunis sous le nom de *couche granuleuse du limaçon*. On voit donc que nous avons affaire à une disposition générale, dont la signification doit être plus importante qu'elle ne le paraît de prime abord; mais il règne encore trop d'incertitude sur la nature exacte de ce système de noyaux et de fibres réticulées, aussi bien chez les mammifères que chez les animaux inférieurs, pour que nous puissions nous permettre de porter un jugement définitif sur une question qui sans doute occupera encore longtemps les histologistes.

Il ne nous reste plus maintenant, pour achever cette étude de la couche granuleuse, qu'à dire quelques mots sur les éléments qui en composent la plus grande partie, c'est-à-dire sur ces noyaux qui, entourés de quelques restes protoplasmiques, sont semés entre les fibres, mais sans présenter de connexion avec elle (voy. par exemple fig. 30 *i*).

Nous avons déjà assez longuement traité cette question en parlant du névro-épithélium des reptiles. Ajoutons simplement que Deiters (*l. c.*), qui avait déjà connaissance de ces éléments, les regardait comme des cellules cylindriques dégénérées, n'ayant plus conservé que le noyau avec un reste de protoplasma et la membrane intimement soudée avec le contenu. Hasse (*l. c.*) fit de ces éléments l'objet d'une étude embryologique consciencieuse. Chez l'embryon, dit-il, la papille acoustique se compose de deux éléments : les cellules auditives avec les nerfs et un système particulier de cellules à isolation. Ces dernières ne sont pas autre chose que des cellules cylindriques ou *Zahnzellen*, avec un corps assez gros vers le bas, où il est renflé par un noyau, et une extrémité supérieure très-mince, par laquelle elles pénètrent entre les cellules auditives et les isolent. Retzius (*l. c.*), comme nous savons, est arrivé à un résultat analogue chez les poissons. Pour nous, nous avons déjà exprimé notre manière de voir sur ces éléments anatomiques et les considérons comme des cellules atrophiées n'ayant plus que leurs noyaux et un reste du protoplasma circumjacent. Chez l'oiseau, pas plus que chez le reptile, nous n'avons pu, il est vrai, constater d'éléments cellulaires analogues à ceux que décrit Hasse ; nous savons d'ailleurs que chez les mammifères, comme le dit en termes propres Waldeyer [1], il n'existe pas entre les cellules auditives d'autres éléments morphologiques que çà et là quelques fibres spirales. Nous ne pouvons pas non plus, ainsi que Retzius l'admet chez le poisson, regarder la couche granuleuse comme formée par une seule rangée d'éléments cellulaires dont les noyaux seraient à des hauteurs diverses. La papille est beaucoup trop haute et les noyaux qu'elle contient sont trop irrégulièrement disséminés pour appartenir à une seule rangée de cellules parallèles. Mais nous pouvons parfaitement concilier toutes ces opinions et admettre qu'ici, comme pour le névro-épithélium du saccule, la couche granuleuse, telle que nous l'avons décrite, n'est pas autre chose que le résultat de la transformation et de la fusion que subissent chez l'adulte des éléments cellulaires encore entiers et isolés chez l'embryon. Ce qui nous confirme dans cette manière de voir, c'est que sur les coupes (voy. fig. 28) provenant

[1] Waldeyer, *l. c.*, p. 937

d'animaux encore jeunes la papille acoustique se présente avec une richesse de noyaux et surtout une abondance de protoplasma dense et comme exubérant, que nous ne lui retrouvons plus sur les préparations venant d'animaux adultes.

3° DE L'APPAREIL ACOUSTIQUE TERMINAL.

Nous avons jusqu'à présent limité nos recherches aux éléments constitutifs de la papille spirale; voyons maintenant quelle est la structure exacte des éléments essentiels, tant de cette *papilla spiralis* que de tout autre névro-épithélium acoustique, c'est-à-dire de ces cellules cylindriques avec un plateau cuticulaire et un organe terminal particulier, de ces cellules vers lesquelles nous avons toujours vu converger les filets nerveux sortis du cartilage.

Nous ferons remarquer à ce propos que ce que nous dirons des oiseaux peut s'appliquer aux reptiles et *vice versa;* que c'est donc une étude complète de ces appareils terminaux que nous allons entreprendre ici.

Leydig (*l. c.*) est le premier auteur qui ait décrit dans le limaçon des oiseaux des cellules spéciales qu'on pût considérer comme siége des terminaisons nerveuses. Ce sont, dit-il, des cellules pâles, rondes ou en forme de cylindres écourtés; au premier aspect, elles semblent se continuer en une sorte de prolongement pointu, mais en réalité il s'élève sur la cellule une sorte de membrane très-mince qui, vue de profil, se présente comme un aiguillon épais. On est involontairement tenté de considérer cet organe comme une membrane vibrante; mais jamais on n'arrive à y constater trace de mouvement quelconque. D'un autre côté, après un séjour dans une solution de bichromate de potasse, cet appendice cellulaire se présente sous la forme de 3 à 4 cils séparés. Telle est la description que Leydig donne de ces éléments cellulaires, et par analogie sans doute avec ce qu'il avait vu chez les mammifères, il en place trois rangées bien régulières sur la membrane basilaire; il suffit d'un coup d'œil sur notre fig. 29 pour s'assurer que cette dernière assertion est erronée; nous verrons plus loin ce que nous devons penser de la première partie de la description. Contentons-nous encore d'ajouter que Leydig désigne ces éléments cellulaires par le nom caractéristique de *Stachelzellen*, cellules à aiguillon.

Deiters (*l. c.*) donne une description encore plus détaillée de la membrane basilaire et des éléments qui la recouvrent. Il commence par établir que la membrane est tapissée, non par trois rangées, mais par une masse serrée d'éléments cellulaires qui formeraient, si l'ordre était plus régulier, une série de six à huit rangées; ceci se rapproche déjà beaucoup de la réalité. Passant ensuite à la description des éléments cellulaires propres, qu'il appelle cellules de Leydig, Deiters continue : Ces cellules, vues d'en haut, paraissent de simples cellules rondes, rendues peut-être polygonales par pression réciproque, avec un noyau assez gros et un nucléole très-petit. Le contenu de ces cellules ne paraît pas homogène; même sur les préparations tout à fait fraîches, il est granuleux.

Chacune de ces cellules présente sur un point, ordinairement plus rapproché d'un des bords, une saillie allongée, en apparence recourbée en crochet, plus nettement marquée et plus brillante que la cellule elle-même. Il est assez difficile de reconnaître les rapports exacts de cette saillie, parce que les cellules se laissent difficilement isoler, et ensuite parce que le corps même de la cellule se détruit beaucoup plus vite que la saillie, qui alors se détache et paraît comme une pointe libre, ainsi que l'a décrit Leydig.

Vues de profil, dit enfin Deiters [1], ces cellules ne sont pas tout à fait rondes, plutôt allongées de façon à s'insérer par une pointe émoussée sur la membrane basilaire. La partie libre de la cellule porte une surface un peu élargie, et c'est sur elle que repose la saillie décrite plus haut, sous la forme d'un bord épaissi, allongé, rappelant celui des cellules épithéliales cylindriques de l'intestin. Sur les préparations réussies, ce bord se présente, non comme une masse homogène, mais avec de fines stries longitudinales; souvent et notamment sur les préparations traitées par l'acide pyroligneux, on peut constater que les stries du rebord font place à une division de la substance, et l'on a alors sous les yeux une série de cils, absolument comme sur un épithélium vibratile.

Dans la *lagena*, au contraire, Deiters décrit un revêtement névro-épithélial d'une autre structure. On y trouve, dit-il, des cellules épithéliales simples, reposant par leur extrémité inférieure amincie sur le cartilage et tournant leur extrémité supérieure ou base aplatie vers l'intérieur de la *lagena*. Chaque cellule porte sur sa base libre un long poil assez raide; il n'est pas difficile de voir ces cils; ce qui l'est davantage, c'est de les voir dans toute leur longueur. D'ailleurs ces cils sont encore assez longs, assez faciles à re-

[1] Cf. Deiters, Untersuchungen über die Schnecke der Vögel, l. c., pl. XII, fig. 11.

connaître, lorsque déjà le corps de la cellule est altéré. Ces deux parties ne peuvent donc pas être chimiquement identiques. La direction du cil est ordinairement droite, quelquefois aussi couchée ou courbée.

Telle est la description que Deiters nous donne des éléments cellulaires terminaux du limaçon de l'oiseau et, comme nous verrons plus tard, nous y trouvons tant de faits exacts, tant de preuves de l'éminent esprit d'observation de son auteur, que nous n'avons pu nous empêcher de la reproduire presque littéralement.

Hasse, qui, parmi les auteurs récents, est le seul qui ait soumis le limaçon de l'oiseau à une étude détaillée, nous donne la description suivante des cellules auditives[1] :

Vue de face, chaque cellule se présente avec un contour irrégulièrement polygonal, un grand noyau et une membrane qui doit être excessivement fine. Sur une coupe on remarque qu'on a affaire à un organe cylindrique, dont la plus grande largeur est vers le haut. De là la cellule s'amincit jusqu'en bas et se termine par un filament dont nous aurons à reparler. La membrane cellulaire se présente comme une délicate pellicule embrassant le noyau et l'entourant d'un bord hyalin; le contenu est jaunâtre, finement granuleux autour du noyau. Le haut de la cellule présente un rebord ou plateau, plus clair que le reste, assez semblable à celui de l'épithélium intestinal. Ce plateau est finement strié; jamais, ajoute Hasse, je ne l'ai vu, comme prétend Deiters, se décomposer en plusieurs cils. Ce plateau transparent s'allonge rapidement en un aiguillon épais s'amincissant très-vite. Cet aiguillon, du reste, semble plus résistant que la cellule elle-même; et, si l'on voit ce plateau de face, paraît sortir d'une espèce de cupule.

Cet aiguillon présente du reste une courbure variable. Dans la *lagena*, Hasse trouva des éléments cellulaires un peu différents : au lieu d'avoir leur plus grande largeur à une extrémité, c'est au milieu qu'ils ont le plus grand diamètre. Leur aspect est donc plutôt pyriforme. Le plateau terminal s'allonge de suite et forme un cil très-aigu, très-cassant. Souvent ce cil se conserve plus longtemps que la cellule, et quand il disparaît, c'est pour se fondre en une goutte hyaline claire. La striation du plateau et du cil semble faire défaut aux éléments cellulaires de la *lagena*. — Telle est la description

[1] Cf. Die Schnecke der Vögel, l. c., p. 81 ss.

primitive que Hasse donna des cellules terminales de l'appareil auditif chez l'oiseau cellules qu'il nomma, pour les caractériser, cellules à bâtonnet (*Stäbchenzellen*). Cette description, comme on voit, se rapproche plus encore de celle de Leydig que de celle de Deiters. Plus récemment, Hasse donna une description toute pareille des éléments analogues du limaçon chez la grenouille et nombre d'autres espèces animales, et dans le premier volume de ses *Études anatomiques* (1870), répétant ce qu'il avait dit des oiseaux, il confirme encore son ancienne manière de voir et n'admet comme organe terminal qu'une cellule cylindrique terminée par un plateau épaissi, se continuant avec un cil unique d'une certaine longueur.

Aucune voix ne s'était encore élevée contre la manière de voir de Hasse, quand, dans l'article du *Manuel d'histologie* de Stricker, intitulé: *Le nerf acoustique et le limaçon*, Waldeyer émit une opinion toute différente. Loin de trouver sur chaque cellule auditive un bâtonnet unique très-pointu, Waldeyer constata que ces cellules portaient sur leur extrémité supérieure un faisceau considérable de poils, fins, raides, d'une certaine longueur. L'extrémité supérieure de chaque cellule présente un rebord cuticulaire, et souvent il semble que le faisceau de poils sorte d'une excavation en forme de coupe creusée dans l'intérieur de la cellule, et que parfois même il arrive jusqu'au noyau. Telle est, en peu de mots, la description succincte que Waldeyer donna des cellules auditives terminales, description, comme on voit, en opposition complète avec celle de Hasse : ce n'est plus un bâtonnet unique, mais une touffe de poils qu'il faudrait admettre : ce n'est plus cellules à bâtonnet, mais bien cellules à cils, cellules à poils (*Haarzellen*) qu'il faudrait les appeler. Du reste, cette description, appuyée d'ailleurs sur quelques figures très-nettes, était beaucoup plus en harmonie avec nos connaissances générales sur le limaçon des mammifères, où l'on avait, d'une manière évidente, démontré l'existence de cellules à cils. Malgré cela, Hasse tint bon et, loin de modifier ou de corriger son ancienne opinion, l'accentua encore davantage dans son dernier ouvrage : *Études de morphologie comparée sur le labyrinthe membraneux*, en étendant à toute la série animale les résultats qu'il avait d'abord obtenus chez l'oiseau. Pourtant il avait, ainsi qu'il résulte de sa description, eu évidemment sous les yeux des cellules auditives se rapprochant beaucoup par leur structure de celles que représente Waldeyer. Il suffit de lire les quelques lignes suivantes[1] : La cellule, dit-il, présente un bord cuticulaire épaissi, d'où s'élève la base d'un cil (*Haar*) raide, long, se terminant en une pointe extraordinairement fine; ce cil, ajoute-t-il, est strié longitudinalement, ce qui indique qu'il est composé de plusieurs cils réunis. Aussi HASSE semble-t-il avoir compris que le terme de *Stäbchenzelle* n'était plus justifié et lui fait succéder le terme beaucoup plus général et plus vague de *Hörzellen* (cellules auditives).

Malgré cela, il repousse complétement l'opinion de WALDEYER, et, comme il le dit textuellement, ne peut faire autrement que de maintenir son ancienne manière de voir sur la simplicité du cil auditif, qui à l'état vivant jamais ne se résout en un bouquet de poils. Nous verrons tout à l'heure quelle explication il hasarda pour tâcher de concilier ces deux descriptions différentes.

Tel était l'état de la question lorsque, sur les conseils de notre maître, nous nous décidâmes à rechercher de quel côté était la vérité, et nous étions arrivé à une solution à peu près complète avant d'avoir eu connaissance des résultats analogues qu'avait obtenus RETZIUS, dont l'ouvrage, quoique déjà publié en 1872, ne nous était parvenu que tout récemment. Et maintenant que nous en avons pris connaissance, nous y avons trouvé une confirmation complète et de la manière de voir de WALDEYER et de nos propres recherches, confirmation d'autant plus puissante que l'ouvrage de RETZIUS nous permet d'étendre à toute l'échelle animale les résultats auxquels nous étions arrivé chez les reptiles et les oiseaux.

Nous allons donc résumer ici aussi brièvement que possible les notions que nous avons acquises par l'examen, soit de préparations dissociées et fraîches, soit de coupes durcies, et, commençant par la description des cellules de la papille acoustique, nous étendrons cette étude à celles de la *lagena*, du saccule et de l'ampoule, indiquant et les différences qu'elles présentent et la manière dont les nerfs s'y terminent.

Pour ce qui concerne le corps même de la cellule auditive, nous n'avons rien à ajouter de nouveau à ce que nous en avons dit, et sous ce rapport les descriptions de tous les auteurs sont à peu près d'accord. C'est surtout, c'est presque uniquement de cette partie supérieure de la cellule que nous parlerons, qui, présentant un aspect et une forme toute particulière, doit de prime abord être considérée comme l'organe terminal. Ainsi que le faisait déjà remarquer LEYDIG, la cellule auditive se termine par un plateau cuticulaire

[1] Cf. HASSE, l. c., p. 66 ss.

d'une certaine épaisseur; ce plateau porte les cils, ou pour mieux dire fait corps avec ces cils, qui n'en sont en quelque sorte qu'une expansion. Il est, en effet, absolument impossible de distinguer une différence quelconque entre l'un et l'autre élément ; les réactifs, quels qu'ils soient, exercent sur eux une action analogue. Aussi sommes-nous obligé d'admettre que cils et plateau ont la même composition chimique, sur laquelle nous reviendrons du reste.

Quant à la forme du plateau, elle est assez constante, et à vrai dire, le terme de *plateau* que nous avons employé jusqu'ici n'exprime pas la réalité des faits. Toute l'extrémité supérieure de la cellule porte une sorte de cupule généralement arrondie, solide, se présentant sur les pièces bien conservées comme un segment de sphère plus ou moins régulier. Cette cupule pénètre assez profondément dans la cellule (voy. pl. III, fig. 30, 31, et pl. IV, fig. 38, 44), et quoique se terminant le plus souvent par une ligne courbe, paraît aussi parfois, et peut-être par l'action de certains réactifs, s'enfoncer comme une sorte de coin dans le protoplasma cellulaire qu'elle refoule autour d'elle, comme c'est le cas dans la fig. 44. Toujours cette cupule est nettemment distincte du reste de la cellule; une ligne généralement assez nette marque la démarcation d'avec le protoplasma cellulaire; la face supérieure de cette cupule, généralement élargie et méritant par là le nom de plateau, paraît excavée légèrement; du moins croirait-on quelquefois (voy. fig. 44 et comparez la fig. 336 du *Manuel* de Stricker) voir les poils sortir d'une sorte de godet creux.

Jamais nous n'avons pu constater de liaison aucune entre cette cupule et le noyau de la cellule. Du reste, ainsi que le montrent les imbibitions par l'acide osmique ou par des matières colorantes, nous avons affaire ici à un véritable corps solide, et ce n'est pas une simple illusion d'optique, comme semble l'admettre Retzius, d'après lequel ce disque terminal ne serait dû qu'à un jeu de lumière sur la partie supérieure plane ou un peu excavée de la cellule.

Cette cupule solide porte les cils terminaux; les deux ne constituent qu'une même masse; c'est ce que nous prouve l'action de tous les réactifs : et d'abord il n'est pas rare sur les préparations trop longtemps macérées de voir ce disque détaché et portant les cils flotter librement, quelquefois encore accolé à un détritus protoplasmique granuleux. Les deux, du reste, ont absolument la même couleur : blanc jaunâtre avec un reflet, un brillant tout particulier. Par l'acide osmique ils se colorent en brun plus foncé que tout le reste de la cellule, mais gardent malgré cela leur apparence diaphane et vitreuse; jamais on n'y voit traces de granulations ou autre altération analogue. Par le bleu d'aniline ils prennent également une teinte foncée, uniforme, absolument sans rien qui en trouble le cristal. Le carmin ne les colore pas ou du moins très-faiblement; par le chlorure d'or, le disque et la touffe de cils prennent une couleur verdâtre (voy. pl. I, fig. 10), mais alors le plus souvent il se produit une coloration limitée dont nous aurons à reparler.

Pour nous résumer, nous pouvons dire que le disque terminal et les poils qu'il porte sont d'une seule et même substance, amorphe, vitreuse et probablement de nature cuticulaire, comme celle qui constitue les organes terminaux de la rétine. Quant aux cils terminaux, que nous avons examinés avec une foule de réactifs, nous pouvons dire que nous les avons constamment observés, mais sans nier que les réactifs n'aient une certaine action sur l'aspect avec lequel ils se présentent.

Un fragment de limaçon de l'oiseau complétement frais, enlevé à l'animal encore chaud et dissocié dans un liquide indifférent quelconque, eau salée 0,75 %, eau salée et alcool (Moleschott), acide chromique 1/10.000, alcool 1/3 de Ronvier ou serum iodé, etc., nous a toujours présenté des éléments cellulaires tels que les représentent les fig. 9, pl. I, ou 38, 40, 44 de la planche IV.

De la face supérieure de la cellule on voit s'élever une touffe de poils plus ou moins fins, plus ou moins parallèles, assez variables en nombre. Cette touffe est le plus souvent entière et se présente alors comme un faisceau plat strié longitudinalement; il n'est pas rare d'en rencontrer qui aient perdu quelques-uns de leurs éléments; il en est d'autres enfin où les poils sont inclinés soit tous en masse vers un des bords de la cellule, soit en divers sens, de façon à s'entrecroiser ou à former un bouquet divergent (voy. fig. 32, 38, 41, etc.). Remarquons ici un fait assez curieux et qui n'avait pas échappé à l'attention d'un Deiters, c'est que très-souvent la touffe de poils paraît non pas occuper le centre du plateau, mais être reléguée plus près d'un des bords (voy. pl. IV., fig. 33, 38, 44). C'est même là une disposition qu'on rencontre assez fréquemment pour qu'on puisse presque la considérer comme normale.

Du reste, pour ce qui concerne l'insertion de ces poils sur le plateau cuticulaire, nous sommes arrivé à des résultats qui ne nous permettent aucun doute.

Déjà sur nombre de cellules isolées, il est facile de se convaincre que la touffe de poils ne s'insère pas sur toute la surface du plateau cuticulaire, ou sur une ligne entièrement circulaire; l'insertion de la touffe est linéaire; aussi ferions-nous mieux d'employer le terme de faisceau aplati, de bandeau, comme Retzius, que celui de touffe.

C'est surtout en examinant le névro-épithélium de la membrane basilaire de face, en quelque sorte à vol d'oiseau, qu'il est facile de se rendre compte de la manière dont s'insèrent les cils terminaux. Nous avons constamment obtenu des images ne rappelant en rien celles que Hasse[1] reproduit si souvent. En examinant le névro-épithélium de face, dit-il, on voit sur un fond polygonal, formé par des éléments cellulaires sombres (cellules auditives) et d'autres clairs entourant régulièrement les précédents (cellules à isolation), on voit se détacher des points sombres, noirs, régulièrement placés chacun au centre même d'une cellule auditive : ce ne sont pas autre chose que les bâtonnets auditifs, dont on voit la coupe optique sous forme d'une tache noire ronde. Cette description, qui à la rigueur pourrait s'appliquer, comme nous verrons, au névro-épithélium de l'utricule ou des ampoules, est, pour ce qui concerne la papille acoustique, peu acceptable, et, d'après nos recherches, le cède beaucoup en exactitude à celle qu'en donnait déjà Deiters (*loc. cit.*).

Pour nous, nous avons toujours obtenu un aspect tout à fait différent; sur un fond plus ou moins confusément polygonal nous voyons s'élever des lignes épaisses, jaunâtres, brillantes, à peu près parallèles; mais jamais nous n'avons rien vu qui rappelât le semis de points noirs dessiné par Hasse. Du reste, pour avoir une idée tout à fait claire de ce que nous voulons dire, il suffit d'examiner attentivement la fig. 29 de la pl. III., représentant une coupe de névro-épithélium parallèle à la membrane basilaire. Sur un fond strié, on voit les contours arrondis des cellules auditives présentant leurs faces supérieures à l'observateur. Chacune de ces cellules présente une ligne noirâtre (*e*), assez épaisse, droite ou très-souvent un peu courbée, en tout cas très-nettement visible.

Ces lignes, comme nous l'avons déjà vu, sont presque parallèles, croisent les stries basilaires et affectent une direction sur laquelle nous avons déjà appelé l'attention. J'avoue qu'au premier abord j'ai été assez embarrassé pour expliquer la nature de ces lignes sombres, et même à un moment donné je crus n'y voir qu'une confirmation

[1] Cf. Hasse, Anat. Stud., pl X, fig. 18.

de ce qu'avançait Hasse, c'est-à-dire une série de bâtonnets assez raides, ou de poils uniques et gros, couchés et se présentant étalés sur une certaine longueur.

Mais un examen plus attentif suffit pour montrer que l'on n'a pas affaire à un bâtonnet, à un cylindre unique, couché; c'est qu'en effet chacune des lignes en question se présente avec un contour irrégulièrement sinueux, dentelé: c'est à vrai dire plutôt une succession de points qu'une ligne ininterrompue; en un mot, chacune de ces lignes ne nous représente pas autre chose que la projection de la surface de section d'un faisceau de cils auditifs plus ou moins obliquement ou transversalement coupés; nous avons donc là une preuve irrécusable que ces cils auditifs s'implantent sur une ligne à peu près droite ou légèrement courbée et forment par leur ensemble un véritable faisceau aplati.

Voyons si nous ne parviendrons pas à élucider encore davantage la structure de cet appareil terminal. Quel que soit d'ailleurs le réactif que l'on emploie, mais plus nettement avec ceux d'entre eux qui, comme l'acide osmique, par exemple, semblent complétement respecter la consistance de l'appareil cuticulaire terminal, l'on obtient des cellules nerveuses présentant une disposition particulièrement intéressante. Les cils qui les surmontent, au lieu d'avoir tous la même hauteur, paraissent coupés à des niveaux différents, de sorte que le bord supérieur du faisceau auditif, au lieu d'être rectiligne et parallèle à la base, se présente comme une ligne obliquement coupée, échancrée, et reproduisant assez bien l'image d'une série de gradins superposés.

Et que l'on ne croie pas avoir affaire à une disposition purement accidentelle; je sais bien que les cils sont très-fragiles, et il n'est pas rare de voir des touffes terminales plus ou moins tronquées ou incomplètes; mais la disposition dont je parle se rencontre trop fréquemment, elle est d'ailleurs trop régulière pour être un simple résultat du mode de préparation. Du reste, l'obliquité de la ligne supérieure est variable, et dépend autant du nombre de cils que l'on peut compter que du niveau où ils s'interrompent. Notons en outre que toujours, si la cellule est intacte, si le faisceau auditif n'est pas bouleversé dans son arrangement, l'on voit les cils augmenter graduellement de longueur de l'un des bords à l'autre, de sorte que le point culminant ne se trouve jamais au milieu, mais toujours sur un des bords du faisceau.

C'est là une disposition qu'il est facile de constater sur des préparations dissociées (voy. pl. IV, fig. 40) et sur des coupes durcies (pl. IV, fig. 33, et pl. III, fig. 31).

Dans ce dernier cas, on peut même dire que les touffes auditives ne se présentent pour ainsi dire jamais sous une autre forme; et comme alors elles ont en général pris une consistance assez grande et un certain degré de raideur, il n'est pas rare d'obtenir des préparations où la forme en escalier se dessine très-nettement et donne à l'ensemble un aspect des plus caractéristiques (voy. pl. IV, fig. 33, 34).

Il est enfin une troisième disposition particulière à ces éléments anatomiques, disposition visible facilement, mais seulement sur les préparations où les faisceaux auditifs se montrent complétement intacts. Le réactif du reste paraît n'avoir pas grande importance; car nous l'avons constaté en nous servant tout aussi bien de la solution salée ou chromique que de l'acide osmique.

Le faisceau auditif, outre sa terminaison en forme de gradin, outre sa situation longitudinale, présente une série de lignes excessivement délicates, pointillées, décrivant ordinairement deux, trois ou quatre arcs de cercle concentriques, à concavité le plus souvent tournée vers le centre de la cellule. Ces lignes courbes concentriques, parfaitement visibles déjà avec l'objectif 8 de Hartnack, se présentent avec un plus fort grossissement comme formées par de petites stries transversales très-délicates, semblant diviser chaque cil auditif en un certain nombre de fragments, d'articles superposés; et si nous nous rappelons ici une disposition analogue que nous avons signalée chez l'orvet (voy. pl. II, fig. 22), il semble que c'est l'explication la plus naturelle que nous en puissions donner. Ici encore nous ferons remarquer que cette disposition ne doit et ne peut pas être considérée comme un effet des artifices de la préparation, puisqu'elle ne se rencontre précisément que sur les pièces qu'on a traitées avec le plus de ménagement (voy. pl. III, fig. 31; pl. IV, fig. 40 *c*; pl. I, fig. 17).

Que si maintenant, pour nous résumer, nous décrivons l'organe auditif terminal du limaçon dans son ensemble, tel que nous le représentons, il faut, je crois, se le figurer comme formé par un plateau ou disque cuticulaire solide sur lequel s'insère, plus près d'un des bords que du centre, et par une base étroite, droite, ou infléchie, un faisceau aplati de cils ou poils auditifs, droits, presque cylindriques, assez épais, de hauteurs différentes (peut-être transversalement striés ?).

Nous voyons donc qu'en ce qui concerne les cellules auditives de la *papilla spiralis*, nous sommes arrivés à des résultats bien différents de ceux de Hasse, et en somme confirmant parfaitement dans son ensemble l'opinion de Waldeyer.

Voyons ce que vont nous apprendre des recherches analogues portant sur les cellules spécifiques de la *lagena*, ou des taches nerveuses du sac et de l'utricule.

Dans les préparations par macération qui servaient à nos recherches précédentes et qui provenaient du limaçon de l'oiseau, il nous arrivait souvent de rencontrer parmi des cellules évidemment terminées par une touffe de poils d'autres éléments en général plus minces, moins cylindriques, se terminant par un cil unique assez gros, même strié à sa base, mais long et très-ténu, très-effilé vers son sommet (voy. pl. IV, fig. 44).

Comme il est à peu près impossible d'isoler complétement le névro-épithélium basilaire de celui de la *lagena*, je me crus tout naturellement forcé d'admettre que ces éléments, parfaitement semblables à ceux décrits par Hasse, n'étaient pas autre chose que les cellules auditives de la *lagena*, conclusion que vint encore confirmer le résultat obtenu sur les coupes de préparations durcies. On doit, en effet, se rappeler que sur les coupes les cellules de la *lagena*, au lieu de touffes de cils, ne présentent en général que des aiguillons beaucoup plus fins et plus pointus (voy. et comp. les fig. 23, pl. II, et 31, pl. III).

C'est ainsi que j'arrivai à un résultat assez inattendu, à donner raison à la fois aux professeurs Hasse et Waldeyer, à admettre dans le limaçon deux espèces de cellules, de terminaisons sensorielles, les unes dans la papille acoustique, plus complexes, analogues si l'on veut aux cônes de la rétine, les centres dans la *lagena* plus simples, comparables aux bâtonnets de la couche de Jacob.

Depuis, des recherches plus nombreuses, étendues aux reptiles, nous ont forcé, non pas à renier, mais à modifier cette manière de voir, à la corriger au moins dans ce qu'elle avait d'exagéré, et aujourd'hui nous pouvons admettre les résultats suivants.

Les taches nerveuses de la *lagena*, du saccule et de l'utricule nous présentent des cellules spécifiques plus minces, moins régulièrement cylindriques, plus fusiformes que celles qui constituent la *papilla spiralis*. Ces cellules sur un disque ou plateau cuticulaire moins développé, portent une touffe de poils plus courts ou du moins pas si nettement marqués que ceux que nous avons précédemment décrits. Il n'est pas rare de rencontrer, et ceci est surtout fréquent chez l'oiseau, de ces touffes où les poils sont très-peu distincts, peut-être soudés, et où l'appareil terminal prend la forme d'un véritable aiguillon unique, légèrement strié vers sa base, comme ceux que décrit et représente Hasse.

Le plus souvent pourtant les cils ou poils vont également en augmentant de hauteur d'un bord à l'autre; mais au lieu de former ainsi un faisceau d'une certaine largeur, plus minces et plus serrés, ils ne constituent qu'un pinceau étroit, se terminant ordinairement assez vite en pointe et parfaitement différent de ces grosses touffes que nous avons rencontrées dans le limaçon. Il arrive aussi que sur des coupes très-fines on puisse constater que ce pinceau terminal s'est résous en quelques cils isolés, mais toujours plus faibles et moins nombreux que ceux que l'on trouve sur le corps de la papille spirale. Aussi, si nous n'admettons plus une différence aussi tranchée que nous le faisions d'abord, nous croyons-nous pourtant toujours en droit de distinguer les organes terminaux de la papille spirale de ceux des taches nerveuses simples, et, comme nous verrons, c'est une distinction qui ne manque pas d'intérêt physiologique.

Il ne nous resterait plus qu'une seule espèce de névro-épithélium acoustique à examiner : c'est celui des ampoules, dont nous connaissons déjà en grande partie les caractères et qui présente des particularités qui ne permettent pas de le confondre avec les précédents.

Nous savons que les cellules spécifiques des ampoules sont encore plus minces et fusiformes que celles des taches nerveuses, elles paraissent également plus longues et se rapprochent plus de la forme d'une bouteille étroite à long col que de celle d'un véritable cylindre. Ces cellules portent un organe terminal très-nettement différent et des faisceaux de la papille et des pinceaux de la *lagena*. Sur un plateau cuticulaire en forme de console, comme dit Hasse, assez peu développé, moins discoïde que vraiment quadrangulaire, s'élève un cil relativement large à sa base, mais s'effilant très-rapidement et se terminant par un fil excessivement long (voy. pl. I, fig. 13, et pl. IV, fig. 42). La base de ce cil nous présente de nouveau la disposition commune : c'est-à-dire qu'elle est composée de poils excessivement délicats, formant un faisceau très-petit et convergeant vers un seul bord qui se prolonge au loin. Quant au cil lui-même, il est unique, excessivement délié, sujet pourtant à quelques variations dans ses dimensions, et tantôt peut se poursuivre très-longtemps sous forme d'un filament plus ou moins raide, tantôt va se perdre rapidement dans la *capula terminalis*. Aussi pouvons-nous pour l'appareil ampullaire admettre une espèce d'organe terminal parfaitement distincte des précédentes et du reste connue depuis longtemps. Leydig avait déjà signalé de ces cellules dans l'ampoule de l'anguille; Hasse admettait également une certaine différence entre les cellules auditives de l'appareil ampullaire et celles du limaçon, et enfin, plus récemment, Rudinger, v. Ebner et de Grimm (voyez plus haut) ont décrit dans les *cristæ acusticæ* des oiseaux et des mammifères des éléments tout à fait analogues à ceux que nous avons représentés ici. Ainsi donc il existerait dans l'organe de l'ouïe trois espèces de cellules terminales, ou plutôt trois modifications d'un type commun : dans les trois l'appareil est constitué par un faisceau aplati de poils ou cils auditifs de formes et de dimensions variables, parmi lesquels il en est un plus long et probablement en rapport plus direct avec les fibres nerveuses ultimes. Dans le limaçon l'ensemble des cils a subi un développement considérable; dans la *lagena*, l'utricule et le saccule, les cils, quoique encore assez bien développés, l'ont déjà cédé, et enfin dans les ampoules les cils, réduits pour ainsi dire à leur plus simple expression, s'effacent complétement devant la fibre terminale qui a pris un développement inversement proportionnel.

Retzius (*l. c.*) avait déjà établi la nature exacte de l'appareil terminal; c'est ainsi que chez l'homme il décrit un cil auditif qui n'est pas, dit-il, comme on le croyait, homogène, mais se compose d'un nombre considérable de filaments ou bâtonnets très-fins, cylindriques, rangés les uns à côté des autres et forment une sorte de bande plate. C'est là une description qui rappelle complétement la nôtre, et ceci est d'autant plus intéressant qu'on avait cru jusqu'à présent que chez les mammifères et chez l'homme les poils auditifs s'inséraient sur toute la face supérieure des cellules spécifiques. Il y aurait donc entre les oiseaux et les mammifères une analogie encore plus grande qu'on ne le soupçonnait.

Mais ce n'est pas seulement chez l'homme que Retzius pût constater la disposition précédente, il s'en assura également chez les oiseaux, les reptiles et surtout chez les poissons.

Aussi, croyons-nous, pouvons-nous hardiment établir que dans toute la série animale l'appareil acoustique terminal est constitué non pas par son bâtonnet unique, mais par un faisceau de cils ou poils séparés.

Il ne nous reste plus enfin, pour terminer cette discusion aussi longue qu'ardue, qu'à rechercher ce qui a pu engager Hasse à maintenir aussi fermement son opinion, malgré les assertions contraires de Waldeyer et de Retzius.

Et d'abord, quoi qu'il en ait dit, nous avons vu que cette division en cils constituait la forme naturelle, puisque sur les préparations les plus fraîches, sur les cellules nerveuses pour ainsi dire encore vivantes, elle se laisse déjà facilement constater. Ce n'est pas que nous repoussions complétement l'hypothèse qu'il y a peut-être entre ces cils une sorte de matière cimentaire les retenant plus ou moins ensemble; car on ne peut nier qu'avec certains réactifs, alcool un tiers par exemple, la touffe ordinairement se voit, je ne dirai pas mieux, mais avec une séparation plus complète de ses éléments, qu'avec d'autres réactifs qui, comme l'acide osmique, semblent en favoriser l'agglutination. Il y en a enfin qui semblent produire une fusion des cils auditifs et qui pourraient ainsi faciliter une erreur. C'est ainsi que la glycérine gonfle les éléments du faisceau terminal, les soude, et au bout de quelque temps les rend invisibles par excès de transparence. La chlorure d'or produit un effet analogue; et plusieurs fois il nous est arrivé (voy. pl. I, fig. 10, et pl. IV, fig. 39) de rencontrer, au lieu de poils isolés, une seule masse vitreuse, d'une couleur verdâtre, présentant sur un de ses bords ou en son centre une sorte de filament délicat plus sombre, faisant saillie au dehors, et disparaissant en quelques gouttelettes fines. Hasse (*l. c.*), essayant de concilier sa manière de voir avec celle de Waldeyer, prétend que le diamètre des poils isolés, tels que les représente ce dernier, pris tous ensemble, serait loin d'égaler celui de la base du bâtonnet, tel que lui-même l'admet, base qui se confondrait avec le plateau cuticulaire; et de ce fait il prétend tirer la déduction que les cils isolés de Waldeyer ne sont pas autre chose que des stries creusées dans l'intérieur de la base de son bâtonnet. Mais cette explication, du reste assez ingénieuse, tombe d'elle-même, si l'on se rappelle que, comme nous l'avons montré, le faisceau auditif est loin d'occuper toute l'étendue du plateau cuticulaire, et qu'il est d'un bord à l'autre uniquement composé de cils isolés. Aussi ne croyons-nous pas que l'on puisse, du moins en ce qui concerne les cellules de la papille spirale, admettre un milieu entre les deux opinions; pour ce qui est des terminaisons acoustiques dans les taches nerveuses et les ampoules, la différence, comme nous savons, est beaucoup moins nettement marquée; et si nous n'avions pas dans les premières trouvé une forme typique ne prêtant à aucun doute, je crois qu'il eût été difficile d'arriver, en ce qui concerne les secondes, à une conclusion franchement décisive pour l'une ou l'autre manière de voir. Mais laissons de côté cette question qui nous paraît maintenant suffisamment jugée, et passons à celle non moins intéressante des rapports de cet organe terminal cuticulaire avec les filets nerveux.

Pour ce qui est des terminaisons nerveuses dans l'épithélium du saccule, de l'utricule et de la *lagena,* nous n'avons rien à ajouter à ce que nous en avons dit dans notre étude sur le labyrinthe des reptiles.

La terminaison des filets nerveux, dans les ampoules, ou pour mieux préciser, les rapports du cil auditif terminal si long, si mince des cellules ampullaires avec les éléments nerveux, constituent une question qui a depuis de longues années attiré l'attention des anatomistes. C'est ainsi que F. E. Schulze[1], pour des cellules provenant des ampoules du poisson, il est vrai, mais présentant de grandes analogies avec les précédentes, a cru pouvoir affirmer que sur de jeunes exemplaires de Gobius il avait directement constaté le passage d'un filet nerveux dans le cil auditif terminal. Plus récemment v. Grimm (*l. c.*), dans une série de recherches faites sur les éléments ampullaires du chat, Rudinger chez les cypinoides, prétendirent avoir vu le cylinder-axe traverser la cellule en se confondant avec le noyau et venir se terminer dans le cil auditif. Nous sommes obligé d'avouer que nous ne sommes pas chez l'oiseau ou les reptiles arrivé à des résultats aussi démonstratifs. Maintes fois, il est vrai, nous crûmes, en examinant de fines coupes de *cristæ* avec un très-fort grossissement, tel que *H. 13*, voir, au milieu de la bandelette délicate constituant la base du cil auditif, s'élever une ligne plus sombre, sans aucun doute une fibrille nerveuse des plus ténues. Mais un examen attentif ne tardait pas à faire voir comment le plus souvent cette ligne noire provenait du bord même du faisceau plus ou moins tordu sur son axe (voy. pl. I, fig. 11 et fig. 14), de sorte que, sans vouloir affirmer rien de positif, nous serions assez disposé à admettre qu'au cas où le fait trouvé par Grimm et Rudinger se vérifierait chez l'oiseau et le reptile, ce n'est pas au centre, mais sur le bord même du faisceau terminal que se trouverait la fibrille nerveuse.

En tout cas, si nous ne sommes pas arrivé à un résultat certain

[1] F. E. Schulze, Zur Kenntniss der Endigungen der Hörnerven bei Fischen und Amphibien. — Reichert's und Dubois-Reymond's Archiv., 1862.

concernant la terminaison nerveuse, avons-nous pu constater que la torsion des éléments terminaux cuticulaires sur leur axe était un phénomène assez fréquent, se rencontrant et dans les ampoules et dans les autres névro-épithéliums (voy. fig. 11, 12, 14, etc.). Peut-être faudrait-il, nous pouvons l'ajouter ici, attribuer à une torsion analogue la forme curviligne des stries transversales que nous avons constatées sur les larges faisceaux terminaux de la papille spirale ?

Voyons enfin, pour finir, quels sont les rapports des nerfs de la papille spirale avec les cellules spécifiques qui la recouvrent; c'est là sans contredit la question la plus importante peut-être, la plus intéressante à coup sûr que nous ayions à résoudre. Nous connaissons déjà les diverses théories qui ont été émises à ce propos; aussi nous en tiendrons-nous purement à ce que l'observation nous aura permis de constater.

Et d'abord nous ferons remarquer que les cellules auditives, par leur extrémité inférieure effilée, se continuent chacune avec une de ces fibres plus grosses que nous avons signalées dans la papille: c'est là un fait dont on peut s'assurer aussi bien sur les préparations par macération que sur les coupes (voy. pl. IV, fig. 41; fig. 36; pl. III; fig. 31, etc.). C'est ainsi que dans la fig. 41 nous avons représenté une série de cellules isolées dans une solution faible d'acide osmique et présentant chacune un prolongement inférieur assez épais, sombre, et dont il paraît difficile de nier la nature nerveuse. Il est du reste excessivement fréquent, je dirai presque normal, de rencontrer les cellules isolées avec un prolongement inférieur plus ou moins long, souvent déchiré, que tous les auteurs sont d'accord pour regarder comme nerveux.

D'après Hasse, v. Grimm et quelques autres observateurs, ce filet nerveux présentait une gaîne de Schwann qui irait se confondre avec la membrane d'enveloppe de la cellule; pour nous, encore une fois, nous n'avons jamais pu constater de fait pareil.

D'autres auteurs admettent un rapport direct entre ce filet nerveux pénétrant dans l'extrémité inférieure de la cellule et le noyau de cette dernière. Quoique sur des cellules isolées, et notamment sur les préparations par la liqueur acétique de Moleschott, il arrive assez souvent de voir dans le milieu de la cellule entre le noyau et la pointe un trait sombre, semblant établir une communication entre les deux, il est à peu près certain que l'on n'a affaire qu'à une coagulation de contenu cellulaire, simulant un trait sombre et prêtant aisément à une erreur. C'est du reste un fait qui a déjà été signalé par Hasse (*l. c.*), Bœttcher[1] et maints autres observateurs. Pour nous, nous avons bien quelquefois rencontré de ces dispositions douteuses, mais jamais nous n'avons eu sous les yeux une préparation nous permettant d'affirmer nettement une continuation directe entre le noyau de la cellule et le filet qui y pénètre par l'extrémité inférieure. Quant à la nature de ce filament, nous n'avons pas besoin de répéter que tout le monde s'accorde à le regarder comme un cylinder-axe, assez gros et probablement analogue au cylinder-axe qu'on voit pénétrer dans les cellules auditives internes des mammifères.

Il est plus intéressant de poursuivre la terminaison de ces fibrilles d'axe excessivement fines qui, avons-nous vu, rayonnent dans la papille spirale sans s'anastomoser, et se dirigent toutes vers les couches supérieures du névro-épithélium; mais j'avouerai que c'est là une étude très-délicate, exigeant la plus grande attention et l'emploi de fortes lentilles.

Il est relativement facile d'acquérir la conviction que ces fibrilles dépassent l'extrémité inférieure des cellules auditives, dépassent le noyau et pénètrent dans les régions les plus superficielles de l'épithélium; mais il est plus rare d'arriver à les poursuivre plus loin. Pourtant nous y sommes plusieurs fois arrivé et nous croyons autorisé à dire de leur trajet ultérieur ce qui suit: Ces fibrilles, excessivement fines, se présentant plutôt comme une succession de points très-ténus, passent en général plus ou moins obliquement sur le corps de la cellule et vont se terminer dans le plateau ou disque cuticulaire terminal (voy. pl. I, fig. 18, 19, 20, et pl. III, fig. 30). Quant à savoir si ces fibrilles se trouvent dans l'intérieur ou à la surface des cellules nerveuses, c'est une question très-délicate; on en rencontre qui suivent assez exactement la ligne médiane et passent même par-dessus le noyau, de façon à simuler un filament central (voy. fig. 18 *d*); mais une disposition beaucoup plus fréquente, c'est de voir cette fibrille passer plus obliquement sur le corps cellulaire, ou se glisser assez loin entre deux cellules voisines pour aller ensuite rejoindre le disque terminal (voy. fig. 19 *d*, fig. 30). Nous ferons ensuite remarquer que très-souvent on voit des tractus entiers de ces fibres presque parallèles dépasser très-nettement l'extrémité inférieure de ces cellules et ne se séparer que plus haut en divergeant. Enfin nous ajouterons que sur les cellules isolées, fraîches, nous n'avons ja-

[1] Cf. Böttcher, Weitere Beiträge zur Anatomie der Schnecke. — Virchov's Archiv, Bd. 17, 1859, p. 243.

mais pu constater un fil central avec plus de certitude que le rapport du noyau avec le filet pénétrant dans l'extrémité inférieure. Pour toutes ces raisons, nous serions beaucoup plus tenté d'admettre que ces fibrilles d'axe passent entre les cellules auditives, se glissent le long de leur corps pour arriver au plateau terminal sans entrer en rapport direct avec leur partie centrale.

Sur les coupes très-fines, il n'est pas rare de voir quelque chose d'analogue à ce que représente la fig. 30 et à ce que nous avons déjà vu dans le saccule, c'est-à-dire que l'on peut poursuivre des fibrilles nerveuses entre deux cellules voisines jusqu'au-dessus de l'épithélium : il est probable que l'on a affaire à des fibrilles se rendant à une autre rangée de cellules que celle qu'on a sous les yeux; du moins croyons-nous cette disposition beaucoup plus explicable de cette façon qu'en admettant l'hypothèse de Middendorp[1] et faisant terminer librement les extrémités nerveuses entre les cellules auditives. On peut se demander encore ce que deviennent ces fibrilles d'axe, une fois qu'elles sont arrivées dans le disque terminal. S'y perdent-elles simplement ou se continuent-elles au-dessus pour entrer en rapport plus direct encore avec le faisceau terminal? Nous commencerons par faire remarquer que jamais nous n'avons pu, chez l'oiseau et les reptiles, constater au niveau du plateau terminal un organe quelconque, analogue à celui que Hensen a décrit dans les cellules auditives du cochon d'Inde et dont nous aurons à reparler plus bas. Peut-être est-il plus logique de considérer comme analogue de cette terminaison spéciale aux mammifères le disque terminal que nous avons toujours rencontré chez l'oiseau ?

Quant à savoir si la fibrille nerveuse s'arrête dans le plateau terminal ou si, continuant sa route, elle se met en relation avec le faisceau de cils auditifs, c'est un point sur lequel je ne voudrais pas émettre une opinion aussi affirmative que sur ce qui a précédé.

Pourtant je crois qu'en comparant un certain nombre de préparations qui nous ont passé sous les yeux, qu'en prenant en considération ce que nous avons vu dans les ampoules et le saccule, nous pouvons hardiment ajouter que très-probablement la fibrille nerveuse, dépassant le disque terminal, pénètre parmi les cils auditifs et les dépassant encore, constitue la véritable terminaison acoustique. Pour avancer ceci, nous nous fondons sur le fait que, parmi les cellules

[1] Middendorp, Het vliezig Slakkenhuis. Gröningen, 1868; rapporté dans *Monatschrift für Ohrenheilkunde*, 1868, n° 11 et 12.

isolées et examinées à l'état frais, notamment avec l'acide osmique, il arrive parfois de voir parmi la touffe de poils, vitreux et comme jaunâtres, un filament excessivement ténu, très-mince, ou plutôt une ligne de gouttelettes noirâtres, dépassant quelquefois le faisceau auditif et se terminant plus ou moins haut, sans qu'on puisse dire si l'on a sous les yeux la véritable extrémité ou simplement le bout brisé de cette fibrille extraordinairement fine. Je ne nierai pas que ce soit là une observation difficile et délicate, et qu'il faille déjà examiner un certain nombre de cellules isolées avant d'en trouver une qui présente encore nettement la disposition mentionnée. Pourtant je rapprocherai du fait précédent une autre série d'observations que l'on peut faire sur les pièces traitées par le chlorure d'or. Ce réactif, qui, du reste, ne nous a pas rendu grands services, a, comme nous l'avons dit, l'inconvénient de souder les cils du faisceau auditif et de les transformer en une masse amorphe, brillante, verdâtre, mais plusieurs fois il nous a révélé une particularité assez intéressante. C'est ainsi que (voy. pl. IV, fig. 39) sur une pièce provenant de l'oiseau nous avons nettement constaté sur plusieurs cellules du reste déformées et ressemblant aux *Stachelzellen* de Leydig, qu'au milieu ou plus près d'un des bords, le faisceau auditif présentait une ligne noirâtre, d'un éclat métallique, quelquefois continue, souvent aussi interrompue et comme composée de quelques gouttelettes sombres. Sur d'autres préparations provenant des reptiles (voy. pl. I, fig. 10) nous pûmes constater la même disposition encore plus nettement, notamment sur une cellule isolée (pl. I, fig. 12), où le faisceau auditif se présentait de profil et avec une sorte de torsion en aile de moulin à vent, nous pûmes voir avec la plus grande évidence un fil excessivement ténu faire saillie près d'un des bords de la lamelle terminale.

Faut-il enfin ajouter que sur nombre de coupes il arrive de voir le filet nerveux pénétrer à une hauteur variable dans le disque terminal, que sur d'autres (voy. pl. III, fig. 30) on peut poursuivre au-dessus de la cellule un filament plus sombre ? Même sur de simples préparations examinées à un grossissement ordinaire (pl. III, fig. 31) il arrive parfois de voir les touffes terminales présentant dans leur entier la structure que nous leur avons décrite, se continuer sur leur bord le plus long en un fin filament, sans qu'on puisse dire au juste, il est vrai, si l'on a devant soi quelque chose de constant ou une disposition simplement accidentelle, un filament muqueux de la *membrana tectoria* par exemple.

Aussi ne voulons-nous pas prolonger davantage une discussion qui, reposant sur des faits relativement rares et difficiles à constater, n'a pas par elle-même une importance capitale; nous avons, fait essentiel, pu constater les rapports de la fibrille nerveuse avec l'organe terminal cuticulaire; nous avons essayé de préciser la nature de ces rapports, et laissons maintenant aux recherches ultérieures le soin de décider si, en ce qui concerne le dernier point, nous ne nous sommes peut-être pas arrêté à des conclusions prématurées.

Il ne nous reste plus, pour être complet, qu'à insister encore sur les rapports entre les faisceaux auditifs et la membrane de Corti qui les recouvre. Nous avons déjà décrit suffisamment les deux variétés de *membrana tectoria* dans les ampoules et le sac, et notamment la *cupula terminalis* nous a longtemps retenu; nous pouvons ajouter ici que chez l'oiseau nous avons retrouvé une *cupula terminalis* parfaitement semblable à celle que nous avons décrite avec soin chez les reptiles (pl. IV, fig. 45).

Nous n'avons qu'à ajouter quelques mots touchant la membrane de Corti au niveau de la papille acoustique. Cette membrane, dont nous connaissons déjà la structure, est, avons-nous dit, percée de trous et de canaux s'ouvrant sur sa face inférieure. Comme on peut s'en assurer sur les coupes transversales, c'est dans ces canaux que font saillie les touffes de cils auditifs. Généralement ces cavités sont obliquement creusées et les faisceaux auditifs qui s'y rendent sont plus ou moins inclinés; du reste, ils n'ont pas de rapports intimes avec le tissu qui les entoure et, ainsi que le démontrent les fig. 31 et 34, font librement saillie dans ces espaces creux, probablement remplis d'endolymphe. La membrane, du reste, dont la consistance est muqueuse, se prolonge entre les touffes voisines et les isole à peu près complétement au moyen de filaments qui servent en même temps à fixer les deux parties entre elles. Nous avons en somme chez l'oiseau une disposition qui rappelle parfaitement celle que nous avons rencontrée chez les reptiles, quoiqu'elle puisse de prime abord paraître plus compliquée. Il existe donc au-dessus des organes nerveux terminaux un appareil particulier, différemment construit, suivant les régions où on l'examine, ici (ampoules et limaçon) purement membraneux, là (saccule et utricule, *lagena*) également membraneux, mais surchargé encore de concrétions cristallines, un appareil qui, par la généralité avec laquelle il se rencontre et d'une part dans le labyrinthe membraneux et d'autre part dans toute la série animale, doit évidemment avoir un rôle physiologique important qu'il nous faudra encore tâcher d'établir avec certitude.

TROISIÈME PARTIE

DU LABYRINTHE AUDITIF CHEZ LES MAMMIFÈRES. CONSIDÉRATIONS PHYSIOLOGIQUES.

1° COMPARAISON ENTRE LE LABYRINTHE DES MAMMIFÈRES ET CELUI DES ANIMAUX INFÉRIEURS.

Tâchons d'établir en quelques mots aussi brefs que possible une comparaison entre le labyrinthe membraneux de l'homme et des mammifères, et celui des animaux inférieurs. Nous verrons comment tout naturellement la disposition que nous trouverons chez les premiers dérive de ce que nous avons vu chez les seconds, chez les oiseaux notamment.

Et d'abord, nous retrouvons les deux subdivisions, *pars superior* et *pars inferior*, placées comme chez l'oiseau, plus nettement encore, la première en haut, en arrière et un peu en dehors; la seconde en bas, en avant et en dedans; les deux communiquent, non plus par une ouverture relativement large, comme chez les reptiles, ou par un court canal de réunion, mais par un conduit particulier, très-étroit, dont nous aurons à reparler.

Pour ce qui concerne les diverses parties du labyrinthe, nous pouvons dire que les ampoules se rapprochant davantage en cela de ce que nous avons vu chez les reptiles que de la disposition existant chez les oiseaux, que les ampoules sont mieux séparées, mieux divisées en deux groupes, l'un en avant, en haut et en dehors, comprenant les ampoules horizontale et sagittale; l'autre en bas, en arrière et en dedans, composé uniquement de l'ampoule frontale. Ces ampoules ont chez le mammifère cela de particulier qu'elles ont toutes la même structure, c'est-à-dire que l'ampoule horizontale, au lieu d'avoir, comme d'ordinaire, une *crista acustica* simple, linguiforme, présente une tache nerveuse en forme de croix, absolument comme les verticales. Ainsi disparaît une différence que nous avions trouvée dans toute l'échelle animale.

Quant aux canaux demi-circulaires, en général moins longs et plus courbés que chez les autres animaux, à l'exception des oiseaux, ils sont à peu près dans la direction indiquée par leurs noms. Les deux verticaux se réunissent, d'une part, pour former une commissure très-étroite et très-longue, qui, en se reliant au canal semi-circulaire postérieur et à l'ampoule du même nom, constitue un utricule assez large, cylindrique, dirigé d'en avant et en dehors à en arrière et en dedans. En avant, au-dessous des ampoules antérieures, cet utricule se termine en une dilatation arrondie, présentant une tache nerveuse, non pas sur son plancher, mais sur sa face externe; c'est le *recessus utriculi*, qui a pris maintenant le nom de *sacculus hemiellipticus.*

Le saccule, un peu plus développé que chez l'oiseau, constitue une poche arrondie, dont la paroi externe est excessivement mince, tandis que l'interne, un peu épaissie, porte une expansion nerveuse, située, comme toujours, en arrière et au-dessous de celle de l'utricule.

Le saccule communique avec la *pars superior* par un tube spécial : c'est le conduit endolymphatique qui, s'ouvrant d'un côté dans la *pars superior* et par une autre embouchure dans le saccule, sert à établir chez les mammifères un mode de communication tel qu'on ne le retrouve qu'au bas de l'échelle animale. En arrière et en bas, on voit, comme chez les crocodiliens et les oiseaux, la paroi du sac se prolonger en un tube étroit et mince : c'est le *canalis reuniens* qui, s'ouvrant dans le limaçon entre la membrane de Reissner et la paroi cartilagineuse, fait communiquer la rampe moyenne avec la cavité du saccule.

Quant au limaçon, dont le commencement se trouve en arrière et au-dessous du saccule, comme chez tous les vertébrés, c'est un tube recourbé, dirigé en avant et en dedans, dont la convexité tournée vers le promontoire regarde en arrière, en bas et en dehors.

Tandis que, chez les *monotrèmes*[1], le limaçon n'est encore qu'une simple demi-spirale à peine plus courbée que chez l'oiseau, chez tous les autres mammifères c'est une véritable spire décrivant autour du nerf acoustique, comme axe, deux tours et demi chez l'homme et jusqu'à quatre chez certains animaux.

Ce canal cochléen est constitué par des parties absolument analogues, mais autrement placées que chez les reptiles et les oiseaux. Le canal du limaçon chez l'homme se divise encore en une *pars basilaris* et une *lagena;* mais la *lagena* suivant toujours le mouvement

[1] Cf. WAGNER's Handwörterbuch der Physiologie, p. 334 (article Hören, de HARLESS).

régressif que nous lui avons vu prendre depuis longtemps, est réduite à l'extrémité purement membraneuse, sans tache nerveuse, du limaçon; elle constitue ce qu'on appelle le cul-de-sac membraneux de l'hélicotrème (Reichert).

Telle du moins est l'opinion à laquelle HASSE [1] a cru devoir s'arrêter. Mais hâtons-nous d'ajouter qu'au contraire HENSEN [2] ne regarde pas comme prouvée cette homologie du cul-de-sac membraneux des mammifères avec la *lagena* des animaux inférieurs; car, dit-il, ce cul-de-sac est purement membraneux, manque complétement de nerf, d'otolithes et n'a pas une forme ampullaire bien marquée. Il faudrait, pour décider cette question, voir si, dans le développement embryonnaire du limaçon, il y a une partie qui se développe en premier lieu et qui doit, par suite, être considérée comme l'homologue de la *lagena*. Du reste, que la *lagena* ait entièrement disparu ou que, à l'exemple de maint autre organe, elle ait laissé comme vestige de son existence l'hélicotrème rudimentaire des mammifères, une chose ici doit nous frapper, c'est le développement extrême de la *pars basilaris* sous la forme d'un cadre cartilagineux, dont les bords constituent, l'un le *limbus spiralis cartilagineus*, correspondant au cartilage quadrangulaire des oiseaux, et l'autre le *ligamentum spirale* ou cartilage triangulaire des vertébrés inférieurs. Une membrane mince, finement striée, augmentant de largeur du commencement du limaçon à la fin, est tendue dans ce cadre : c'est la membrane basilaire; de l'autre côté, ce cadre est fermé par une membrane de Reissner, lisse, délicate et sans plis transversaux.

C'est ainsi que se trouve constituée la rampe moyenne fermée en avant par le limbe ou cartilage spécial, en arrière par le ligament spiral, en dehors par la membrane de Reissner, en dedans par la membrane basilaire. Au-dessus de l'embouchure du *canalis reuniens*, les deux bords de ce cadre se réunissent en formant un bourrelet considérable : c'est le cul-de-sac vestibulaire (REICHERT). La papille acoustique ne recouvre que la membrane basilaire, et non plus le cartilage.

Le nerf acoustique se divise en deux branches, une vestibulaire et une cochléenne, destinées, la dernière, au limaçon seul, la première à tout le reste du labyrinthe.

[1] HASSE, Vergleichende Morphologie, etc.

[2] HENSEN, Referat über Hasse's vergleichende Morphologie, in Archiv für Ohrenheilkunde. Neue Folge, Bd. III.

Quant à la structure histologique du labyrinthe membraneux, il n'y a guère que le limaçon qui exige ici une description spéciale.

Et encore, pour ce qui en concerne la capsule connective, n'avons-nous presque rien à ajouter à ce que nous connaissons déjà. C'est ainsi que nous avons pu constater l'identité du cartilage triangulaire de l'oiseau avec le ligament spiral des mammifères; nous avons retrouvé de même chez certains reptiles et chez l'oiseau un rudiment de ligament spiral accessoire avec un sillon spiral externe. Il est vrai que la *stria vascularis*, telle qu'elle se présente chez les mammifères, fait défaut aux oiseaux qui en possèdent un équivalent dans leur tegment vasculaire. Jamais non plus nous n'avons pu constater dans le cartilage triangulaire de ces anastomoses entre l'épithélium et les cellules connectives, jamais de ces éléments contractiles dont la présence dans la strie vasculaire a fait considérer cette dernière par BŒTTCHER [1] comme un appareil d'accommodation acoustique. Le cartilage quadrangulaire de l'oiseau répond au limbe spiral cartilagineux des mammifères, et nous avons vu que la capsule osseuse de la *lagena* présente une saillie longitudinale qu'on a voulu comparer à la lame des contours. Le ganglion spiral, au lieu d'être, comme chez les mammifères, contenu dans la lame osseuse, se trouve chez les oiseaux au-dessous du cartilage; chez les uns comme chez les autres, les filets nerveux constituent, par leur passage dans le revêtement épithélial, une sorte de *habenula perforata*. Déjà chez certains reptiles nous avons signalé la présence d'un *sulcus spiral. intern.*, analogue à celui que nous connaissons chez les mammifères; et, pour compléter la ressemblance, ajoutons que chez l'oiseau, HUSCHKE (*l. c.*) avait cru constater l'existence de dents auditives, analogues à ces formations ostéogènes existant sur la *crista spiralis* des mammifères et dont la nature première [2], épithéliale ou connective, a prêté à de longues discussions non encore closes.

Nous n'avons que peu de chose à dire de la membrane basilaire, dont l'analogie est évidente avec celle des oiseaux. Ce qu'il importe de retenir, c'est l'existence de fibres transversales, signalées pour la première fois par HANNOVER [3] dans la *membrana pectinata*, et aug-

[1] A. BŒTTCHER, Ueber Entwickelung und Bau des Gehörlabyrinths nach Untersuchungen an Säugethieren, in Verhandlungen der Leopold. Carolin. Academie, Bd. XXXV.

[2] Pour la discussion élevée à ce sujet entre Bœttcher, Gottstein et Hensen, voyez : Archiv. für Ohrenheilkunde, 1873. Neue Folge, Bd. I, Heft 1.

[3] HANNOVER, Recherches microscopiques sur le système nerveux. Copenhague, 1844, p. 60.

mentant de longueur à mesure que la basilaire va s'élargissant, du cul-de-sac vestibulaire vers l'hélicotrème. Ces fibres, rattachées par GOTTSTEIN (*l. c.*), NUEL[1], BŒTTCHER (*l. c.*) au revêtement épithélial de la rampe moyenne, ne sont probablement, ainsi que l'a démontré HENSEN[2], que des dépendances de la capsule connective; ceci viendrait donc généraliser les résultats concernant la génèse des fibres basilaires de l'oiseau auxquels était arrivé HASSE[3].

Nous arrivons enfin au revêtement épithélial de la rampe moyenne. Si, dans la description de l'épithélium indifférent des parois, nous ne trouvons rien d'essentiellement neuf, il n'en est plus de même pour celui qui recouvre la membrane basilaire.

Et d'abord, faisons remarquer que l'épithélium cylindrique du ligament spiral ne recouvre plus, comme chez l'oiseau, une grande partie de la membrane basilaire, mais que celle-ci est occupée par la papille acoustique, qui à son tour n'empiète pas sur le cartilage spiral.

La papille acoustique elle-même se présente chez les mammifères avec un tout autre aspect que celui que nous lui connaissons chez les oiseaux et les reptiles. Ce n'est pas que nous voulions reproduire ici tous les détails qui ont fait de l'organe de Corti l'objet de tant de laborieux travaux. Contentons-nous d'en donner une idée générale, et pour cela nous ne pouvons mieux faire que de reproduire l'esquisse qu'en a tracée WALDEYER[4] :

« Plusieurs rangées de cellules cylindriques particulièrement modifiées, de cellules jumelles, forment un revêtement régulier compris entre deux lamelles membraneuses, d'une part la membrane basilaire, d'autre part une lame de recouvrement dont nous aurons à reparler. Deux de ces cellules cylindriques jumelles, les cellules à piliers de Corti (*Pfeilerzellen*), subissent une transformation cuticulaire spéciale et forment ainsi par leur adossement une sorte de voûte solide s'étendant d'un bout à l'autre de la papille spirale et destinée à en soutenir l'ensemble. »

Des deux versants qui, ainsi délimités par les piliers de Corti, constituent la papille spirale, l'un, plus étroit, situé en dedans et

[1] NUEL, Beiträge zur Kenntniss der Säugethierschnecke, in Archiv. für micr. Anat., Bd. VIII.

[2] Cf. HENSEN, Archiv für Ohrenheilkunde, 1874, Neue Folge, Bd. II, Heft 3, p. 165.

[3] HASSE, Beiträge zur Entwickelung, etc., loc. cit.

[4] W. WALDEYER, Hörnerv. und Schnecke, in Stricker's Handbuch, p. 941.

en avant, ne présente qu'une seule rangée de cellules auditives; l'autre, plus large, tourné en dehors, présente trois ou quatre rangées de cellules auditives externes, séparées de l'épithélium indifférent de la rampe moyenne par quelques cylindres simples auxquels on a donné le nom de *Stutzzellen de Hensen*, les analogues des cellules épithéliales cylindriques du limaçon de l'oiseau.

Ce tapis épithélial est recouvert par une lamelle spéciale : c'est la membrane réticulaire qui, partant du sommet des arcs de Corti, va, se fusionnant avec le sommet des éléments cellulaires, se perdre de chaque côté, et qui, par la complexité des orifices qu'elle présente, constitue un des organes les plus difficiles à comprendre de toute la rampe moyenne. Du reste, cette lame réticulaire que HASSE (*l. c.*) rattache à la membrane de Corti, confusion déjà signalée par HENSEN [1], ne nous semble pas autre chose qu'une exagération de ce rebord cuticulaire que nous avons signalé sur tous les névro-épithéliums auditifs et qui déjà chez les reptiles, comme le montre la fig. 21, atteint une grande épaisseur. C'est ce que LAVDOWSKY [2] a d'ailleurs récemment démontré directement chez les mammifères. Quant à la membrane de Corti ou de recouvrement, elle est bien chez les mammifères l'homologue de celle que nous avons vue chez les reptiles et les oiseaux, c'est-à-dire une masse de forme assez irrégulière, plus ou moins finement striée, s'étendant sur toute la surface de la papille acoustique et présentant sur sa face inférieure les empreintes des cils qui s'y sont enfoncés. La consistance de cette membrane, qu'on a voulu diviser en zones de nature diverse, a donné lieu à de longues discussions qu'explique l'intérêt physiologique attaché à cette question en apparence puérile. C'est ainsi que, d'après BŒTTCHER (*l. c.*) et MIDDENDORF [3], la membrane de Corti serait élastique; d'après HENSEN [4] et WALDEYER [5], au contraire, ce ne serait pas autre chose qu'une sorte de matière muqueuse, et c'est là aussi le résultat auquel nous ont conduit nos recherches chez les

[1] HENSEN, Archiv für Ohrenheilkunde, Bd III, loc. cit.

[2] LAVDOWSKY. L'original de ce travail de Lavdowsky m'a été malheureusement jusqu'à présent inaccessible. Je n'ai pu prendre connaissance des faits qu'il renferme que par la courte analyse qu'en donnent HOFFMANN et SCHWALBE dans Bericht über Fortschritte der Anatomie im Jahr 1874.

[3] Cf. MIDDENDORP, Monatschrift für Ohrenheilkunde, 1868, nos 11 et 12.

[4] HENSEN, Zur Morphologie der Schnecke des Menschen, etc., Zeitschrift für wiss. Zoologie, Bd. XIII, 1803, p. 481.

[5] WALDEYER, loc. cit., p. 938.

oiseaux. Hensen [1] est même allé plus loin et a cherché à résoudre expérimentalement la question. Inférieure à celle du muscle en état de contraction cadavérique, supérieure à celle de la graisse, la consistance de la membrane de Corti pourrait se comparer à celle de la substance cérébrale fraîche; celle de l'épithélium rappellerait plutôt la consistance de la substance cérébrale embryonnaire.

Nous n'avons plus, pour terminer cette description de la rampe moyenne chez les mammifères, qu'à ajouter quelques lignes sur la structure des cellules auditives et leurs rapports avec les terminaisons nerveuses.

Les cellules auditives externes, qui constituent la plus grande partie du névro-épithélium acoustique, ne sont pas autre chose que des cellules jumelles, des cellules doubles que leurs deux prolongements, basilaire et phalangien, ainsi que leur extrémité céphalique, fixent et immobilisent en les tendant pour ainsi dire entre les deux lames membraneuses que nous connaissons. Elles résultent de la fusion de deux éléments longtemps considérés comme indépendants, et maintenant encore désignés par quelques auteurs sous les noms différents de cellule de *Corti* (cellule auditive externe descendante de Bœttcher [2]) et de cellule de *Deiters* (cellule auditive externe ascendante de Bœttcher [3]). Ces cellules semblent un apanage exclusif de l'homme et des mammifères.

Au contraire, les cellules auditives internes, faisant exception à la règle qui domine chez les mammifères, sont de simples cylindres, absolument comme les cellules auditives que nous avons décrites chez les oiseaux et les reptiles. Tandis que les cellules acoustiques externes reçoivent des filaments nerveux excessivement ténus, des fibrilles d'axe primitives, les cellules internes reçoivent des nerfs plus épais, des faisceaux de fibrilles primitives; ce qui ne manque pas d'analogie avec ce que nous avons signalé chez les animaux inférieurs. Avant d'arriver aux cellules acoustiques, les filets terminaux passent par une couche de noyaux, de granulations analogues à celles que nous avons décrites chez les oiseaux [4]. Ces

[1] Cf. Hensen, Archiv für Ohrenheilkunde, Jan. 1874. Neue Folge, Bd. I-II, Heft III, p. 183-185.

[2] *Absteigende äussere Hörzelle*, B.

[3] *Aeussere aufsteigende Hörzelle*, B.

[4] Max Schultze, Waldeyer, *Kornzellen*, *acustiche Körnerschicht*.

granulations semblent également entrer en connexion avec un système de fibres spirales dont la nature n'est pas encore nettement établie et dont nous avons déjà plusieurs fois eu occasion de parler.

Quant aux cellules auditives elles-mêmes, elles se terminent par un plateau épaissi surmonté d'une touffe de cils raides, fragiles, semblables à ceux que nous avons décrits, et sur la nature exacte desquels les auteurs ne sont pas encore d'accord. Tandis que les uns les regardent comme s'implantant sur toute la surface supérieure de la cellule, les autres, rapprochant davantage ces cils de ceux que nous avons vus chez l'oiseau, leur assignent une insertion linéaire, le plus souvent courbe. Retzius (*l. c.*) les décrit comme constituant un faisceau aplati. Ce n'est pas d'ailleurs que tous les auteurs sans exception admettent l'existence de ces cils : beaucoup ne veulent avoir affaire qu'à un bâtonnet unique; d'autres sont arrivés à un résultat plus contraire encore. C'est ainsi que, d'après Bœttcher (*l. c.*), la membrane de Corti enverrait une sorte d'expansion à chaque cellule terminale. Cette expansion qui, dans les cellules de Corti, irait sous forme d'un trait central se continuer avec le prolongement basilaire, arrachée de la membrane de recouvrement, se résoudrait en bâtonnets ou cils; ces organes, qu'on avait jusque-là considérés comme d'une importance capitale, ne seraient donc, somme toute, qu'un produit artificiel. Telle est l'opinion qui, malgré la réfutation de Hensen [1] et de Kœlliker [2], a été défendue encore dans son dernier ouvrage par un des investigateurs les plus consciencieux de l'oreille interne.

Quant aux terminaisons acoustiques, Hensen [3] est le seul qui soit arrivé à un résultat. D'après lui, les cellules auditives externes présenteraient au-dessous du plateau terminal une capsule ovale, très-délicate, avec une sorte de strie transversale, qu'on dirait produite par l'enroulement d'un filament autour d'un nucléole central; cette capsule, anatomiquement, est comparable à un corpuscule du tact en miniature, et il n'est pas impossible qu'elle s'en rapproche également par ses fonctions physiologiques.

Telle est, dans ses traits généraux, la structure du limaçon des mammifères : cette exposition, quoique aussi succincte que possible,

[1] Hensen, Dr A. Bœttcher, « Ueber Entwickelung und Bau, etc. » Referirt und nach eigenen Untersuchungen beurtheilt. Archiv für Ohrenheilkunde, 1870, Bd. VI, p. 24.

[2] Kœlliker, Mélanges biologiques 36. Saint-Pétersbourg, tome VII.

[3] Hensen, loc. cit., p. 29, 30, et pl. I, fig. 9.

ne laisse pas que de nous donner de l'appareil acoustique des animaux supérieurs une image trop complexe pour qu'on puisse au premier abord en saisir l'analogie avec celle que nous avons rencontrée chez les reptiles et les oiseaux. Mais si chez le mammifère adulte la papille spirale nous présente une disposition de ses éléments qui en rend difficile l'interprétation exacte, il n'en est plus de même à l'état embryonnaire[1], où nous retrouvons sans peine la reproduction de ce que nous avons vu jusqu'ici. Le revêtement épithélial du canal cochléen, d'abord parfaitement uniforme, subit à un moment donné des modifications locales qui permettent de distinguer en lui deux parties : l'une destinée à produire l'épithélium indifférent pariétal que nous négligeons ici, l'autre plus petite d'où viendra la papille spirale. Des éléments assez peu nombreux de cette dernière catégorie, l'un, le plus interne, ne tarde pas à se segmenter; l'un des fragments, le supérieur, constitue la cellule auditive interne; l'autre, par une division successive, contribue à former ces éléments que Bœttcher (*l. c.*) appelle cellules auditives internes inférieures et qui ne sont pas autre chose que les granulations de Waldeyer. Remarquons en passant combien cette étude embryologique jette de jour sur la véritable nature de ces éléments granuleux déjà si abondants dans la papille spirale de l'oiseau. Ces noyaux, que nous retrouvons toujours au voisinage de l'entrée des nerfs, ne sont donc, en somme, que des éléments de prolifération de l'épithélium embryonnaire du canal cochléen. Quant à leur forme spéciale, peut-être en faut-il chercher la raison dans les rapports intimes qui, d'après Bœttcher (*l. c.*) et Hensen (*l. c.*, p. 28), se font remarquer dans le développement des éléments ganglionnaires et épithéliaux du conduit cochléen primitif. En ce qui concerne les arcs de Corti et les cellules auditives externes, les opinions diffèrent un peu entre elles. Pour les uns (Bœttcher), les deux piliers de Corti se formeraient aux dépens d'un seul élément cellulaire placé à côté de la cellule auditive interne et dès le début remarquable par ses grandes dimensions; quant aux cellules de Corti et de Deiters, elles naîtraient de la division d'éléments épithéliaux adjacents. Les autres, au contraire (Gottstein), réunissant dans un même groupe de cellules jumelles tous les éléments de la papille acoustique de l'adulte, font venir aussi bien les arcs de Corti que les cellules auditives externes, soit de la fusion de

[1] Voyez les opinions différentes de Bœttcher (Ueber Entwickelung und Bau, etc.) et de Gottstein (Ueber den feineren Bau und die Entwickelungen, loc. cit.).

deux cellules épithéliales embryonnaires voisines, soit[1], comme c'est plus probable, de la division ultérieure du même élément primitif en deux parties destinées à se souder après avoir subi des métamorphoses variables. Ainsi donc, quelle que soit du reste la manière de voir à laquelle on se rattache, la papille spirale embryonnaire, chez le mammifère comme chez le reptile ou l'oiseau, se compose d'une simple rangée de cellules épithéliales dont une partie est destinée à constituer les organes terminaux (cellules auditives), et dont l'autre, quelle qu'en soit la transformation ultérieure, forme ces éléments qui, sous le nom d'arcs de Corti, de cellules de Deiters ou cellules à isolation de Hasse, se retrouvent également comme accessoires dans tout névro-épithélium acoustique.

2° CONSIDÉRATIONS PHYSIOLOGIQUES.

a. *Rôles différents, déjà indiqués par l'anatomie, des deux parties, supérieure et inférieure de la vésicule auditive. Fonctions de la* pars superior. *Hypothèses sur le rôle de l'appareil ampullaire.*

Maintenant que nous avons achevé la description du labyrinthe membraneux et montré par quelles phases successives de développement, par quelles étapes phylogénétiques, comme dirait Hæckel, a passé l'appareil auditif avant d'atteindre le perfectionnement que nous lui connaissons chez l'homme et les mammifères, il ne nous reste plus, pour compléter notre travail, qu'à rechercher si, des détails toujours plus ou moins arides de l'anatomie purement descriptive, nous ne pouvons pas tirer quelques conclusions intéressantes au point de vue des applications à la physiologie.

Et d'abord, un fait essentiel, non moins important pour l'anatomie que pour la physiologie, c'est la division de la vésicule auditive en deux parties, une *pars superior* et une *pars inferior*. Les rapports plus intimes de la première avec les os du crâne, de la seconde avec un appareil spécial conducteur des sons, l'isolement presque complet des cavités de ces deux parties empêchant les vibrations de l'endolymphe de se communiquer de l'une à l'autre, et enfin la disposition même de l'espace périlymphatique, presque nul ou du moins très-restreint vers le haut, énormément dilaté en dehors et en bas au niveau de l'appareil tympanique, voilà autant de

[1] Cf. Waldeyer, loc. cit., p. 937.

raisons pour nous faire admettre que chacune de ces parties doit, dans son ensemble, avoir un rôle spécial : nous serions donc tenté d'admettre la vieille idée de SCARPA[1], défendue en dernier lieu par HASSE, à savoir que la *pars superior* sert surtout à la perception des sons transmis par les os du crâne, la *pars inferior* à celle des sons que transmet l'appareil tympanique.

Nous savons d'ailleurs que ces deux systèmes de perception suivent en général une marche inverse dans leur développement; tandis que chez les animaux inférieurs, chez les cyclostomes par exemple, la *pars superior* est déjà nettement marquée, que chez les poissons elle a déjà acquis un degré de complexité qu'elle ne dépasse plus guère, la *pars inferior* chez ces vertébrés est encore tout à fait rudimentaire. Mais aussi, à mesure que, montant dans l'échelle animale, nous voyons le saccule et le limaçon prendre une marche rapidement ascensionnelle, l'appareil ampullaire, au contraire, que le développement toujours croissant du crâne rejette de plus en plus hors de la portée des agents extérieurs, en le refoulant dans les masses osseuses, cet appareil reste stationnaire, et c'est ainsi que nous avons pu, chez les oiseaux et les mammifères, lui appliquer la même description que chez les reptiles et les poissons. Si, au contraire, la *pars inferior* acquiert, d'espèce en espèce, une perfection plus complète, et que, chez un animal donné, l'on peut en quelque sorte mesurer la dignité des fonctions auditives au développement même du limaçon, c'est qu'aussi, à mesure que nous avançons, nous voyons se former et se compléter un système spécial destiné à assurer l'arrivée des sons à un organe que sa position profonde et son enfoncement dans la base du crâne semblaient d'abord complétement isoler du dehors. Déjà chez les poissons où la *pars inferior* commence à se différencier, les recherches de E. H. WEBER[2] sur les plagiostomes, de HASSE (*l. c.*) sur les clupéides, semblent indiquer l'existence d'une disposition spéciale destinée à permettre le transport direct des ondulations sonores à la capsule auditive; et il est, je pense, inutile de multiplier les exemples pour confirmer ce que nous avançons, c'est-à-dire que si l'appareil du limaçon est par la morphologie et par l'anatomie comparée désigné comme celui qui perçoit les sons transmis directement par le canal tympanique, la *pars superior* est l'aboutissant des vibrations simplement transmises

[1] SCARPA, loc. cit., Lectur. II, Cap. IV, p. 15.
[2] L. H. WEBER, De aure et auditu hominiset animalium. Lipsiæ 1820.

par les os de la tête et plus spécialement par ceux de la voûte du crâne. Ce n'est pas d'ailleurs que nous ayons avec LUCÆ[1], MACH et POLITZER[2] ou HENSEN[3] à entrer dans une discussion approfondie de la conduction des sons par les os du crâne; il est évident, du reste, que pour étudier cette question l'on ne peut s'en tenir aux animaux supérieurs, chez lesquels l'appareil ampullaire est tellement enfoncé dans les os que ce n'est que grâce à la structure lacunaire de ces derniers qu'il est encore capable de recevoir des sons. Nous ne pouvons pas non plus nous dissimuler que le milieu où vivent les animaux exerce une certaine influence sur la structure et par suite sur la différenciation physiologique des diverses parties de leur capsule auditive.

Déjà CLAUDIUS[4], dans ses recherches sur le labyrinthe des mammifères, avait fait remarquer les dispositions spéciales que présente le rocher des animaux vivant dans l'eau ou sous terre. Chez les reptiles, pour ne prendre qu'un exemple, ceux qui vivent sur terre, ophidiens et lézards, présentent avec une *pars superior* et une *pars inferior* bien séparées un isolement à peu près complet des espaces périlymphatiques correspondants, tandis que chez les espèces aquatiques, telles que les chéloniens et les crocodiliens, l'espace périlymphatique est, pour ainsi dire, commun à toute la capsule auditive, de sorte que les vibrations qui lui arrivent par une source quelconque, voûte cranienne ou appareil de conduction spécial, se transmettent presque indistinctement à toute l'oreille interne (HASSE). Ce n'est pas là une des preuves les moins curieuses de l'influence des circonstances extérieures et de l'action des milieux sur les organes même les plus délicats des animaux.

Mais faisons un pas de plus et tâchons de déterminer, si c'est possible, quel peut être le rôle plus spécial des divers organes qui constituent la *pars superior*, c'est-à-dire des canaux demi-circulaires et des ampoules d'une part et de l'utricule de l'autre.

Déjà les auteurs anciens avaient été frappés des différences si constantes que l'on remarque dans la direction des canaux demi-circulaires et n'avaient pas hésité à y voir un fait d'une grande valeur physiologique. C'est ainsi que SCARPA (*l. c.*), après lui AUTENRIETH et

[1] LUCÆ, Virchow's Archiv, Bd. XXV, XXIX; Id., Archiv für Ohrenheilkunde, Bd. I, p. 303; Bd. V, p. 83, etc.

[2] Ibid.

[3] Ibid., Neue Folge, Bd. III, in Referat über Hasse's Morphologie.

[4] CLAUDIUS, Das Gehörorgan von Rhytina Stelleri. Mémoires de l'Académie impériale des sciences de Saint-Pétersbourg, 7e série, t. XI, nº 5, 1867.

KERNER[1], avaient, de la direction même des divers conduits qui constituent la *pars superior*, conclu qu'ils servaient à donner une notion de la direction des sons. Cette opinion, attaquée par J. MÜLLER et LINKE[2], a été reprise de nos jours par OGSTON[3], qui, dans une étude très-détaillée de cette question, alla jusqu'à trouver que la grandeur et la forme des divers canaux sont en relation avec les besoins et les habitudes de l'animal. Enfin, HASSE lui-même a adopté cette manière de voir et démontré que, chez les animaux inférieurs, les canaux demi-circulaires devaient surtout servir à distinguer les sons venant d'en avant et en dehors, d'en arrière et en dehors, d'en dehors et d'en haut. Chez les oiseaux et les mammifères, qui présentent une direction un peu autre de la *pars superior*, c'est surtout d'en avant, d'en arrière, d'en arrière et en haut que les ampoules serviraient à recueillir les vibrations. J'avoue que, chez l'homme et les animaux d'une organisation supérieure, il semble assez difficile d'admettre une pareille fonction des canaux demi-circulaires, et je serais plutôt tenté de croire avec HENSEN (*l. c.*) que chez eux la direction des sons s'apprécie très-probablement par celle imprimée à l'une ou à l'autre oreille et au conduit auditif externe correspondant.

D'après MANILIN[4], les canaux demi-circulaires auraient précisément un rôle inverse de celui qu'on leur a attribué jusqu'ici. Au lieu de conduire les vibrations sonores aux ampoules, ils serviraient à absorber en quelque sorte et à annihiler les ondes qui, venant d'agir sur les terminaisons nerveuses du vestibule, ont ainsi rempli leur mission physiologique. Les canaux demi-circulaires seraient donc, pour leurs fonctions, comparables à la couche pigmentaire du fond de l'œil. C'est là une opinion assez paradoxale au premier abord, et qui n'a jusqu'ici trouvé que peu d'écho.

Pour ce qui est du rôle de l'utricule, remarquons qu'il semble se rattacher à celui de la *pars superior* en général. Même chez les animaux où l'utricule n'est pas loin de l'appareil de conduction des sons, il est isolé de la *pars inferior*, soit, comme chez certains reptiles, par le développement extrême du saccule et de ses otolithes, soit,

[1] Dr KERNER, Beobachtungen über die Function einzelner Theile des Gehörs, in Archiv von Reil und Autenrieth, Bd. IX, 1808.

[2] Cf. Monatschrift für Ohrenheilkunde, 1870, nº 3.

[3] OGSTON, M. D., On the function of the semi-circular canals of the internal ear. (Ibidem.)

[4] Dr MANILIN, Ueber die physiologische Rolle der häutigen Bogengänge des Labyrinthes. Vorläufige Mittheilung in Medicin. Centralblatt, 1866, nº 43.

comme chez les mammifères, par la position même de sa *macula*. De plus, étant en rapport avec les trois canaux demi-circulaires, en pleine communication avec deux ampoules, il doit être considéré en quelque sorte comme le centre de la *pars superior*, comme le collecteur de toutes les vibrations arrivant par toute voie autre que l'appareil tympanique. Peut-être même l'utricule est-il le seul organe vraiment acoustique de toute cette *pars superior?* Du moins tel est le résultat assez frappant, au premier coup d'œil, auquel sont arrivés un certain nombre de physiologistes.

C'est qu'en effet, depuis les recherches de FLOURENS[1] et, plus récemment, de GOLTZ[2], on a cru trouver dans l'appareil ampullaire une disposition toute spéciale pour la conservation de l'équilibre; ce serait un véritable organe sensoriel pour l'équilibre de la tête et du corps, pour le sens de la statique.

Du reste, c'est là un sujet excessivement complexe: depuis FLOURENS, diverses opinions ont été avancées, les recherches se sont multipliées, et, malgré cela, le jour est encore loin d'être fait. Aussi ne toucherons-nous cette question que tout à fait incidemment et en tant seulement qu'elle peut nous servir à tirer parti de quelque disposition anatomique constatée. Parmi les nombreuses explications données aux troubles moteurs produits par la destruction des canaux, les unes, celles de GOLTZ, CYON[3], MACH[4], BREUER[5], etc. d'un côté, de BUDGE, de BORNHARDT d'un autre côté, se fondent sur des phénomènes physiques ou mécaniques qui se produisent dans l'oreille même. L'endolymphe, mise en mouvement soit par les changements de position de la tête en général, soit par la contraction du muscle de l'étrier (BUDGE)[6] ou des autres muscles de la tête (BORNHARDT)[7], agirait sur les parois des tubes qui la contiennent, mettrait en jeu

[1] FLOURENS, Recherches expérimentales sur les propriétés et les fonctions du système nerveux. Paris 1842, p. 438.

[2] GOLTZ, Ueber das Organ für Erhaltung des Gleichgewichts bei Thieren, in Monatschrift für Ohrenheilkunde 1869, nº 10. — Id., Ueber die physiologische Bedeutung der Bogengänge des Gehörlabyrinths, in Pflüger's Archiv für Physiologie t. III, 1870, p. 172.

[3] CYON, Ueber die Function der halbzirkelförmigen Canäle, in Pflüger's Archiv, VIII, 306-327.

[4] MACH, Physikalische Versuche über den Gleichgewichtssinn, in Wiener Acad. Sitzungsbericht, 3. Abth., LXVIII, etc.

[5] BREUER, Ueber die Function der Bogengänge des Ohrlabyrinths, in Wiener med. Jahrbücher, 1874, etc.

[6] Cf. BUDGE, Pflüger's Archiv. für gesammte Physiologie, Bd. 9.

[7] Cf. BORNHARDT, Centralblatt für med. Wissenschaft, 1875, nº 21.

les cils et, par là, les nerfs de l'appareil ampullaire, lesquels, au lieu de produire des sensations d'acoustique, seraient simplement sensibles et excitables par pression ou tension, comme les nerfs tactiles de la peau.

Ainsi donc, d'après cette théorie qui, malgré une objection sérieuse de ROSENTHAL, a trouvé beaucoup d'adhérents, l'appareil ampullaire ne serait qu'un organe périphérique de perception pour l'organe central de l'équilibre. Sa valeur acoustique, mise en doute par la plupart des auteurs, est expressément niée par quelques-uns, tels que MOON [1] et BERTHOLD.

D'autres auteurs, renonçant à trouver une explication directe, regardent les troubles de l'équilibre produits par les lésions de l'appareil ampullaire comme résultant d'un simple vertige auditif retentissant sur tout l'organisme (VULPIAN), ou comme la conséquence forcée de crampes reflexes provenant de l'excitation traumatique des nerfs des ampoules, idée soutenue sous diverses formes par FLOURENS, BROWN-SEQUARD, LÖWENBERG [2], et à peu près réfutée par SCHIFF et CURSCHMANN [3].

Quant au nerf de la VIIIe paire, il ne serait pas seulement auditif, mais, selon quelques auteurs, tels que HASSE (*l. c.*), BENEDIKT [4], etc., contiendrait encore un système de fibres centri pétales dont l'expansion périphérique se trouve dans l'appareil ampullaire et dont l'extrémité encéphalique aboutirait vers le centre de l'équilibre du corps. Cette explication n'a rien de surprenant, si nous nous rappelons les rapports qui existent entre la VIIIe paire et le pédoncule cérébelleux moyen. Faut-il ajouter que récemment BENEDIKT prétend avoir trouvé en rapport avec les filets de l'acoustique un noyau que son voisinage de celui du facial lui fait considérer comme moteur, et qu'il désigne comme le noyau des nerfs ampullaires?

Somme toute, nous ne saurions trop à quelle opinion nous arrêter. D'un autre côté, l'étude anatomique détaillée que nous avons faite de l'appareil ampullaire de l'oiseau, et notamment du pigeon, objet ordinaire des expériences faites sur ce sujet, cette étude ne nous a pas révélé de disposition spéciale pouvant servir de base à

[1] MOON, Ueber die Function des membr. Labyrinthes und der Canal. semicircul Philos. Magaz., 1870.

[2] LÖWENBERG, Ueber die nach Durchschneidung der Bogengänge des Ohrlabyrinths auftretenden Bewegungstörungen, in Archiv für Augen- und Ohrenkrankheiten, Bd. III.

[3] Cf. CURSCHMANN, Deutsche Klinik, 1874, n° 3.

[4] Cf. BENEDIKT, Monatschrift für Ohrenheilkunde, 1875, n° 3.

une interprétation de quelque solidité. Il est vrai, comme nous l'avons déjà remarqué, que les ampoules présentent des organes terminaux assez distincts de ceux que nous avons trouvés dans les autres parties du labyrinthe. Les longs cils flagelliformes des *cristæ* semblent en effet plus aptes à ressentir les simples oscillations de l'endolymphe que ne le sont les faisceaux auditifs, plus raides, plus courts et d'une autre apparence, que nous avons trouvés dans le saccule et l'utricule.

D'ailleurs nous avons fait remarquer comment l'utricule communiquant avec les canaux demi-circulaires pourrait servir à recueillir les sons venant des différentes directions; ainsi la *pars superior* aurait un double usage. Ce serait là une explication, mais bien précaire et tellement hasardée que nous préférons, jusqu'à nouvel ordre, pousser le scepticisme aussi loin que Bœttcher[1], regarder tous les phénomènes observés comme d'origine traumatique, et les rapporter aux tractions exercées indirectement sur le pédoncule cérébelleux moyen par les canaux et le nerf acoustique plus ou moins violemment déchirés ou arrachés par la main de l'expérimentateur.

b. *Fonctions de la* pars inferior *et plus spécialement du limaçon. Où faut-il chercher dans ce dernier l'élément qui anatomiquement répond aux conditions posées par la théorie physique de l'audition? Est-ce dans l'appareil de Corti (Helmholtz), dans la membrane basilaire (Hensen) ou dans les cellules auditives elles-mêmes avec leur organe terminal?*

Hâtons-nous de quitter ce terrain où l'hypothèse règne encore toute puissante pour aborder l'étude d'un chapitre non moins difficile, non moins discuté, mais où au moins quelques faits nous permettront d'arriver à des conclusions d'une certaine solidité. Nous voulons parler de l'étude physiologique du saccule et du limaçon.

Ce qui distingue cette *pars inferior*, c'est qu'elle est en rapport avec un appareil spécial pour la conduction des sons, appareil dont l'axe est généralement perpendiculaire à celui du labyrinthe, et qui permet aux vibrations sonores, modifiées, ainsi que l'a démontré Helmholtz[2] et dans leur amplitude et dans leur force, d'arriver di-

[1] A. Bœttcher, Ueber die Durchschneidung der Bogengänge des Gehörlabyrinths und die sich daran knüpfenden Hypothesen, in Archiv für Ohrenheilkunde, IX, p. 1-71.

[2] Helmholtz, Die Mechanik der Gehörknöchelchen in Pflueger's Archiv, Bd. I, p. 34.

rectement du dehors à l'espace périlymphatique. Ce n'est pas que chez tous les animaux cet appareil tympanique, comme nous pouvons déjà l'appeler, vienne aboutir exactement au même point du labyrinthe. Chez les amphibiens, tout le saccule et tout le limaçon, à ce moment simple diverticule du premier, se trouvent directement dans le ressort de cet appareil. Chez les reptiles, nous avons vu que c'est surtout le saccule et la base du limaçon qui reçoivent directement les ondes sonores. Chez les oiseaux, c'est le limaçon, pour ainsi dire seul, et chez les mammifères c'est au contraire le saccule auquel aboutit le canal tympanique.

Mais ce ne sont là que des modifications de peu d'importance, dues probablement au développement si variable que nous avons vu prendre au saccule dans les différentes classes du règne animal. Déjà la morphologie comparée nous apprend que, dans la *pars inferior*, c'est évidemment le saccule qui doit avoir le rôle secondaire, et que cet organe qui, par sa structure et son développement, se rapproche beaucoup de la *pars superior*, doit se comporter, par rapport aux sons transmis par l'appareil de conduction, absolument comme l'utricule, par exemple, pour ce qui regarde les sons transmis par les os du crâne.

Au contraire, les progrès continus que l'anatomie nous montre dans le limaçon nous indiquent que, s'il est une fonction auditive supérieure, se perfectionnant avec l'espèce animale, c'est à ce dernier qu'elle doit revenir. Et encore ici une distinction est nécessaire. Le limaçon se compose de plusieurs parties. Hasse (*l. c.*) a pu en reconnaître trois, dont l'évolution est bien différente. C'est ainsi que, tandis que la *pars initialis* et la *lagena* atteignent leur maximum de développement dans les espèces animales inférieures pour s'effacer à peu près complétement, la première déjà chez les reptiles, la seconde chez les oiseaux, la partie basilaire, au contraire, constituant le principal élément du limaçon, suit une marche ascendante pour arriver à son apogée chez les mammifères. Aussi pouvons-nous considérer les premières comme d'importance secondaire ; l'histologie, en nous y dévoilant une structure complétement identique à celle du saccule et de l'utricule, en nous y montrant des cils simples, des otolithes, etc., nous autorise à n'y voir que ce qu'elles sont réellement par leur origine, c'est-à-dire deux expansions du saccule, et à ne leur attribuer qu'un rôle proportionné à leur dignité anatomique.

Au contraire, le perfectionnement de la partie basilaire, la structure plus compliquée que nous lui connaissons, etc., nous forcent à lui attribuer une valeur fonctionnelle différente et probablement plus élevée. Du reste, déjà la simple disposition de l'appareil de transmission des sons nous devait amener à cette conclusion. En effet, dès le moment où la partie basilaire s'est différenciée, apparaît une disposition spécialement destinée à assurer à son niveau le fonctionnement régulier et aussi parfait que possible de l'appareil périlymphatique. Avons-nous besoin de revenir ici sur ce que nous avons dit du canal périlymphatique des reptiles, des rampes vestibulaire et tympanique de l'oiseau et des mammifères ?

En face d'un tel concours de faits et d'une concordance aussi complète des résultats fournis, tant par la morphologie comparée que par l'histologie, faut-il chercher plus longtemps à prouver la prépondérance fonctionnelle de la partie basilaire du limaçon?

Mais laissons là maintenant ces données générales, et, quittant pour un instant le terrain anatomique, voyons si, dans une étude plus approfondie du son et de ses qualités physiques, nous ne trouverons pas des points de repère suffisants pour nour aider à déterminer plus exactement le rôle de chaque partie du labyrinthe, et dans chacune d'elles, celui des divers éléments que nous y avons rencontrés. Nous verrons ainsi comment une analyse complète des phénomènes physiologiques nous apportera une confirmation entière des résultats que nous avions atteints d'avance par la simple considération des faits anatomiques.

C'est Helmholtz[1] qui, réunissant des faits épars dans la science et des notions encore incomplètes, nous donna le premier, pour la perception des sons, une théorie générale basée sur une étude aussi ingénieuse qu'attentive des phénomènes physiques. Distinguant avant tout la sensation d'un bruit de celle d'un son (musical), il établit que la première est due à des vibrations non périodiques, la seconde à des vibrations périodiques du corps sonore. Passant ensuite à l'étude des qualités du son, et glissant rapidement sur la hauteur du son et sur l'intensité dues à la vitesse des vibrations et à leur amplitude, il s'arrête plus longtemps à l'étude difficile du

[1] Helmholtz, Die Lehre von den Tonempfindungen, etc., 1862 (dritte umgearbeitete Ausgabe, 1870). — Id., Ueber die Schwingungen in der Schnecke des Ohres, in Verhandlungen des naturhistor. medicin. Vereins zu Heidelberg, Bd. V, Heft 2.

timbre, de toutes les qualités du son celle qui intéresse le plus le physiologiste.

A cet effet, profitant des avantages qu'offre pour l'analyse des sons le phénomène de la résonnance, il arriva à prouver qu'il est rare que l'oreille ait à percevoir des sons simples, que le plus souvent les sons sont composés d'un ton principal ou fondamental et de tons accessoires, partiels ou harmoniques. C'est du nombre et de l'intensité des harmoniques qui accompagnent le ton fondamental que résulte le timbre. Mais hâtons-nous d'ajouter que physiquement il ne faut pas se représenter un son comme constitué par des ondes sonores multiples; à chaque son ne correspond qu'une seule onde représentée par la somme algébrique de toutes les ondes secondaires. Pourtant la théorie a avancé et l'expérience a prouvé, par la construction synthétique des voyelles, que notre oreille décompose ces sons en leurs éléments. Il faut donc qu'il y ait en elle un appareil capable de décomposer l'onde d'un son en celles des différents tons qui se sont additionnés pour le produire, autrement dit, quelque chose d'analogue au résonnateur, une série de corps élastiques gradués, vibrant chacun pour un ton donné et anatomiquement disposés de façon à pouvoir mettre chacun en jeu l'énergie d'un filet nerveux spécial. Poussant plus loin encore la rigueur de l'analyse, Helmholtz arriva à prouver que cet appareil acoustique doit présenter une disposition spéciale destinée à amortir les vibrations exagérées dans notre oreille.

Ainsi donc la théorie et l'expérimentation avaient posé le problème; c'était à l'anatomie d'en trouver la solution et de rechercher si vraiment l'oreille interne, par sa structure, présente quelque chose d'analogue à ce qu'*à priori* la physiologie y avait fait présumer. Or ici, malgré ou plutôt à cause même des nombreux progrès que l'anatomie des organes des sens a faits dans les derniers temps, on n'a pas encore pu arriver à une solution définitive, et nous en trouvons la preuve dans la multiplicité même des hypothèses qui se sont élevées sur ce sujet délicat. Ce n'est pas du reste que l'anatomie ne permette aucune conclusion; et c'est le cas ici de se rappeler avant tout cette différence de structure si frappante existant entre les diverses parties du labyrinthe, différence qui évidemment ne peut être sans valeur physiologique.

Aussi Helmholtz, qui avait trouvé dans l'appareil ampullaire et dans le saccule des conditions plus favorables pour la perception de chocs et de secousses irrégulières et passagères du liquide labyrinthique que pour celle de vibrations périodiques, n'avait pas craint dès le principe d'admettre que ces parties servaient surtout à la perception des bruits et non à celle des sons musicaux. C'est là une distinction qui semble parfaitement légitime, et, quoique nous ne puissions plus admettre qu'il existe entre l'appareil terminal des ampoules et celui du saccule et de l'utricule une identité aussi complète que semble le croire Helmholtz, je ne sais si l'on peut, poussant plus loin encore l'analyse, admettre pour les deux des fonctions différentes. Du reste, c'est là une question délicate dont nous avons déjà eu occasion de parler. Contentons-nous d'ajouter que, comme Helmholtz[1] l'a prouvé par le calcul, la forme même des ampoules, ces dilatations assez subites d'un tube étroit, doit favoriser dans l'endolymphe qui les remplit la formation de tourbillons; et dès lors les longs cils de l'épithélium des *cristæ* ne semblent-ils pas constituer l'appareil le plus apte à saisir les oscillations, les mouvements de flux et de reflux, pour ainsi dire, par lesquels se traduisent dans l'endolymphe ampullaire les vibrations, de nature quelconque, transmises aux canaux demi-circulaires?

Ainsi donc, ce n'est ni dans l'appareil ampullaire ni dans le saccule, mais dans le limaçon, qu'il faut chercher l'organe de perception des sons musicaux.

Nous savons que Helmholtz, se fondant sur des données anatomiques encore incomplètes, avait cru trouver dans les arcs de Corti un appareil répondant aux conditions énoncées tout à l'heure. En effet, parmi les éléments du limaçon, tel qu'on le connaissait alors, c'était l'organe de Corti qui paraissait l'essentiel. N'avons-nous pas vu, du reste, un observateur aussi éminent que Deiters (*l. c.*), se laissant probablement entraîner par le désir exagéré de trouver chez les oiseaux et les reptiles quelque chose d'analogue à l'organe de Corti des mammifères, donner à de simples éléments cellulaires une interprétation qu'aujourd'hui on a peine à comprendre. Et, il faut l'avouer, la présence dans le limaçon des mammifères d'une série assez régulièrement graduée de près de 3000 arcs, semblait au premier abord donner au problème posé la solution la plus satisfaisante possible. Qu'un son, comme dit Fick[2] en résumant en quelques lignes toute la théorie, vienne à retentir et à ébranler à intervalles périodiques le

[1] Cf. Monatsbericht der Berliner Academie, 23. April 1868.

[2] Fick, Lehrbuch der Anatomie und Physiologie der Sinnesorgane. Lahr 1861, p. 163.

liquide labyrinthique, il n'y a que quelques-uns des arcs de Corti qui se mettront à vibrer : ce sont ceux qui sont déterminés pour les tons partiels du son donné; ces arcs, en vibrant, frapperont sur les terminaisons nerveuses qui, passant à leur portée, sont ainsi mécaniquement tétanisées. Mais quelque attrayante que fût cette hypothèse, quelque appui qu'elle pût trouver dans les calculs de son auteur, elle ne put résister aux progrès de l'histologie. Déjà Hasse (*l. c*), en démontrant que les arcs de Corti font défaut aux oiseaux et aux reptiles, la renversait par la base. Depuis on a prouvé que les filets terminaux du nerf acoustique n'entraient pas du tout en rapport direct avec ces arcs de Corti, et enfin que ces derniers eux-mêmes ne présentaient pas les propriétés physiques et morphologiques qu'on leur prêtait.

Il fallait donc chercher ailleurs la solution de la question, et pour ne pas perdre l'appui si considérable de l'anatomie comparée, la trouver dans un des éléments qui, avons-nous vu, sont communs à toute la série animale, c'est-à-dire dans la membrane basilaire, la membrane de Corti ou les cellules auditives. Or chacun de ces éléments a servi de base à une théorie; chacune de ces hypothèses a trouvé des défenseurs, et aujourd'hui la question est encore loin d'être complétement résolue.

C'est Hensen qu'on peut considérer comme l'auteur de la théorie qui aujourd'hui semble l'emporter; dans l'acte de la perception des sons musicaux, cette hypothèse attribue le rôle principal, non plus à l'organe de Corti, mais à la membrane basilaire. Ce n'est pas qu'avant lui on n'ait émis des idées analogues. Déjà, comme on l'a fait justement remarquer, Duverney [1] et Le Cat [2] cherchaient la cause du processus auditif dans la vibration de segments limités de la paroi cochléenne, opinion plus tard partagée par Carus [3].

C'est ensuite Claudius [4] qui, se fondant sur l'étude morphologique de l'organe auditif des cétacés, avait avancé que les ondes sonores, transmises par le tympan secondaire et la rampe tympanique, allaient ainsi directement faire vibrer la membrane basilaire.

Plus récemment encore, Toynbée [5] s'est rallié à cette manière de

[1] Duverney, Traité de l'organe de l'ouïe, 2e partie, p. 96.

[2] Le Cat, Traité des sens, p. 60.

[3] Carus, Physiologie, III, p. 273.

[4] Claudius M., Physiologische Bemerkungen über das Gehörorgan der Cetaceen und das Labyrinth der Säugethiere. Kiel 1858.

[5] Toynbée, Die Krankheiten des Gehörorgans, übersetzt von Moos, p. 300.

voir, en attribuant à la fenêtre ronde le rôle jusque-là reconnu à la fenêtre ovale. Cette hypothèse a le grand tort de ne pouvoir être généralisée, puisque nous savons que, déjà chez certains oiseaux, le tympan secondaire fait défaut, et que chez la plupart des animaux la fenêtre ronde (ou son équivalent) ne sert qu'à faire communiquer l'appareil périlymphatique avec le système des vaisseaux blancs.

Aussi, laissant de côté ces tentatives incomplètes, pouvons-nous dire que c'est Hensen[1] qui, par ses travaux et ses mensurations, est le véritable fondateur de la théorie nouvelle, théorie en apparence du moins si conforme au progrès de la science et physiquement si satisfaisante que Helmholtz, comme nous le prouve la dernière édition de son ouvrage, n'a pas craint, en s'y ralliant, de lui donner l'appui de sa grande autorité scientifique.

Commençant par faire remarquer que, contrairement aux arcs de Corti, la membrane basilaire se trouve dans l'échelle animale aussi loin que le limaçon lui-même, dont elle constitue un des éléments distinctifs, Hensen, par ses recherches plus spéciales sur la membrane basilaire de l'homme et des mammifères, chercha à prouver que les divers segments qui la constituent sont aptes à vibrer isolément, chacun pour un ton donné, et constituent ainsi par leur ensemble un appareil acoustique répondant à toutes les conditions exigées par la théorie physique de l'audition. Or nous avons, en décrivant la membrane basilaire des animaux supérieurs, fait remarquer qu'elle se composait de fibres transversales reliées par une masse intermédiaire commune; d'un autre côté, par des calculs minutieux, Helmholtz[2] est arrivé à prouver qu'une membrane fixée sur un cadre dont la tension longitudinale est infiniment petite par rapport à la transversale, se comporte à peu près comme un système de cordes tendues dans le sens transversal. Si à tout cela nous ajoutons que Hensen[3], par ses mensurations chez l'homme, a trouvé que la membrane basilaire est à son commencement près de la fenêtre ronde douze fois moins large qu'à sa terminaison près de l'hélicotrème, il nous semble qu'au premier abord tout nous autorise à voir dans cette membrane basilaire une sorte d'appareil acoustique, dont les

[1] Hensen, Zur Morphologie der Schnecke des Menschen und der Säugethiere, in Siebold's und Kœlliker's Archiv für wiss. Zoologie, Bd. XIII, 1863.

[2] Cf. Helmholtz, Die Lehre der Tonempfindungen, etc., 1870, Beilage XI.

[3] Hensen Cf., Arbeiten des Kieler phys. Instituts, 1869; Id., Referat über Böttcher's «Entwickelung und Bau, etc.», in Archiv für Ohrenheilkunde, Bd. VI, 1871.

cordes seraient accordées chacune pour un ton spécial, les plus courtes près de la fenêtre ronde pour les sons les plus élevés, les plus longues près de l'hélicotrème pour les tons les plus graves.

Ces cordes basilaires, comme nous pouvons les appeler, seraient au nombre d'environ 13,400; chacune d'elles aurait une épaisseur variant entre 0,0014 et 0,0019^{mm}. N'étant reliées que par une membrane basale commune, elles peuvent transmettre séparément leurs oscillations; et, d'un autre côté, l'épithélium qui les couvre et en amortit ainsi les vibrations, doit concourir au jeu de tout l'appareil ne constituant cette espèce de sourdine si nécessaire, d'après HELMHOLTZ, au fonctionnement régulier de l'oreille interne.

Il reste à voir comment les vibrations de chaque corde se transmettent à l'appareil acoustique terminal. Chez les mammifères, au milieu de la membrane, au point où l'excursion est à son maximum, se trouve le pilier externe de l'arc de Corti; ce pilier communique les vibrations à son extrémité supérieure, à la membrane réticulaire, et ainsi aux cellules auditives, dont les houppes terminales sont par secousses correspondantes heurtées contre la membrane de Corti, et transmettent ainsi l'impression aux terminaisons nerveuses, et plus particulièrement à ces capsules ovales que HENSEN, à cause de l'analogie de leur structure avec celle des corpuscules du tact, regarde comme destinées à percevoir en quelque sorte la pression ou la tension à laquelle elles sont soumises.

HENSEN[1] est allé jusqu'à trouver que cette membrane de Corti présente, du moins au niveau des cellules auditives internes, une série d'épaississements, de callosités saillantes spécialement destinées à recevoir le choc des cils terminaux. Quant à la membrane de Corti elle-même, elle ne peut participer aux vibrations, puisqu'elle repose sur des cellules fixes, placées sur l'os ou le cartilage.

Telle serait, dans ses traits principaux, cette théorie ingénieuse, séduisante, qu'on[2] a cherché à démontrer expérimentalement et qui a fini par emporter une adhésion presque générale. HASSE lui-même, que ses travaux si étendus sur le labyrinthe membraneux rendaient particulièrement bon juge en cette matière, a fini par s'y rendre. Ce n'est pas du premier coup, il est vrai; et il est très-curieux de re-

[1] HENSEN Cf., loc. cit., Archiv für Ohrenheilkunde, 1871 (p. 25-26 et fig. 8 *b c d l*); Ibid., 1874, p. 183, Heft 3.

[2] JENDRASSIK, Ein Klangzerlegsapparat zur schematischen Darstellung der Klanganalyse durch das Gehör. (Exposition universelle de Vienne.)

trouver dans les écrits de cet auteur les traces des hésitations par lesquelles il a passé avant d'arriver à un jugement définitif.

C'est ainsi que, dans ses premières études sur le limaçon de l'oiseau (*Archiv für wiss. Zoologie*, Bd. XVII), HASSE, après avoir repoussé la théorie de HELMHOLTZ sur les arcs de Corti, déclare que celle de HENSEN sur les vibrations de la membrane basilaire et l'enfoncement des bâtonnets terminaux dans la membrane de recouvrement, lui paraît non moins inacceptable. Retournant en quelque sorte le rôle des parties en question, il regarde comme l'organe essentiel, comme l'organe vibrant, la membrane de Corti, qui, dit-il, comme la membrane basilaire, a le caractère important d'augmenter successivement de largeur, et, de plus, possède l'avantage de s'étendre avec sa masse vibrante sur toute l'étendue des cils acoustiques, mais non au delà.

Nous n'avons pas à insister ici sur les défauts évidents de cette nouvelle hypothèse. Du reste, HASSE lui-même ne tarda pas à l'abandonner, et déjà dans le tome XVIII[1] des mêmes *Archives*, après avoir étudié le labyrinthe des batraciens, il attribua en dernière instance le processus auditif aux vibrations du cil terminal, généralisant cette théorie pour tout l'appareil auditif, dans toute la série animale, et ne faisant provisoirement exception que pour le limaçon des mammifères, dont la structure complexe, dit-il, implique peut-être quelque chose de plus.

Ce n'est que plus tard, dans sa morphologie comparée du labyrinthe membraneux, que nous voyons HASSE, changeant d'avis, déclarer qu'il est tout à fait impossible d'admettre que les vibrations de l'endolymphe se communiquent directement aux cils auditifs, et se ranger complétement à l'avis de HENSEN. Il est vrai que ses études morphologiques, en lui montrant le développement successif de la membrane basilaire dans la série animale, devaient le pousser à y voir la partie essentielle de l'organe auditif.

Pourtant, malgré le puissant appui que cette théorie de HENSEN rencontra dans l'adhésion de HELMHOLTZ et de HASSE, elle ne tarda pas à trouver des adversaires non moins autorisés, et parmi ces voix contraires, qu'il nous suffise de citer WALDEYER, qui, déjà dans son article du Manuel de STRICKER sur le limaçon, n'hésite pas à attribuer le rôle principal aux cils auditifs. (Depuis, un autre histolo-

[1] Cf. p. 72, Zur Histologie des Bogenapparates und des Steinsacks der Frösche. Id., Das Gehörorgan der Frösche, p. 359.

giste[1], faisant pour ainsi dire un pas en arrière, alla jusqu'à revenir à l'ancienne hypothèse sur les arcs de Corti.)

C'est qu'en effet une étude complète du limaçon révèle des détails de structure qui sont loin d'être favorables à l'hypothèse de HENSEN, et que BÆR[2], dans sa dissertation inaugurale, a parfaitement su faire valoir.

Et d'abord, la structure de la membrane basilaire, lorsqu'on examine les choses à fond et qu'on tient compte de l'anatomie comparée prête-t-elle bien à l'hypothèse de HENSEN? Je sais bien que chez les oiseaux et les mammifères c'est une membrane assez régulièrement striée, ayant de la tendance à se déchirer dans le sens des stries; mais cela suffit-il pour permettre de l'assimiler à une série de cordes isolées, tendues. La discussion n'est pas encore close sur la texture intime de cette membrane; ce qui montre bien que sa composition est loin d'être aussi clairement établie que semblent l'admettre certains auteurs. Chez l'homme et les mammifères, la partie vraiment striée de cette membrane, vraiment comparable à des fibres, n'occupe qu'une petite partie de l'épaisseur totale; elle constitue une sorte de revêtement plus ou moins superficiel d'une couche amorphe beaucoup plus considérable qui, elle-même tapissée sur sa face tympanique de fibres spirales connectives, forme la masse principale de la membrane basilaire.

En somme, une membrane fort peu élastique, d'une épaisseur très-appréciable, superficiellement striée, composée de diverses couches, dont, disons-le en passant, l'épaisseur[3] relative varie avec l'âge, tel est, en dernière analyse, l'appareil auquel on voudrait rapporter nos plus fines sensations auditives.

Et d'ailleurs, si chez les mammifères et les oiseaux la striation de la membrane basilaire en constituait le principal caractère, elle devrait se retrouver au moins en vestige chez les animaux qui les précèdent. Or qu'avons-nous vu en fait de membrane basilaire chez les reptiles? Ce n'est plus qu'un simple feuillet, amorphe, sans stries nettement visibles; ce n'est qu'une simple continuation de la membrane basale du cartilage en un point où ce dernier lui-même a disparu.

[1] Cf. PRITCHARD, On the structure and function of the rods of the cochlea, etc., Monthly Microscop. Journal 1873.

[2] BÆR, Ueber das Verhältniss des häutigen Standpunktes der Anatomie des Corti'schen Organs zur Theorie der Tonempfindungen, Inaugural Dissertation, Breslau 1872.

[3] Cf. WALDEYER, loc. cit., p. 929.

Déjà chez les ophidiens, chez l'orvet même où nous avons constaté une membrane de Corti, un névro-épithélium aussi parfait que chez l'oiseau, la membrane basilaire a un tout autre aspect. Qu'en dire chez un animal encore supérieur, chez le lézard, dont la membrane basilaire, épaissie, gonflée en son milieu en forme de bosse, est encore transversalement coupée par un pont solide, reste du cartilage qui primitivement se prolongeait non interrompu sur toute cette paroi.

Mais ce n'est pas tout. Admettons même que la membrane basilaire puisse, grâce à une disposition particulière de sa tension, vibrer par segments isolés, peut-on supposer que ces segments soient aptes à vibrer régulièrement? Il suffit d'un coup d'œil sur une de nos fig. 28 ou 30, ou sur la fig. 49 de l'ouvrage de Helmholtz, pour voir combien il est difficile d'admettre qu'une lame relativement aussi mince, chargée d'un épithélium aussi haut, aussi inégalement réparti, puisse entrer en oscillations périodiques. Helmholtz[1] avait, comme nous savons, tenté de venir au devant de cette objection, en prétendant que le lest épithélial de la membrane basilaire était précisément destiné à en amortir les vibrations exagérées. Mais cette interprétation nous paraît évidemment forcée, et, du reste, même chez l'oiseau, où pourtant la membrane basilaire ne présente qu'un tapis épithélial assez mince, Hasse[2] avait déjà fait ressortir la valeur de l'argument que nous invoquons.

Enfin si, comme le veut la théorie, chaque corde basilaire doit servir à la perception d'un seul ton, il faut que, vibrant isolément, elle ne communique ces vibrations qu'à une région tout à fait limitée de l'épithélium auditif terminal. Déjà Helmholtz (*l. c.*) avait compris cette difficulté et cherché dans les arcs de Corti un mécanisme spécial pour la transmission des oscillations de chaque corde basilaire à une rangée de cellules auditives. Mais depuis l'histologie a prouvé que les deux piliers de Corti, n'étant pas d'égale épaisseur, ne peuvent être considérés comme formant de véritables arcs, et, de plus, que chaque pilier repose par sa base sur plusieurs cordes basilaires, quatre d'après Hensen[3], jusqu'à onze chez certains animaux d'après Nuel (*l. c.*).

Aussi Hensen[4] déjà a renoncé à cette explication, et, prêtant aux

[1] Helmholtz, loc. cit., p. 229.
[2] Hasse, Die Schnecke der Vögel, loc. cit.
[3] Hensen Cf., Archiv für Ohrenheilkunde, Januar 1874, p. 166 et suivantes.
[4] Id., 1871, loc. cit.

arcs une qualité qu'ils ne possèdent pas, les considère comme une sorte de ressort destiné à amortir le choc des cellules auditives contre la membrane de Corti.

Veut-on, au contraire, prétendre que les vibrations se transmettent directement aux cellules auditives? Il faut admettre alors que chaque cellule auditive ne repose pas sur plus d'une corde basilaire. Hensen (*l. c.*), à un moment donné, avait fait cette supposition; mais ses coupes microscopiques et ses mensurations ne tardèrent pas à lui prouver qu'elle n'était pas suffisamment fondée.

Il suffit d'ailleurs de considérer la fig. 29 pour voir comment chez l'oiseau chaque cellule repose sur plusieurs cordes, comment la direction du faisceau terminal croise angulairement celle de plusieurs stries basilaires. Enfin nous pouvons à tout cela ajouter que, chez les mammifères du moins, l'épithélium acoustique présente une disposition qui ne doit certainement pas favoriser le déplacement isolé de l'un ou de l'autre de ses éléments. Maintenue en place, d'une part par le prolongement basilaire, de l'autre par le prolongement phalangien, fixée par son extrémité céphalique dans un anneau de la membrane réticulaire, la cellule auditive doit être considérée comme absolument fixe et inébranlable

Enfin, l'hypothèse de Hensen suppose qu'en dernier ressort, c'est par leur choc périodique contre un corps plus dur, contre la membrane de Corti, que les cils auditifs sont mis en jeu. Or, ici encore, il nous semble difficile, d'après ce que nous connaissons de la consistance de la membrane de Corti, de faire jouer à cette dernière le rôle que lui prête Hensen. Aussi avons-nous vu cet auteur admettre qu'il existe, au niveau d'une série de cils terminaux, un épaississement saillant de la membrane de recouvrement; mais même les anatomistes qui, comme Bœttcher[1] et Gottstein (*l. c.*), ont réussi à voir quelque chose de semblable, se refusent à admettre l'interprétation évidemment forcée que Hensen a voulu donner à une inégalité probablement artificielle de la membrane de Corti. Pour nous, en ce qui concerne les oiseaux et les reptiles, il nous semble que, au contraire, la membrane de Corti présente au niveau de chaque touffe de cils une dépression, un véritable enfoncement en forme de godet, dont les cils n'atteignent jamais le fond et qui souvent même (voy. fig. 28) se termine par un long canal filiforme.

Que si, enfin, comme le fait Hasse, se fondant précisément sur les

[1] Bœttcher, Kritische Bemerkungen und neue Beiträge, etc., 1872.

données plus générales de la morphologie comparée, on veut trouver dans le développement successif que prend la membrane basilaire d'espèce en espèce une raison suffisante pour la considérer comme l'élément principal du limaçon, nous répondons qu'il n'est pas étonnant que cette membrane suive un développement à peu près parallèle à celui de l'épithélium acoustique, cette partie vraiment essentielle à laquelle elle ne fait que servir de plancher. Ce n'est pas, du reste, que le névro-épithélium cochléen ne dépasse jamais les limites de la membrane basilaire. N'avons-nous pas vu chez l'oiseau la plus grande partie de la papille acoustique reposer entièrement sur le cartilage au niveau de l'émergence des nerfs et y former sous les cellules auditives un amas d'éléments cellulaires et nerveux entremêlés, auquel il est absolument impossible de vouloir appliquer l'hypothèse de Hensen ?

Ainsi donc, pas plus que l'organe de Corti ou que la membrane de recouvrement, la membrane basilaire ne répond aux conditions nécessaires pour servir de base à une théorie solide de la perception des sons, et déjà, par exclusion, nous arrivons à chercher la clef du problème dans le seul élément du limaçon que nous n'ayons pas encore soumis à une étude physiologique rigoureuse, dans les cellules auditives elles-mêmes.

Du reste, la généralité même de la distribution des cellules, que nous retrouvons non-seulement dans toute la série animale, aussi loin qu'on peut parler d'un organe auditif, mais pour chaque espèce en particulier dans toutes les parties du labyrinthe, devait déjà nous porter à y voir l'organe véritablement essentiel de la perception des sons. Déjà, pour ce qui est de la partie ampullaire, du saccule et de l'utricule, nous savons que tout le monde admet que c'est par la transmission des oscillations de l'endolymphe aux cils terminaux que se fait la perception des bruits, et l'on a quelque peine à comprendre pourquoi dans le limaçon on a voulu intervertir complétement le mécanisme physiologique. Il est vrai qu'aussi longtemps qu'on ne connaissait pas les différences si notables qui existent entre les terminaisons acoustiques du limaçon et celles du reste du labyrinthe, l'on pouvait avoir quelque peine à attribuer la perception des sons musicaux aux mêmes organes et au même mécanisme que celle des bruits. Pourtant déjà Deiters (*l. c.*) avait signalé la différence qui chez l'oiseau existe entre les organes terminaux de la *lagena* et ceux de la *pars basilaris*, et plus tard Hasse (*l. c.*), répétant la même remarque, avoue ne pas bien se rendre compte du fait. Mais si l'insuffisance des connaissances anatomiques sur la structure intime des cils du limaçon permettait alors de les confondre avec ceux du reste du labyrinthe, aujourd'hui il nous est impossible de ne pas voir dans les faisceaux basilaires quelque chose de plus que dans les longs cils, ou comme les appelle GARIEL[1], les crins des ampoules ou dans les pinceaux du saccule. Et, en effet, ces cils relativement assez épais, raides, vitreux, cassants, semblables en quelque sorte à des verges de verre ou d'acier, formant par leur insertion à peu près linéaire des faisceaux minces, eux-mêmes fixés sur une sorte de plateau de même nature, indépendant du protoplasma de la cellule qui les porte, ces cils ne doivent-ils pas présenter au plus haut degré la propriété de vibrer pour leur compte, de vibrer par influence pour un ton déterminé? ne constituent-ils pas, en un mot, un appareil de résonnance presque mathématique, une sorte de diapason, infiniment supérieur dans tous les cas à ces cordes basilaires auxquelles la théorie de HENSEN voulait faire jouer le même rôle? Et, du reste, les expériences de HENSEN[2] sur les *mysis*, celles plus récentes de RANKE[3] sur les *pterotrachea*, ne nous ont-elles pas démontré chez les êtres inférieurs l'existence d'une disposition presque identique à celle que les recherches anatomiques nous forcent d'admettre chez les animaux supérieurs?

Pour ce qui est du nombre de ces éléments vibrants, il dépasserait, chez l'homme du moins, de beaucoup le minimum fixé par HELMHOLTZ (*l. c.*), puisque nous savons que le nombre des cellules auditives internes seules monte de 16 à 18,000. Nous ne pouvons pas, il est vrai, jusqu'à présent affirmer avec certitude que dans la série des cellules auditives, les faisceaux qui les terminent présentent des différences de longueur suffisantes pour faire nécessairement admettre que chacun d'eux est accordé pour un ton spécial; mais c'est une lacune que viendront peut-être combler des mensurations ultérieures. Et du reste les détails de structure qui se révèlent dans chaque faisceau auditif parlent encore en faveur de notre hypothèse. Et notamment, par la disposition en gradins des cils qui le composent, chaque faisceau ne semble-t-il pas répondre complétement à toutes

[1] GARIEL, Des phénomènes physiques de l'audition, Paris 1869.

[2] HENSEN, Studien über das Gehörorgan der Decapoden, Zeitschrift für wissenschaftliche Zoologie, Bd. XIII.

[3] RANKE, Das Gehörorgan und der Gehörvorgang bei Pterotrachea; Ibid., 1875, Supplement, Bd. XXV, Heft 1; voy. également à ce sujet : CLAUS, Das Gehörorgan der Heteropoden, in Archiv für microscop. Anat., Bd. XII, Heft 1, 1875.

les conditions qu'*a priori* la physique exigeait de l'appareil acoustique terminal? Il est évident qu'une masse vibrante, dont les différents éléments ne sont pas exactement de même longueur, au lieu de vibrer pour un seul ton, comme le fait un diapason métallique simple, vibrera aussi pour les tons immédiatement voisins. Or, c'est précisément là[1] une propriété que doit avoir l'élément anatomique qui, dans notre oreille, sert en dernière instance d'instrument au processus auditif.

Ainsi les faisceaux acoustiques du limaçon, par leurs propriétés physiques, par leur structure histologique, réunissent mieux que n'importe quelle autre partie les conditions voulues pour la perception des tons; nous trouvons donc dans le névro-épithélium seul tous les éléments nécessaires à son fonctionnement, et nous n'avons nullement besoin d'aller les chercher dans la membrane basilaire, c'est-à-dire dans une partie de la capsule connective du labyrinthe, dans un élément probablement d'une autre nature embryogénique. Que si l'on admet maintenant qu'à son tour cette capsule connective doit au niveau du limaçon subir un perfectionnement parallèle à celui du névro-épithélium qu'elle est destinée à porter, il nous semble que ce but ne pouvait être mieux atteint qu'il ne l'est dans cette partie basilaire. N'y voyons-nous pas en effet la papille acoustique portée par un simple feuillet membraneux parfaitement apte à n'opposer que le moins de résistance possible aux ondulations du liquide qui le baigne sur ses deux faces?

c. *Étude physiologique des divers éléments de la papille acoustique.*

Mais, fidèle au programme que nous nous sommes tracé, examinons au point de vue physiologique les divers éléments que l'anatomie nous a démontrés dans le névro-épithelium auditif. Peut-être y trouverons-nous encore quelque confirmation de ce que nous avons avancé jusqu'à présent.

C'est ainsi que déjà l'étude des terminaisons nerveuses prête à plusieurs considérations intéressantes. Dans le limaçon de l'oiseau, il existe, avons-nous vu, deux ordres de terminaisons nerveuses. Les unes excessivement ténues, au nombre des éléments histologiques les plus délicats, sont de simples fibrilles d'axe qui, sans s'anastomoser entre elles, sans entrer en rapport avec les cellules auditives,

[1] Cf. Helmholtz, loc. cit., Ueber Dämpfung der Schwingungen im Ohre, p. 219-224.

vont, chacune séparément, se perdre soit dans le plateau, soit, comme des recherches ultérieures ont semblé le prouver, plus haut encore, au niveau du faisceau terminal. Chaque élément vibrant se trouve en rapport avec une fibrille nerveuse particulière, et cette remarquable coïncidence ne laissera plus de doutes, j'espère, sur le rôle considérable des faisceaux auditifs basilaires. Chacun d'eux, assimilable en quelque sorte à la *lingula* du cil auditif des crustacés, au bâtonnet acoustique des *Ptérotrachea*, peut être regardé comme jouant dans le sens propre du mot, vis-à-vis de la fibrille nerveuse qui s'y perd, le rôle de tétanomoteur; à chaque ton correspond en dernier lieu une fibrille nerveuse, et ainsi se trouve reproduit dans sa forme en quelque sorte typique le modèle préétabli par Helmholtz.

Mais, outre ces fibrilles d'axe isolées, il existe dans le limaçon de l'oiseau un second ordre de fibres plus épaisses, probablement des faisceaux de fibrilles d'axe, formant un réticulum intra-épithélial dans lequel se perd l'extrémité inférieure effilée des cellules auditives. Ce sont ces fibres plexiformes qui existent seules dans le névro-épithélium du saccule et de l'utricule, disposition anatomique concordant entièrement avec ce que nous avons dit du rôle physiologique de ces parties, auxquelles doit faire défaut, en même temps que le système des fibrilles isolées, la perception des tons simples.

Quant au rôle de ces fibres réticulées dans le limaçon, il est, je l'avoue, difficile à déterminer. Peut-être ces fibres servent-elles à assurer la régularité de la perception lors du fonctionnement concomitant de plusieurs faisceaux auditifs, tel qu'il faut se le figurer dans l'acte de la perception du timbre d'un son. Peut-être aussi la partie basilaire dans son ensemble est-elle apte à ressentir une impression auditive commune générale, comme celle que perçoivent le saccule et l'utricule? Ce n'est pas que nous n'ayons quelque peine à admettre ainsi dans le limaçon une double terminaison nerveuse, et nous revenons là à une question que nous avons déjà effleurée dans la partie anatomique de notre travail. Aussi ne voulons-nous pas nous arrêter ici sur tout ce que l'on a dit de ces réticulums intra-épithéliaux; contentons-nous de rappeler qu'après avoir fait voir comment les fibres plexiformes du limaçon de l'oiseau, se comportant en cela comme les fibres spirales de la rampe moyenne des mammifères, entrent en rapport avec des espèces de granulations ganglionnaires, nous avons à ce moment déjà particulièrement insisté sur les difficultés que présente l'interprétation physiologique d'un système d'éléments dont la nature anatomique n'est pas encore entièrement fixée.

Nous ne pouvons pas terminer cet examen rétrospectif du névro-épithelium acoustique, sans dire quelques mots des discussions qui se sont élevées sur la nature véritable et le rôle des cellules auditives et de leurs organes terminaux. Ce n'est pas, non plus, que nous voulions répéter ce que l'on a écrit des névro-épitheliums en général; restreignant nos recherches, nous avons simplement à voir ici si la cellule auditive prend part au processus acoustique, si elle sert d'une façon quelconque à la perception sonore, ou bien s'il ne faut la considérer que comme une cellule indifférente, destinée seulement à porter l'organe auditif terminal avec son filet nerveux. On voit jusqu'à quel point cette question se rattache à l'anatomie. Aussi les histologistes lui ont-ils donné des réponses bien différentes, suivant les résultats auxquels les avait conduits l'étude des terminaisons nerveuses dans le labyrinthe. Les uns, et ils constituent la majorité, se fondant précisément sur les connaissances générales, regardent la cellule auditive comme nerveuse. HENSEN[1], par exemple, l'assimile à un élément nerveux, à une sorte de ganglion périphérique, et admet que l'impression auditive a lieu en tant que le plateau terminal avec les cils presse, comme un corps étranger, sur le protoplasma de la cellule auditive. D'autres, au contraire, comme HASSE[2], admettent que le nerf traverse ou dépasse la cellule et refusent à cette dernière la nature nerveuse, et avec elle la participation directe au phénomène de l'ouïe. La cellule auditive, dit-il, doit être considérée comme un simple élément accessoire, destiné à supporter, à soutenir la terminaison nerveuse et par la transmission de ses monuments à l'élément nerveux voisin, à permettre au processus sensoriel de s'accomplir. HENSEN (*l. c.*), il est vrai, ne tarda pas à s'élever contre cette manière de voir, faisant observer que jusqu'à présent on a simplement prouvé que le nerf s'arrête dans la cellule, et cette opinion de l'histologiste, qui venait de découvrir dans le névro-épithélium des mammifères une terminaison acoustique spéciale, ne manque pas, je l'avoue, d'un certain poids. Pour nous, quoique ne pouvant admettre entièrement la restriction précédente, puisque nous avons vu des fibrilles nerveuses venir se perdre directement au niveau des cils terminaux, nous avons d'un autre côté vu trop souvent et trop nettement des filets nerveux se jeter dans l'extrémité inférieure effilée des cellules auditives, pour admettre sans réserve l'opinion de HASSE.

[1] HENSEN, Cf. Zeitschrift für wiss. Zool., t. XIII, und Referat über Hasse's Morphologie, loc. cit.

[2] HASSE, Vergleichende Morphologie, etc.

Ce n'est donc pas un problème déjà si facile à résoudre que de se faire une idée exacte du rôle et de la nature de ces cellules auditives; et, pour lui donner une solution définitive le mieux est d'attendre que des recherches plus complètes aient jeté plus de jour encore sur ce chapitre difficile de l'histologie. En effet, à mesure que les recherches se multiplient, à mesure qu'elles s'étendent sur plus d'espèces animales, de nouveaux détails se révèlent qui sont parfois d'un intérêt majeur. C'est ainsi que les recherches de WALDEYER (*l. c.*) et GOTTSTEIN (*l. c.*) nous ont démontré que les cellules auditives externes des mammifères, ces organes en apparence si difficiles à comprendre, sont le résultat de la fusion des deux éléments cellulaires. C'est ainsi que, s'il nous est permis de descendre aussi brusquement du sommet de l'échelle animale à un degré si inférieur, c'est ainsi que les recherches récentes de RANKE (*l. c.*) sur les *Pterotrachea* nous ont démontré chez ces invertébrés un appareil auditif comparable à celui des animaux les plus élevés. Chaque cellule auditive porte plusieurs poils ou bâtonnets complétement raides, cassants, vibrants sous l'influence de certains sons. Chacun de ces bâtonnets reçoit une fibrille nerveuse, et la cellule entière paraît comme un faisceau de fibrilles nerveuses, entouré d'une membrane.

Aussi RANKE croit-il, et nous ne pouvons mieux faire que de nous associer à son opinion, qu'en général avec les cellules auditives on n'a plus affaire à de simples éléments cellulaires, mais à des objets métamorphosés dont la forme extérieure répond encore plus ou moins à la forme des cellules dont ils dérivent.

Et encore, il faut le reconnaître, dans l'épithélium auditif la déviation du type primitif est beaucoup moins marquée que dans maint autre épithélium sensoriel, dans la rétine par exemple. Pourtant, malgré les différences en apparence si considérables qui séparent l'organe de l'ouïe de celui de la vision, il est impossible de ne pas reconnaître des traces de la similitude commune aux vésicules labyrinthique et oculaire primitive.

d. *Parallèle entre les névro-épithéliums auditif et visuel.*

Ce parallèle entre l'organe de Corti et la rétine a été tracé par WALDEYER[1]. Nous ne voulons ici qu'en reproduire les principaux

[1] Cf. WALDEYER, loc. cit., Stricker's Handbuch, p. 953 et suiv.

traits, en insistant sur plusieurs détails particulièrement propres à jeter quelque jour sur la nature des organes sensoriels en général. Il suffit de considérer nos fig. 5, 30, 31, etc., pour voir dans le névro-épithélium auditif plusieurs couches bien distinctes, absolument comme dans la rétine. Ces couches sont, il est vrai, en moins grand nombre que dans cette dernière; c'est qu'aussi la division des éléments y est, comme nous le verrons à l'instant, portée moins loin que dans la rétine.

C'est ainsi qu'à la simple couche assez régulière des cellules auditives correspond ce qui également représente dans la rétine les organes terminaux avec leurs éléments nerveux, c'est-à-dire toutes ces parties extérieures qu'on a comprises sous le nom de *couche des bâtonnets* et de *couche granuleuse externe*. On saisit encore au premier aspect l'analogie qui existe entre la couche intermédiaire et le réticulum, beaucoup plus grossier, il est vrai, qui dans le névro-épithélium acoustique occupe presque tout l'intervalle qui sépare les cylindres de la couche des noyaux. La couche granuleuse interne de la rétine correspond bien évidemment à cette couche de noyaux assez régulièrement alignés qui dans l'épithélium acoustique se rencontrent toujours à la limite du cartilage. Ce sont là les deux éléments dont la parallélisation semble la plus naturelle. Mais il est moins aisé, dès l'abord, de trouver un analogue des couches profondes de la rétine. Il faut pour cela se rappeler que dans l'oreille il existe entre la capsule connective et les éléments nerveux du labyrinthe une connexion beaucoup plus intime que dans l'œil, où tous les éléments nerveux sont réunis en une seule masse. On trouvera alors une analogie toute naturelle entre la couche des ganglions de la rétine et ces renflements ganglionnaires communs à toutes les branches du nerf auditif, mais relégués plus loin de leur terminaison périphérique, rejetés jusque dans le tissu périlymphatique. Quant à la couche moléculaire, cette partie de la rétine où le tissu connectif spongieux particulièrement abondant constitue une sorte de système lacunaire, rempli par les éléments nerveux, n'est-ce pas trop se hasarder que de la comparer à cette partie des *maculæ acusticæ*, où les fibres nerveuses se creusent leur trajet dans le plancher cartilagineux et forment un réseau entremêlé de fines mailles connectives?

Jusqu'à présent nous n'avons parlé que des éléments nerveux de la rétine; il ne serait pas impossible non plus que l'épithélium acoustique présentât quelque chose d'analogue au système des fibres radiées qui constituent la charpente connective du névro-épithélium visuel. Déjà nous avons indiqué que, pour ce qui est du limaçon des mammifères, WALDEYER avait rapproché les fibres spirales et la couche granuleuse auditive des éléments non nerveux de la couche intermédiaire et de la couche granuleuse interne. Rappelons encore ici le résultat auquel était arrivé v. EBNER (*l. c.*), ce que nous avons dit de ce plexus si riche de la ***macula sacculi***, de certains élements de la papille acoustique de l'oiseau, et nous arriverons à conclure qu'il doit probablement y avoir dans le névro-épithélium auditif une disposition analogue à celle que l'on constate dans la rétine. Du reste, il semble que ce soit un fait général que l'existence dans tout névro-épithélium d'une trame destinée à en isoler les éléments spécifiques.

Nous savons, en effet, que les recherches récentes de v. BRUNN[1], confirmant celles de SCHULTZE, BABUCHIN, etc., l'ont porté à admettre entre les cellules olfactives un système d'éléments épithéliaux destinés à assurer l'isolement des premières. Nous n'avons pas à revenir ici sur ce que nous avons dit des cellules isolantes (*Zahnzellen*) de HASSE; mais il est évident que partout les cylindres acoustiques sont séparés par une masse granuleuse, protoplasmique, qu'il faut considérer comme le résidu d'éléments primitivement distincts, plus tard fusionnés, remplissant les lacunes laissées par les autres parties constitutives de la tache acoustique.

Mais revenons un instant sur ce rapide exposé et voyons si une étude plus approfondie ne nous révèlera pas une analogie plus complète encore entre les éléments de perception visuels et acoustiques. Il est évident au premier coup d'œil qu'il faut voir dans l'article externe des cônes et des bâtonnets l'analogue de nos faisceaux et cils auditifs. L'article interne, au contraire, complété par la granulation correspondante, constituera l'analogue du corps des cellules auditives, dont l'extrémité inférieure effilée se continue en un filet nerveux, absolument comme chaque granulation de cône ou de bâtonnet se termine dans une des fibres qui constituent la partie la plus profonde de cette couche granuleuse externe.

Ce qui vient encore confirmer cette manière de voir, c'est que, en nombre de points, chez l'homme, pour ainsi dire partout chez

[1] Von BRUNN, Untersuchungen über Riechepithel, in Archiv für microscop. Anatomie, Bd. XI, Heft 3.

les animaux, la couche granuleuse présente juste assez d'éléments pour que chaque cône ou chaque bâtonnet ait son noyau et sa fibre nerveuse, c'est-à-dire que les éléments terminaux de la rétine sont alignés les uns à côté des autres, absolument comme les cylindres acoustiques en n'importe quel point de la vésicule labyrinthique [1].

Du reste, cellules auditives ou éléments rétiniens terminaux ne sont, ainsi que l'a fait remarquer Krause [2], que les homologues de ces cellules épithéliales qui tapissent le canal central de la moelle et les ventricules du cerveau. Ces cellules, comme nous le savons, présentent des cils vibratiles peut-être en activité chez l'embryon. Ces cils, ainsi que l'avance Krause, se retrouvent sur le revêtement cellulaire de la vésicule oculaire primitive; ce sont eux qui, par des métamorphoses successives, deviendront les articles externes des cônes et bâtonnets rétiniens. Ce que Krause dit du névro-épithélium visuel peut, et à plus forte raison, se répéter des cellules auditives, qui, par leur forme et celle de leur organe terminal, ne se sont que fort peu écartées de la cellule vibratile épendymaire qui leur sert de type.

Poussant plus loin encore la comparaison, Krause n'hésite pas à voir dans la membrane limitante externe de la rétine un dérivé de cette couche cuticulaire qui se trouve à la surface de tout épithélium cylindrique.

Déjà v. Brunn (*l. c.*) avait signalé sur la muqueuse olfactive une formation analogue, et dès lors rien ne nous empêche plus d'assimiler à la limitante externe olfactive ou rétinienne ce rebord brillant qui, fixant les plateaux terminaux de nos cellules auditives, se retrouve à la superficie de toutes les taches acoustiques et constitue chez les mammifères l'organe si compliqué connu sous le nom de membrane réticulaire.

Continuant la comparaison, Krause rapproche chaque fibre de cône ou de bâtonnet de ces filaments qu'on voit partir de l'extrémité inférieure des cellules du canal central pour se perdre dans le tissu épendymaire. Encore ici le névro-épithélium acoustique s'éloigne beaucoup moins de la forme primitive; car nous savons que pour ainsi dire constamment chaque cellule auditive se continue en une sorte de filament d'une certaine épaisseur, dont l'interprétation n'a pas laissé parfois que d'être assez difficile.

[1] Cf. M. Schultze, Die *Retina*, in Stricker's Handbuch, p. 991.

[2] Cf. W. Krause, Der *Ventriculus terminalis*, in Archiv. für microsc. Anat., Bd. XI, p. 224 et suiv.

Mais, avant d'aller plus loin, nous sommes forcé de revenir un instant sur cette couche réticulée que dans le névro-épithélium auditif, aussi bien que dans la rétine, l'on peut désigner sous le nom de couche intermédiaire. Nous n'avons pas à discuter ici les opinions si différentes qui se sont élevées dans les dernières années sur la texture de la couche intermédiaire rétinienne. Contentons-nous de dire que, dans le névro-épithélium acoustique, nous avons pu avec certitude constater l'existence d'un plexus nerveux très-serré, situé entre la couche des cylindres et celle des noyaux, plexus probablement analogue à celui que M. SCHULTZE admet dans la couche correspondante de la rétine. D'un autre côté, nous savons que KRAUSE[1] a, dans la même couche de la rétine, prouvé l'existence d'une sorte de tissu connectif, qui, d'après lui, servirait à isoler les éléments terminaux rétiniens des parties plus profondes qu'il rapproche des couches nerveuses centrales grise et blanche; ce tissu, comparable à la substance gélatineuse qui entoure le canal central de la moelle, serait donc en somme une sorte de névroglie. Il suffit de rapprocher ces considérations de celles auxquelles nous nous sommes livré plus haut, en parlant des couches moyennes du névro-épithélium auditif, pour y trouver un argument de plus en faveur de nos conjectures sur l'existence de deux espèces d'éléments dans la couche réticulée acoustique.

Mais laissons là ces données purement anatomiques, et voyons si dans le parallèle entre l'organe de Corti et la rétine nous ne trouverons pas des données plus spécialement applicables à la partie physiologique de notre travail. Il faut dans la membrane de Jacob distinguer deux éléments, les cônes et les bâtonnets, auxquels la physiologie assigne également des fonctions bien différentes : les bâtonnets paraissent affectés à l'appréciation des quantités différentes de lumière; les cônes paraissent en outre avoir la perception des couleurs. On voit donc combien il est intéressant de rechercher quels sont dans l'oreille les analogues de ces deux ordres d'éléments. Déjà, pour ce qui concerne l'organe de Corti des mammifères, WALDEYER avait rapproché les cellules auditives internes des cônes, les cellules auditives externes des bâtonnets, se fondant pour cela sur une disposition anatomique spéciale. Les cônes reçoivent en effet des fibres nerveuses beaucoup plus grosses que les bâtonnets, absolu-

[1] Cf. KRAUSE, Die *Membrana fenestrata* der *Retina*. Leipzig 1868.

ment comme les cellules internes sont innervées par des faisceaux de fibrilles, les cellules externes par de simples fibrilles d'axe.

Mais, laissant de côté ce caractère anatomique, nous préférons nous en rapporter à la distinction physiologique et assimiler aux cônes les cellules à faisceaux auditifs du limaçon, aux bâtonnets les cellules à cils de la *lagena*, du saccule. C'est ainsi que, quoiqu'il s'agisse, dans un cas et dans l'autre, d'éléments physiques de nature bien dissemblables, c'est ainsi que nous arrivons à réunir dans un même groupe, d'une part les organes terminaux destinés à percevoir la qualité (hauteur du son, couleur), d'autre part ceux qui nous donnent la notion de la quantité de l'excitant extérieur (intensité du son et de la lumière).

La distribution topographique de ces deux espèces d'organes varie dans l'œil et dans l'oreille. Tandis que les cônes sont répandus sur toute la surface de la rétine, leurs analogues, les faisceaux auditifs, sont limités à un territoire restreint de la vésicule labyrinthique, à la partie basilaire. Pourtant, dans quelques espèces animales, l'œil présente une disposition se rapprochant en quelque sorte de celle qui existe dans l'oreille : nous voulons parler du groupement des cônes dans la *macula lutea*, c'est-à-dire dans une partie circonscrite de la rétine, qui, comme la papille acoustique, présente une accumulation spéciale des éléments nerveux.

Quant à ces cônes et à ces bâtonnets, quoique présentant des différences de structure plus considérables encore que celles qui distinguent les diverses terminaisons acoustiques, ils ne sont, comme ces dernières, que des modifications d'une forme originelle commune. Du reste, on peut même pousser plus loin la distinction : par exemple, parmi les cônes, ceux de la *macula* sont toujours différents, ordinairement plus longs et moins épais que ceux des autres régions de la rétine. Ainsi donc, dans l'organe visuel comme dans celui de l'ouïe, les appareils terminaux, quoique construits sur un même plan général, présentent des différences de forme secondaires auxquelles, dans l'un et l'autre cas, doivent répondre des différences de fonction.

Voyons maintenant si, en nous aidant des notions que les recherches de M. Schultze nous ont données sur la structure des organes terminaux de la rétine, nous ne pouvons pas faire un pas de plus et constater une ressemblance encore plus intime entre les deux appareils qui sont particulièrement destinés à transformer les vibrations du milieu qui les entoure en impressions propres à être ressenties par les nerfs et transmises par eux à l'encéphale. Ce n'est pas que les vibrations lumineuses de l'éther, qui, comme le fait remarquer SCHULTZE[1], se prêteraient encore, grâce à leur peu de longueur, aux recherches histologiques, soient à comparer aux longueurs énormes des ondes sonores. Aussi ne devons-nous nous attendre qu'à trouver une ressemblance tout à fait générale, et ne pas vouloir pousser trop loin une homologie qui ne peut être que superficielle.

Et d'abord, pour ce qui est des articles externes des cônes et des bâtonnets, il semble que leur caractère principal soit une division en lamelles stratifiées, parallèles, perpendiculaires à l'axe. C'est du nombre de ces lamelles superposées, probablement destinées à élaborer les ondes lumineuses, que dépendrait la finesse de la perception[2]. Ne faut-il pas voir en cela quelque chose d'analogue à la division de l'appareil auditif terminal en cils, c'est-à-dire en éléments secondaires, devant se comporter, par rapport aux ondes sonores, absolument comme les lamelles de la rétine par rapport à la lumière. Et du reste, nous pouvons l'ajouter ici, il n'est pas rare de voir les cils auditifs, sous l'influence de certains agents, se diviser (voy. fig. 22), comme les bâtonnets ou les cônes, en plaques cubiques superposées, phénomène probablement secondaire et qui n'a pas ici la même importance.

Nous avons à rechercher maintenant si cet article externe présente dans ses rapports avec les éléments nerveux de la rétine quelque chose de semblable à ce que nous avons vu dans l'organe auditif. Certains observateurs avaient cru voir dans cet article externe une fibre centrale (*Axenfaser* de Ritter), de nature nerveuse, et cette opinion a encore récemment trouvé des défenseurs[3].

Pourtant les recherches de SCHULZE semblent avoir démontré que jusqu'à présent c'est pure hypothèse que de vouloir relier les deux articles par une fibre centrale, que souvent même ils sont séparés par un appareil dioptrique spécial (boule colorée des oiseaux, corps lenticulaire), et qu'ainsi il ne faut voir dans l'article externe comme dans les cils auditifs qu'un appareil auxiliaire.

Quant à l'article interne, sa structure est encore plus compliquée: il semble entièrement constitué par une masse serrée de fibrilles

[1] Loc. cit., p. 1006.
[2] Loc. cit., p. 1010.
[3] Cf. ISAACSOHN, Beitrag zur Anatomie der Retina, Dissert. Berol., 1872.

longitudinales excessivement fines, dont les superficielles se continuent sur l'article externe.

Quoique la nature de ces fibres ne soit pas encore nettement connue et que l'on n'ait pas prouvé avec évidence qu'elles ne sont que la continuation ou la terminaison des fibres de la couche granuleuse, ce que nous savons des cellules auditives que Ranke a découvertes chez les *Ptérotrochea*, et qui sont également entièrement composées de fibres nerveuses, ne rend pas cette manière de voir inacceptable.

Nous pouvons ajouter ici que les recherches sur l'œil des céphalopodes [1] ont prouvé que, chez ces êtres inférieurs, l'on trouve sur les éléments rétiniens, sorte de bâtonnets composés de lamelles superposées, des fibrilles dont on a pu constater la nature nerveuse.

D'un autre côté, dans des recherches plus récentes encore [2], on aurait pu poursuivre une fibre nerveuse dans l'article interne d'un cône et la voir se terminer dans le corps lenticulaire, c'est-à-dire dans cet appareil dioptrique qui se trouve immédiatement au-dessous de l'article externe.

Ainsi donc, quoi qu'il en soit, que les fibrilles du nerf optique aillent directement se perdre le long de l'article externe, ou qu'elles viennent se terminer immédiatement au-dessous de lui, d'une façon ou d'une autre, nous trouvons, pour nous expliquer la perception lumineuse, quelque chose d'analogue à ce que nous avons vu dans l'oreille : des fibres nerveuses en rapport, pour ainsi dire en contact, avec un appareil auxiliaire qui, mis en jeu par l'excitant extérieur, ébranle la terminaison nerveuse à la façon d'un tétanomoteur et lui transmet ainsi l'impression sensorielle.

Mais laissons là cette digression, trop longue déjà, pour terminer notre étude des diverses parties constitutives du limaçon.

e. *Étude physiologique de l'appareil oolithique ou de recouvrement.*

Nous avons jusqu'à présent complétement laissé dans l'ombre un élément du labyrinthe qui, par la généralité de sa distribution et son apparition précoce, doit être considéré comme essentiellement nécessaire au fonctionnement de l'appareil auditif. Nous voulons parler

[1] Cf. M. Schultze, loc. cit., p. 1011. Id., A. f. m. Anat., Bd. V, p. 15.

[2] J. C. Ewart, On the minute structure of the retina, etc., in Journal of anat. und physiologie, 1874, XV, 166-169 (cité dans Med. Centralblatt 1875, n° 28).

de cette série d'organes qui, sous le nom d'otolithes, de ***cupula terminalis***, de ***membrana tectoria***, se retrouvent dans toutes les parties de l'oreille interne. Dès le principe, la présence dans la vésicule auditive, même des animaux les plus inférieurs, de concrétions calcaires souvent crystallines, avait attiré l'attention des physiologistes, qui n'avaient pas hésité à leur attribuer un rôle des plus considérables. C'est ainsi que J. MULLER[1] avait établi que les otolithes sont propres à renforcer les sons par leur résonnance; ce principe avait été étendu par v. SIEBOLD[2] aussi bien aux otolithes fixes qu'aux masses mobiles, mises en mouvement par des cils vibratiles, qu'on trouve chez certains animaux inférieurs. Plus tard, malgré quelques remarques très-justes de HENSEN[3], cette manière de voir a été en quelque sorte consacrée par HELMHOLTZ[4], qui regarde les otolithes comme destinés à exciter mécaniquement les terminaisons nerveuses en leur transmettant les chocs du liquide endolymphatique. HASSE (*l. c.*), généralisant cette idée et comprenant dans une même catégorie les masses oolithiques et les membranes de recouvrement, y voyait un appareil spécial, vibrant, propre à transmettre directement les ondes sonores aux terminaisons nerveuses, ou, pour mieux spécifier, aux cils acoustiques. Si nous rappelons enfin la fonction bien différente il est vrai, mais non moins importante que la théorie de HENSEN fait jouer à la ***membrana tectoria***, nous aurons à peu près récapitulé les principales hypothèses qui se sont élevées sur le rôle de ces éléments, et dont aucune ne peut résister à un examen approfondi des conditions anatomiques. C'est à WALDEYER que revient d'avoir indiqué la véritable destination des otolithes, d'avoir montré que, diamétralement opposée à celle qu'on lui avait supposée jusque-là, elle devait être d'amortir les vibrations sonores dans le labyrinthe, qu'en un mot, ces otolithes, ces membranes de recouvrement constituaient précisément cet appareil régulateur dont HELMHOLTZ avait déclaré l'existence indispensable au fonctionnement régulier de l'oreille. Et, en effet, quelle attribution physiologique répond mieux aux propriétés physiques de ces otolithes, de ces masses cristallines suspendues dans une sorte de matière muqueuse où se perdent les cils auditifs? « L'on m'accordera facilement[5] qu'un tel appareil, absolu-

[1] Cf. HENSEN, Studien über das Gehörorgan der Decapoden, in Zeitschrift für wiss. Zoologie, Bd. XIII, p. 352 et suiv.
[2] Ibid.
[3] Ibid.
[4] HELMHOLTZ, Die Lehre der Tonempfindungen, etc., p. 214.
[5] Cf. W. WALDEYER, loc. cit., p. 952.

ment comme ferait un sac de sable, loin d'être approprié à vibrer régulièrement, semble bien plutôt en état d'amortir les vibrations des corps avec lesquels il entre en contact. » Et nous pouvons en dire autant de ces membranes de recouvrement, de ces masses de la consistance de la matière cérébrale, qui forment sur les cils acoustiques un nuage, un voile muqueux bien plus apte à étouffer les ondes sonores qu'à entrer elles mêmes, comme le voudrait HASSE, en oscillations parfaitement périodiques.

Du reste l'expérimentation a donné raison à cette manière de voir. Déjà HENSEN[1] avait montré comment les décapodes, à l'époque de leur changement de peau, remplacent les otolithes qu'ils ont perdus, par les premiers grains de quartz, par les premières parcelles minérales d'un certain poids spécifique qu'ils rencontrent à leur portée. Tout récemment, dans cette étude sur l'appareil auditif des *Pterotrachea* si riche en remarques intéressantes que nous regrettons de ne pouvoir ici la transcrire en entier, RANKE a pu directement sous le microscope s'assurer que le rôle des otolithes était bien celui que leur avait assigné WALDEYER. Chez le *Pterotrachea*, la vésicule auditive, qui, en un point de sa paroi, présente un véritable appareil acoustique dont nous avons déjà parlé, est sur le reste de son étendue tapissée de cils spéciaux, reliés à la paroi par une sorte d'articulation et probablement en rapport avec des éléments contractiles. Le centre de la vésicule est occupé par un otolithe. Or RANKE, expérimentalement, a pu s'assurer que, tant que les sons étaient faibles, l'otolithe restait en place, et les cils parfaitement immobiles, lors même que les bâtonnets acoustiques entraient en vibrations. Mais, sous l'influence d'un son plus fort, ces cils se redressent et pressent l'otolithe contre les bâtonnets acoustiques dont ils amortissent ainsi les vibrations. N'est-ce pas là un véritable appareil d'accommodation, que RANKE, du reste, ne craint pas de comparer à l'iris, et ce phénomène dirctement observé n'est-il pas la démonstration expérimentale la plus directe du rôle véritable des otolithes?

Peut-être, ainsi que nous avons déjà eu l'occasion de le dire, outre la mission que nous venons de leur décrire, ces otolithes, ou, pour parler plus généralement, ces appareils de recouvrement ont-ils encore pour but de protéger les cils acoustiques contre les oscillations accidentelles, contre le courant inévitable que le renouvellement de l'endo-périlymphe doit produire dans la capsule auditive. Nous sa-

[1] HENSEN, loc. cit., p. 319 et suiv.

vons, en effet, que ce mouvement, activé chez les espèces inférieures par des cils vibràtiles spéciaux, est également facilité et entretenu chez les animaux supérieurs par des dispositions anatomiques [1] particulières, variables, mais ne faisant jamais défaut. Nous n'avons pas, du reste, à nous arrêter ici sur les rapports qui existent entre les otolithes et l'aqueduc du vestibule découvert par Bœtcher [2], pas plus que sur les conclusions physiologiques qu'en a voulu tirer Hensen [3]. Que si l'on nous demande maintenant ce que signifie cette variété de formes que revêt dans le labyrinthe des vertébrés supérieurs l'appareil parfois si compliqué qui y remplace le simple otolithe des *Pterotrachea*, nous répondrons qu'il faut y voir une conséquence naturelle de la marche progressive de l'appareil auditif dans la série animale. C'est ainsi que toujours le saccule et l'utricule, ces deux éléments que nous retrouvons jusqu'au bas de l'échelle animale, présentent des otolithes. Les membranes de recouvrement au contraire ne font, avons-nous vu, leur apparition qu'en même temps que le limaçon. Et ici encore nous devons distinguer: tandis que la *lagena* se présente toujours avec des otolithes, que, malgré le résultat en apparence contraire auquel Hasse [4] est arrivé une fois chez les batraciens, la *pars initialis* se comporte probablement de même, c'est la partie basilaire qui, au contraire, dès sa première différenciation, se montre recouverte d'une simple couche membraneuse, libre de toute concrétion calcaire.

C'est là un perfectionnement parallèle à celui que subit au même niveau et le stratum épithélial et sa paroi connective. Dès lors nous comprenons pourquoi la masse oolithique qui, chez les reptiles, occupe encore une si grande étendue du diverticule cochléen, chez les oiseaux est reléguée au fond du canal de la *lagena* et a entièrement disparu dans le limaçon spiroïde des mammifères.

Quant à la forme toute particulière que cet appareil de recouvrement prend dans les ampoules, forme que nous lui connaissons déjà chez les vertébrés inférieurs, nous ne saurions dire s'il faut y voir une destination spéciale, une adaptation plus complète au rôle encore un peu vague des crêtes ampullaires. Peut-être la structure de la

[1] Cf. Die Lymphbahnen des inneren Ohres der Wirbelthiere, in Hasse's Anat. Studien, Heft 2.

[2] Bœttcher, Ueber den Aquæductus vestibuli bei Katzen und Menschen (Reichert's und Du Bois Reymond's Archiv, 1869).

[3] Hensen, Archiv für Ohrenheilkunde, 1871, loc. cit.

[4] Hasse, Das Gehörorgan der Frösche, loc. cit. — Id., Zur vergleichenden Morphologie, etc.

cupula terminalis, qui présente, comme nous savons, l'aspect d'un ensemble de stries, de fibrilles, souvent tordues sur elles-mêmes, est-elle en rapport avec la forme spéciale, en tourbillons, que les oscillations de l'endolymphe doivent, selon HELMHOLTZ, prendre dans les dilatations ampullaires.

f. *Parallèle entre l'évolution morphologique de l'organe de l'ouïe et le développement de la fonction auditive. De l'appareil de réception central. Conclusion.*

Maintenant que nous avons dans une ébauche rapide essayé de déterminer le rôle des diverses parties du labyrinthe membraneux, tel qu'il se présente chez les animaux supérieurs, il ne nous reste plus, pour achever notre travail, qu'à indiquer en quelques lignes par quels degrés successifs a passé la fonction auditive avant d'atteindre cette perfection que nous lui connaissons chez l'homme et les mammifères.

Nous savons que primitivement l'appareil auditif, tel que nous le retrouvons encore au bas de l'échelle des êtres organisés, placé à la surface du corps, à la portée de tous les agents extérieurs, n'était qu'une modification locale de l'*ectoderme*. A ce moment, où vient à peine de commencer cette sorte de division du travail qui, plus tard, dans un organisme plus complexe, attribuera à chaque nerf son énergie spécifique, à ce moment, il est probable que le sens auditif n'est encore qu'une simple modification, toute rudimentaire, de la sensibilité générale. Pourtant, à mesure qu'en général se multiplient et se perfectionnent les moyens par lesquels l'animal acquiert la notion des divers agents qui l'entourent, nous voyons aussi l'organe auditif se différencier de plus en plus. C'est ainsi que déjà chez nombre d'invertébrés on trouve des dispositions spéciales, parfois très-complexes, qui, quoique trop différentes entre elles pour pouvoir toujours être considérées comme homologues, n'en ont pas moins été réunies dans un seul groupe sous le nom d'organes acoustiques. Malgré cela, le sens que l'on a plutôt par induction que par expérimentation directe appelé sens de l'ouïe n'a encore qu'une importance secondaire, et, comme l'ont démontré GRABER et O. SCHMIDT [1], paraît souvent subordonné à l'accomplissement de fonctions plus essentielles,

[1] O. SCHMIDT, Die Gehörorgane der Heuschrecke, in Archiv für microscop. Anat., Bd. XI, Heft 2.

telles que celle de la reproduction, etc. Du reste, il ne faut pas se le dissimuler, chez les quelques invertébrés où l'on a pu directement démontrer l'existence d'un organe réagissant sous l'influence des sons, cet organe ne s'éloigne que fort peu de ce que nous retrouverons chez les vertébrés inférieurs.

Ces derniers, comme nous le savons, possèdent déjà pour la perception des bruits et de l'intensité des sons en général un organe qui ne le cède en rien au nôtre. Chez les animaux supérieurs nous avons vu apparaître un nouvel organe qui dès lors, suivant dans son développement une marche régulièrement ascendante, acquiert chez les mammifères sa plus grande perfection. Cet appareil paraît spécialement destiné à nous donner la notion des deux qualités essentielles des sons, et à étendre ainsi de beaucoup le cercle de notre activité auditive. C'est par lui que sont perçus la hauteur, ce que pouvait probablement saisir déjà l'oreille des animaux inférieurs, et surtout le timbre des sons. Du moins tels sont les résultats auxquels a conduit l'étude expérimentale de cet appareil chez l'homme, et les observateurs, en trouvant dans la communauté d'origine et dans l'analogie de structure des motifs suffisants pour conclure à l'analogie des fonctions, ont pu croire que telles étaient aussi les attributions du limaçon chez les animaux. « Mais, comme l'a fait justement remarquer Hensen[1], s'il est prouvé par la construction artificielle des voyelles que notre oreille peut réduire un son en ses tons harmoniques, cela ne veut pas dire qu'elle soit faite pour cela, et il est fort probable que le développement de l'oreille a plutôt pour but de lui permettre de saisir, outre la généralité des tons qu'on appelle périodiques, certains caractères concomitants des sons, par exemple d'une masse de voix saisir une voix connue, de reconnaître un cri spécial. C'est là évidemment une qualité aussi nécessaire à l'homme civilisé qu'à l'homme sauvage, non moins indispensable aux animaux supérieurs. »

On a voulu, se fondant sur la supériorité de l'homme, sur le fait que nul animal n'emploie autant son oreille que lui, prétendre qu'il possédait l'appareil acoustique, le limaçon le plus perfectionné. Mais ceci ne paraît pas du tout prouvé, et il est fort probable que, pour ce que Darwin appelait la lutte pour l'existence, l'oreille est tout aussi nécessaire à certains animaux qu'à nous-mêmes. Du reste, l'anatomie pour le limaçon comme pour bien d'autres organes est loin

[1] Cf. Experimentale Studien zur Physiologie des Gehörorgans, von Dr Schmiedekam, mit Zusätzen von Hensen (Arbeiten aus dem Kieler phys. Institut, 1868).

d'avoir démontré la supériorité de l'homme. Je sais bien qu'on a prétendu (WALDEYER) que l'homme possédait une rangée de cellules auditives externes de plus que certains autres mammifères; mais cecne suffit pas pour prouver que son oreille soit plus parfaite, et d'ailleurs HENSEN est arrivé à reconnaître que certainement le limaçon du cheval était anatomiquement supérieur à celui de l'homme.

Chez ce dernier, il est vrai, le cercle des fonctions auditives s'est extrêmement étendu, et spécialement par son application au langage et à ce qu'on a appelé l'art musical, le limaçon semble avoir acquis parmi les organes des sens une importance capitale. Mais il est évident qu'il y a là un autre élément dont il faut tenir compte, nous voulons parler de l'éducation, du perfectionnement des organes centraux. Cette participation des centres nerveux aux fonctions auditives, bien évidente pour ce qui est du langage, ne l'est pas moins pour ce que nous appelons l'art musical. Nous savons, depuis les belles recherches de HELMHOLTZ[1], que ce sont précisément les sons que la musique recherche qui répondent le mieux aux conditions physiques de l'appareil acoustique du limaçon; aussi croyons-nous que c'est dans la disposition de notre oreille qu'il faut chercher la raison pour laquelle chez tous les peuples et dans tous les temps, c'est à peu près la même série de tons qui a été préférée et appliquée à l'art musical, quelque rudimentaire ou quelque complète qu'en ait déjà été l'évolution. Mais là aussi se borne le rôle du limaçon; tout ce que l'on appelle en général don musical ne doit être considéré que comme un perfectionnement accessoire des centres de réception. Ce perfectionnement peut aller très-loin, plus loin même que pour n'importe quel autre organe des sens; les impressions auditives arrivant au sensorium finissent par n'y plus réveiller l'idée d'objets extérieurs, et c'est ainsi que notre oreille arrive à nous procurer de ces jouissances esthétiques[2] qui, beaucoup plus abstraites, plus détachées du monde extérieur que celles que nous donne par exemple l'organe de la vision, ont fait du don musical une des plus hautes prérogatives de l'esprit humain.

Il serait intéressant de voir si l'appareil de réception central, et par là nous entendons les masses ganglionnaires du nerf acoustique avec leurs rayonnements dans les diverses régions de l'encéphale, si cet appareil, par son développement, nous fournit une explication anato-

[1] Cf. Die Lehre von den Tonempfindungen als physiologische Grundlage für die Theorie der Musik.

[2] Cf. HELMHOLTZ, loc. cit., p. 2-3. Id., p. 563.

mique suffisante de ce que nous venons d'avancer. Mais ceci évidemment nous conduirait trop loin; nous n'avons pas ici avec STIEDA [1], MEYNERT [2] ou BENEDIKT (*l. c.*) à discuter les origines centrales du nerf auditif. Pour nous, qui ne voulons envisager cette question que sous son point de vue le plus général, le nerf de la huitième paire, ainsi que l'a démontré GEGENBAUR [3], ne représente que le rameau dorsal d'un nerf cranien spinal dont le rameau ventral est constitué par le facial. Le nerf acoustique n'est donc, originairement, qu'un nerf sensible cutané ; son expansion périphérique elle-même n'est primitivement chez l'homme et les mammifères que ce qu'elle est toujours chez les animaux les plus inférieurs, un simple repli tégumentaire; c'est ainsi qu'ici encore l'embryogénie, en venant confirmer les résultats de la morphologie comparée, nous autorise à faire descendre les formes si diverses de l'appareil auditif d'une souche commune, de cette vésicule labyrinthique primitive dont on peut sans peine, du bas jusqu'au sommet de l'échelle animale, poursuivre le développement graduel et non interrompu.

[1] STIEDA, Studien über das centrale Nervensystem der Knochenfische (in v. Siebold's und Kœlliker's Zeitschrift für wissenschaftliche Zoologie, Bd. XVIII, 1868. Id., Studien über das centrale Nervensystem der Vögel und Säugethiere, ibid., Bd. XIX. Id., Studien über das centrale Nervensystem der Wirbelthiere, bid., Bd. XX.

[2] MEYNERT, Vom Gehirne der Säugethiere, in Stricker's Handbuch, p. 770 et suiv.

[3] GEGENBAUR, Grundriss der vergleichenden Anatomie, et Untersuchungen zur vergl. Anat. der Wirbelthiere, Heft 3. Das Kopfskelett der Selachier. Leipzig 1872—1874.

EXPOSÉ TECHNIQUE.

Je crois bon, avant de terminer, d'exposer rapidement les procédés que nous avons mis en usage dans nos recherches; nous avons, en général, suivi les méthodes indiquées par WALDEYER dans son article du Manuel de STRICKER, page 958.

Pour l'examen des *parties à l'état frais*, nous nous sommes servi de l'humeur aqueuse, du sérum iodé, d'une solution salée 0,50 — 0,75 °/₀ ou chromique $^1/_{1000}$ — $^1/_{10.000}$. La liqueur de MOLESCHOTT (alcool et eau salée) et surtout l'alcool $^1/_3$ de RANVIER nous ont rendu de bons services comme liquides à macération. Les solutions faibles d'acide osmique $^1/_{10}$ — $^1/_5$ °/₀, dont on peut du reste faire varier la durée d'action, sont peut-être celles qui nous ont donné les meilleurs résultats. Nous avons également employé le procédé recommandé par HENSEN, c'est-à-dire exposé les fragments à examiner aux vapeurs de l'acide osmique solide avec conservation ultérieure dans l'eau salée, ou la solution d'acétate de potasse recommandée par SCHULTZE. Un procédé qui nous a particulièrement réussi pour la dissociation des diverses formes de l'épithélium indifférent, et dont nous avons déjà parlé, consiste à faire macérer dans l'alcool $^1/_3$ des fragments de tissu préalablement traités par une solution osmique faible. Comme matières colorantes, nous nous sommes surtout servi du picrocarminate d'ammoniaque, de la purpurine, de la fuchsine et du bleu d'aniline; ces deux dernières substances semblent avoir une affinité spéciale pour les membranes de recouvrement et les cils acoustiques. Le chlorure d'or employé en solution concentrée et sur les tissus frais ne nous a pas paru spécialement avantageux.

Pour ce qui est des *préparations durcies* et des *coupes*, nous ferons remarquer qu'après avoir rapidement dépouillé la tête de l'animal tué à l'instant, fendu le crâne sur la ligne médiane, nous isolions grossièrement le labyrinthe osseux dont les cavités étaient ouvertes par l'ablation de la columelle et de parcelles osseuses plus ou moins étendues. Ainsi préparé (ce qui, avec un peu d'habitude, ne prend que quelques instants), le labyrinthe était soit en entier, pour les reptiles de petites dimensions, soit en fragments, plongé dans une solution d'acide osmique de 0,5 à 1,20 %, où il restait pendant 24 heures, dans un endroit frais. Soigneusement lavées dans de l'eau distillée, les préparations étaient ensuite portées dans de l'alcool absolu, d'où elles passaient dans le liquide à décalcifier. Ce dernier était ordinairement une solution de chlorure de palladium acidulée par quelques gouttes d'acide chlorhydrique, ou une solution d'acide chromique 0,25 — 0,50 %, ou enfin une solution d'acide picrique saturée. Après un temps variable, très-court dans quelques cas où la substance osseuse était réduite à une lamelle excessivement mince, les labyrinthes décalcifiés étaient sortis du liquide, dégorgés dans de l'eau distillée et conservés dans de l'alcool. Nous avons, comme on voit, suivi des procédés assez compliqués; mais aussi nous ont-ils donné des résultats bien supérieurs à ceux que nous avons obtenus avec des préparations simplement traitées par le liquide de Müller, ou la solution de mono- ou bichromate ammonique. Du reste, remarquons de suite que même avec la méthode indiquée plus haut, nous avons obtenu dans les résultats une différence que nous ne pouvons nous empêcher de rapporter ici: des coupes, en effet, les unes étaient excessivement foncées, noires, mais d'une netteté de détails ne laissant pour ainsi dire rien à désirer; les autres, à épaisseur même relativement plus grande, présentaient une coloration beaucoup plus claire, plutôt jaune ou vert-jaunâtre, mais par contre une netteté moins considérable des éléments anatomiques. Cette différence, que nos fig. 5 et 31, 21 et 25, par exemple ont essayé de reproduire, nous ne pouvons l'attribuer qu'à la nature du liquide à décalcifier, et nous nous croyons autorisé à admettre que c'est l'acide chromique qui empêche la coloration de l'acide osmique de devenir aussi intense. L'acide picrique a sur les deux autres solutions et notamment sur la solution palladique le désavantage de favoriser la désagrégation de la préparation et de rendre ainsi les coupes plus difficiles.

Pour ces dernières, nous avons du reste été forcé de suivre un manuel opératoire assez compliqué, mais qui nous paraît indispensable. Le fragment de labyrinthe, sorti de l'alcool, retrempé un instant dans de l'eau, était plongé dans un mélange à parties égales de gélatine et de glycérine, et maintenu un certain temps dans cette masse chauffée au bain-marie. Cette dernière précaution est nécessaire pour chasser autant que possible les bulles d'air et remplace sans trop grand désavantage la machine pneumatique proposée à cet effet par MOSELEY[1]. Enfin le fragment, placé dans une cavité creusée dans un morceau de foie durci, recouvert du mélange de glycérine et de gélatine, était replongé dans l'alcool, où en quelques jours le tout prenait une consistance très-favorable à la coupe. Comme masse à inclusion, le mélange de glycérine et de gélatine nous a paru de beaucoup supérieur au savon transparent, à la paraffine et surtout au mélange de cire et d'huile préconisé par STRICKER.

Les coupes, faites à main libre, étaient toutes examinées et au besoin conservées dans la glycérine.

Tel est le procédé qui nous a le mieux servi et que nous avons de préférence mis en usage. Rappelons toutefois que, pour toute une série de préparations, nous avons essayé le procédé de GERLACH : le labyrinthe durci dans une solution de monochromate ammonique était divisé en coupes très-fines; les coupes elles-mêmes étaient soumises pendant un ou plusieurs jours à l'action d'une solution diluée $^1/_{10,000}$ de chlorure d'or et de sodium, puis examinées après exposition suffisante à la lumière; mais cette méthode n'a pas réalisé ce que nous en attendions, et pour les détails de la distribution nerveuse comme pour tout le reste le cède de beaucoup à la précédente.

Nous avons peut-être insisté trop longtemps sur des détails qui peuvent paraître futiles à qui n'a pas l'expérience des difficultés que présente l'étude histologique du labyrinthe membraneux; c'est que les obstacles déjà si nombreux que l'on rencontre dans l'examen microscopique du limaçon des mammifères se multiplient peut-être encore quand il s'agit de répéter cette étude chez les animaux inférieurs : la simplicité plus grande de structure est largement compensée par l'exiguité même des parties, et l'on rencontre parfois de grandes difficultés à faire, dans un sens déterminé, une coupe convenable d'un organe qui souvent, comme le limaçon de la couleuvre ou de l'orvet, rentre presque déjà dans le domaine des objets microscopiques.

[1] MOSELEY, On methods preparing the Organ of Corty, etc., in Microsc. Quart. journ., XLVIII, p. 374.

EXPLICATION DES PLANCHES.

PLANCHE I.

Fig. 1. Coupe à travers le Recessus utriculi et l'ampoule voisine (*Anguis fragilis*). — Vue d'ensemble. Hartnack oculaire II, objectif 4 (tube rentré).

a) paroi osseuse; b) cavité utriculaire; c) cavité ampullaire; d) *crista acustica;* e) *macula acustica utriculi* (névro-épithélium, membr. tectoria-otolithes); f) nerf dont on voit quelques filets gagner la crista voisine; g) plancher du saccule.

Fig. 2. *Crista acustica*, avec sa *Cupula terminalis* (*Tropidonotus natrix*). H. III/8.

a) *Cupula terminalis;* b) cellules auditives; c) noyaux de la couche profonde; d) nerf dont on voit quelques filets très-fins pénétrer en descendant obliquement dans l'épithélium.

Fig. 3. Fragment d'une ampoule horizontale (*Lacerta agilis*). H. III/8.

a) paroi cartilagineuse; b) cellules auditives de la crista; c) couche des noyaux de la crista; d) filets nerveux allant se perdre dans le névro-épithélium; e) *planum semilunatum.*

Fig. 4. Coupe transversale de la *lagena* de la couleuvre (*Tropidonotus natrix*). H. III/3.

a) paroi osseuse; b) espace et tissu périlymphatique; c) anneau cartilagineux déjà presque complet; d) névro-épithélium acoustique; e) otolithes; f) membrane de Reissner.

Fig. 5. Névro-épithélium de la *macula acustica sacculi* (*Tropidonotus natrix*). H. II/10. Immersion.

a) nerf dont on voit les filets pénétrer dans l'épithélium; b) cartilage; c) couche des noyaux; d) plexus nerveux intraépithélial; e) couche des cylindres acoustiques; f) touffe de cils acoustiques; g) *membrana tectoria* avec ses vacuoles.

Fig. 6. Coupe transversale du limaçon du lézard montrant le cartilage triangulaire, le groupe des cellules adjacentes et la membrane de Reissner (*Lacerta agilis*). H. III/8.

a″) cartilage triangulaire; b) angle d'insertion de la membrane basilaire; c) revêtement épithélial du cartilage triangulaire; d) groupe des cellules postérieures avec un vaisseau coupé transversalement en *e* et un autre longitudinal en *e′;* f) membrane de Reissner avec ses deux ordres d'éléments, les uns clairs, les autres foncés.

Fig. 7. Coupe transversale du cartilage nerveux et de la partie basilaire du limaçon chez le lézard (*Lacerta agilis*). H. III/8.

a) lamelle cartilagineuse de la *lagena;* a′) cartilage nerveux avec son tubercule; a″) cartilage triangulaire; b) membrane basilaire avec son élévation médiane *b′;* c) papille spirale; d) *membrana tectoria;* e) nerf envoyant quelques filets en *e′*; f) simple épithélium cubique de revêtement.

N. — La coupe à travers la membrane basilaire et la papille spirale a porté un peu obliquement, de sorte que les proportions en sont un peu trop grandes par rapport à celles des autres parties.

Fig. 8. Fragment d'une coupe de la *membrana tectoria* ou de Corti. H. III/8.
a) lacunes de cette membrane, dans lesquelles font saillie les touffes de cils acoustiques; b) substance fondamentale.

Fig. 9. Deux cellules acoustiques isolées du limaçon de l'orvet (*Anguis fragilis*). H. II/9; les touffes de cils présentent la striation et la gradation ordinaires.

Fig. 10. Cils auditifs de la *lagena* du lézard, provenant d'une coupe durcie dans le chromate simple d'ammoniaque et imprégnée au chlorure d'or. H. I/13. Immersion.
a) sorte de gaîne brillante, hyaline, résultant probablement de l'agglomération des cils; b) filament central plus sombre faisant saillie à l'extérieur.

Fig. 11. Faisceau auditif du serpent (*Tropidonotus natrix*), la surface en paraît comme cannelée. H. I/13. Immersion.

Fig. 12. Faisceau auditif du lézard, isolé par l'alcool 1/3. H. III/8.
Le faisceau auditif *b* est comme tordu en aile de moulin à vent et laisse échapper un filament terminal très-fin *a*.

Fig. 13. Cils acoustiques de l'ampoule du lézard (ac. osmique). H. II/10. Immersion.
a) cils excessivement déliés et très-longs; b) sorte de faisceaux d'où sortent les cils.

Fig. 14. Cils et faisceaux acoustiques de l'ampoule du serpent (*Tropidonot. natr.*) (ac. osmique). H. I/13. Immersion.
a) faisceaux auditifs dont quelques-uns en *a'* montrent une torsion analogue à celle de la fig. 12; b) reticulum de la *cupula* dans lequel vont se perdre les cils qui continuent les faisceaux; c) limite de la couche épithéliale.

Fig. 15. Fragment de la couche granuleuse de la papille spirale du moineau (*fringilla domestica*).
a) membrane basilaire; b) noyaux arrondis; c) autres noyaux plus ou moins anguleux se continuant avec des fibres.

Fig. 16. Coupe transversale de la partie supérieure du limaçon chez le serpent (*Tropidonotus natrix*). H. III/4.
a) paroi osseuse; b) tronc nerveux dont on voit un cordon assez gros se rendre à la partie basilaire; c) tissu périlymphatique; d) saccule; e) limaçon (rampe moyenne); f) cartilage triangulaire; g) membrane basilaire; h) *pars basilaris* (couche des noyaux, couche des cylindres, cils acoustiques, membrane de Corti); j) *pars initialis* avec ses otolithes; i) crête qui les sépare, obliquement coupée; k) membrane de Reissner, expansion de la paroi du saccule au-dessus de la rampe moyenne; l) rampe tympanique; m) rampe vestibulaire.

Fig. 17. Faisceaux auditifs du limaçon de l'oiseau d'après une préparation durcie dans l'acide osmique. Verick II/10. Immersion.

Fig. 18. Fragment de la papille spirale du pigeon. Verick II/10. Immersion
a) membrane basilaire; b) noyaux; c) fibrilles nerveuses semblant partir d'un tronc commun et se rendant en d au plateau, en e à la base des cylindres acoustiques.

Fig. 19. Plusieurs cellules auditives de la papille spirale du pigeon. Verick II/10. Immersion.

a) membrane basilaire; b) couche des noyaux; c) cylindres acoustiques avec c' plateau terminal et touffe de cils; d) filaments nerveux allant jusqu'au plateau terminal; e) un autre filet nerveux plus gros se perdant dans l'extrémité inférieure d'une cellule auditive.

Fig. 20. Trois cellules auditives de la papille spirale du moineau.

a) membrane basilaire; b) noyaux de la papille; c) cylindres acoustiques un peu obliquement atteints; d) fibrilles nerveuses allant jusqu'au plateau terminal.

Planche II.

Fig. 21. Coupe transversale de la *macula acustica sacculi* et du revêtement épithélial circonvoisin (*Anguis fragilis*). H. III/8.

a) cartilage; b) membrane basale du cartilage; c) épithélium de la paroi du saccule; d) cellules cylindriques étroites entourant de chaque côté la macula; e) névro-épithélium avec la couche des noyaux, la couche des cylindres auditifs et le plenus intraépithélial; f) nerf dont on voit quelques filaments pénétrer dans l'épithélium; g) cellules protoplasmiques avec h) leur bouchon saillant; i) cellules épithéliales claires; j) cils auditifs; k) *membrana tectoria;* l) otolithes.

Fig 22. Coupe transversale complète du limaçon de l'orvet (*Anguis fragilis*). H. III/8.

A) *lagena;* B) *pars basilaris;* a) cartilage de la lagena; a') cartilage nerveux avec son tubercule; a'') cartilage triangulaire; b) névro-épithélium lagénien avec c la couche des noyaux; d) la couche des cylindres; e) faisceaux auditifs de la *lagena;* f) membrane de recouvrement réticulée; g) otolithes; h) épithélium cubique intermédiaire se prolongeant sur le cartilage nerveux; i) papille spirale avec couche de noyaux, couche des cylindres et touffes auditives très-nettes; j) épithélium du cartilage triangulaire; k) membrane de Reissner avec vaisseaux sanguins coupés en différents sens, allant en k') s'insérer au cartilage lagénien; l) tissu fibrillaire spécial; m) filets nerveux se rendant à la papille acoustique; n) filets nerveux de la *lagena* transversalement coupés.

Fig. 23. Coupe longitudinale de la *lagena* du pigeon. H. II/4.

a) paroi osseuse; b) tissu périlymphatique; c) lamelle cartilagineuse recourbée de la *lagena;* d) épithélium cubique séparant la *lagena* de la pars basilaris; e) nevro-épithélium de la *lagena* avec ses deux couches d'éléments; e') *membrana tectoria;* e'') otolithes; f) épithélium cubique du fond de la *lagena* s'élevant peu à peu en hauteur pour se confondre avec la membrane de Reissner; g) membrane de Reissner; h) vaisseau sanguin allant du tissu périlymphatique se perdre dans la membrane de Reissner; i) faisceaux nerveux obliquement coupés se rendant au névro-épithélium de la lagena.

Fig. 24. Quelques-unes des grandes cellules adjacentes au cartilage triangulaire isolées par l'alcool 1 3 (*Lacerta agilis*). H. III/8.

a) leurs tiges se prolongeant jusque près du noyau et formant parfois comme en a' une sorte de crête.

Fig. 25. Coupe, menée parallèlement à la membrane basilaire, traversant le cartilage triangulaire et le groupe voisin de grandes cellules (*Lacerta* agilis). H. III/8.

a″) cartilage triangulaire; b) membrane basilaire; d) les grandes cellules de l'angle postérieur du limaçon; d′) leurs prolongements formant au niveau du cartilage triangulaire une sorte de reticulum se terminant dans une couche granuleuse lymphoïde d″) au bord de la membrane basilaire; e) *Vas spirale extern.*, le même qui est représenté en e dans la fig. 6 de la planche I.

Fig. 26. Fragment épithélial provenant de l'utricule de la couleuvre (*Tropidonotus natrix*). H. III/8.

a) Cellules épithéliales foncées, granuleuses, dont la tête en forme de clou dépasse les cellules voisines b, plus claires et comme hyalines.

Fig. 27. Fragment d'une coupe à travers le plancher d'une ampoule de la couleuvre (*Tropidonot. natr.*). H. III/8. (Acide osmique).

a) figures dendritiques d'un noir foncé formées par les cellules protoplasmiques; b) cellules épithéliales simples.

Planche III.

Fig. 28. Coupe transversale du limaçon d'un jeune canard. H. II/8.

a′) cartilage nerveux; a″) cartilage triangulaire; b) membrane basilaire; c) papille spirale; d) membrane de Corti; e) épithélium cylindrique du cartilage nerveux; e′) épithélium cylindrique du cartilage triangulaire; f) nerf dont on voit les filets traverser le cartilage nerveux pour former dans la papille une sorte de plexus f′ qu'on peut poursuivre jusque dans la couche des cylindres auditifs g); h) éléments nucléaires de la papille; i) noyaux de la face inférieure ou tympanique de la membrane basilaire; j) *vas spirale intern.*

N. — La couche finement indiquée qu'on voit au-dessus de la membrane de Corti n'est probablement pas autre chose qu'un peu du mélange de glycérine et de gélatine ayant servi à fixer la préparation.

Fig. 29. Fragment d'une coupe du limaçon du pigeon, menée parallèlement à la membrane basilaire. H. III/7.

a′) cartilage nerveux et filets nerveux le traversant en s'entrecroisant en divers sens; a″) cartilage triangulaire; b) membrane basilaire dont on voit les stries obliques, assez régulièrement parallèles entre elles; c) membrane de Reissner dont on voit très-bien les prolongements d en forme de grappes avec leurs branches vasculaires centrales; e) cellules auditives dont les faisceaux de cils, plus ou moins obliquement coupés se projettent comme des lignes droites ou infléchies sur le plan de la membrane basilaire; f) noyaux intermédiaires, restes des éléments granuleux de la papille spirale; g) fibrilles nerveuses très-ténues qu'on voit circuler entre les cellules sur la membrane basilaire; h) épithélium simple faisant suite au névro-épithélium à mesure qu'on s'avance vers le cartilage triangulaire.

Fig. 30. Fragment d'une coupe très-fine de la papille acoustique du pigeon. Hartnack. III/13. Immersion.

a′) cartilage nerveux; b) membrane basilaire un peu étalée; c) papille spirale dans toute son épaisseur; d) membrane de Corti; e) cordons nerveux dont on voit en e′) quelques filets se diviser en gerbes de fibrilles d'axe f rayonnant dans la papille. Quelques-unes de ces fibrilles f′ peuvent se poursuivre jusqu'au niveau des cylindres auditifs g, et même jusqu'aux touffes de cils acoustiques h); i) noyaux de la papille spirale; j) fibrilles plus grosses, moins nettes, formant une sorte de réseau, dont quelques-unes en j' partent des nerfs en même temps que les fibrilles d'axe; k) substance moléculaire de la papille acoustique.

Fig. 31. Coupe transversale du limaçon du pigeon comprenant une partie de la papille spirale. H. III/8.

a') cartilage quadrangulaire ou nerveux, présentant quelques vaisseaux sanguins transversalement coupés; b) angle d'insertion de la membrane basilaire; c) papille spirale; d) membrane de Corti, détachée en e'; e) épithélium cylindrique du cartilage nerveux tapissant en e' le *sulcus spiral. intern;* f) filets nerveux; g) membrane de Reissner avec ses éléments protoplasmatiques foncés g'; h) couche des cylindres auditifs avec les touffes de poils i dont on peut voir la disposition en gradins; j) noyaux de la papille spirale; k) bouquet de filaments nerveux très-pâles s'incurvant pour aller se perdre au niveau des cylindres; l) autres fibres plus épaisses, plus foncées.

Fig. 32. Fragment d'une coupe ayant obliquement divisé la membrane basilaire et les parties qu'elle supporte (chez le pigeon). Verick III/10. Imm.

a) membrane basilaire; b) noyaux de la papille à peu près ronds; c) autres éléments plus ou moins anguleux, multipolaires communiquant d'une part avec des fibres de la papille spirale, d'autre part avec des filaments dont quelques-uns se rendent aux cellules auditives d); e) fibres de la papille; f) substance moléculaire intermédiaire.

Planche IV.

Fig. 33. Coupe de la papille acoustique du pigeon au niveau de la membrane basilaire. Verick III/10. Immersion.

a) stries de la membrane basilaire dont on voit également quelques noyaux; b) éléments nucléaires de la papille; c) cellules auditives dont on voit les faisceaux c' taillés en escalier faire saillie au-dessus du niveau de la papille; d) cils auditifs de la rangée de cellules postérieure à la précédente.

Fig. 34. Fragment d'une coupe ayant obliquement emporté les faisceaux auditifs de la papille spirale, avec une partie de la membrane de Corti adhérente (pigeon). Verick III/10. Immersion.

a) éléments cellulaires plus ou moins tronqués de la papille; b) faisceaux auditifs diversement inclinés faisant saillie à travers les mailles c de la membrane de Corti.

Fig. 35. Coupe de la papille acoustique du pigeon jusqu'au niveau de la membrane basilaire. H. III/8.

a') cartilage nerveux; b) membrane basilaire; c) papille spirale; d) membrane de Corti; e) épithélium cylindrique du cartilage nerveux; f) nerf; g) noyaux de la papille; h) cylindres auditifs; i) fibres de la papille plus grosses, formant une sorte de reticulum dont les mailles d'abord assez serrées se perdent peu à peu; j) fibrilles excessivement fines, pâles, allant se perdre dans la couche des cylindres et se repliant en j' au-dessus de la membrane basilaire pour gagner le névro-épithélium qui la recouvre.

Fig. 36. Coupe de la papille spirale du limaçon du moineau (*Fringilla dom.*). H. III/8.

a') rebord du cartilage nerveux se perdant vers b dans la membrane basilaire; c) papille spirale; d) membrane de Corti; e) nerf; f) couche des noyaux particulièrement serrés au niveau de la sortie des nerfs; g) filets nerveux plexiformes se rendant aux cellules auditives h).

Fig. 37. Fragment de la *lagena* du pigeon. H. III/8.
a) cartilage de la paroi; b) tubes nerveux perdant peu à peu leur myélin; et leur gaîne de Schwann pour s'effiler b′ et pénétrer ainsi dans le névro-épithélium c.

Fig. 38 Quelques cellules auditives du limaçon du pigeon isolées par le liquide de Moleschott. H. III/8.

Fig. 39. Cellules auditives du limaçon du pigeon traitées par le chlorure d'or 1 200. H. III/8.
Les cils agglomérés ont pris la forme d'un aiguillon a) dans lequel on voit une ligne centrale plus foncée b. Sur une cellule isolée, on voit que le filament central b′ très-ténu présente de petits renflements transversaux plus sombres.

Fig. 40. Quelques cellules auditives du limaçon du pigeon isolées et examinées, à l'état frais, dans une solution étendue d'acide osmique. H. II/10. Im.
a) corps de la cellule rempli de granulations foncées; b) plateau terminal; c) faisceau de cils auditifs avec les stries concentriques et la disposition en gradins.

Fig. 41. Un groupe de cellules auditives provenant du limaçon du pigeon et dont l'extrémité inférieure se continue avec des filaments nerveux. II/10. Im.
a) corps des cellules; b) plateau terminal; c) cils auditifs; d) filaments sombres, quelques-uns variqueux, se perdant dans l'extrémité inférieure des cellules.

Fig. 42. Cellules et cils acoustiques de l'ampoule du canard. II/8.
a) corps des cellules; b) quelques noyaux épars; c) cils en général assez épais à la base, très-raides et dont quelques-uns ont une longueur très-considérable.

Fig. 43. Cellules acoustiques du limaçon du pigeon après macération dans une solution d'acide chromique 1/10.000. Elles se sont gonflées et ont en partie laissé échapper leur contenu.

Fig. 44. Cellules du limaçon du pigeon isolées dans l'eau salée.
a) quelques-unes de ces cellules à peu près entières; a′) d'autres fragmentées; b) d'autres ne présentant qu'un seul cil en forme d'aiguillon; c) une cellule cylindrique du cartilage nerveux.

Fig. 45. *Crista acustica* et *cupula terminalis* du pigeon. H. III/8.
a) paroi osseuse; b) cartilage de la crista avec c) faisceaux nerveux obliquement coupés et d) quelques rameaux vasculaires; e) névro-épithélium avec ses deux couches; f) épithélium indifférent; g) cupula terminalis; h) cils terminaux.

Planche V.

Fig. 46. Fragment de la paroi du saccule (*lacerta agilis*), traitée par l'acide osmique dilué, l'alcool 1/3, et le picrocarmin. H. III/8.
a) lamelle cartilagineuse; b) traînées protoplasmatiques avec c) cercles brillants; d) épithélium pavimenteux de la paroi du saccule devenant plus petit et plus serré à mesure qu'il se rapproche de la lamelle cartilagineuse.

Fig. 47. Fragment d'épithélium de la paroi du saccule (*lacerta agilis*). Même préparation. H. III/8.

a) cellules protoplasmatiques; b) cellules épithéliales simples intermédiaires.

Fig. 48. Fragment épithélial de la paroi du saccule chez l'orvet (*Anguis fragilis*). Même mode de préparation. H. III/8.

a) masses de protoplasma plus ou moins contracté remplissant les lacunes formées par le tassement des cellules épithéliales simples b.

Fig. 49. Fragment épithélial de la paroi du saccule chez la couleuvre (*Tropidonot. natr.*). Même préparation. H. III/8.

a) cellules protoplasmatiques ramifiées, étoilées, formant un réseau entre les cellules simples b.

Fig. 50 Quelques cellules protoplasmatiques isolées du saccule du lézard. Même mode de préparation. H. III/8.

Fig. 51. Une de ces cellules complétement isolée, montrant ses prolongements en tous sens. H. III/8.

Fig. 52. Quelques-unes de ces cellules isolées après macération dans une solution de monochromate ammonique.

a) leur extrémité supérieure en forme de pédicule par lequel elles sont rattachées au rebord cuticulaire; b) noyau central entouré de toutes parts par des filaments protoplasmiques c.

TABLE DES MATIÈRES

Pages.

ERRATA.

Page 1, ligne 3 : au lieu de *est*, lisez es.
— 51, — 1 : au lieu de *formes*, lisez forme.
— 53, - 5 : et peut-être avant lui Reich (*l. c.*) , entre parenthèses.
— 79, — 12 au bas de la page : au lieu de *vertèbres*, lisez vertébrés.
— 89, — 19 : au lieu de *logée*, lisez longée.
— 94, — 12 à partir du bas de la page : au lieu de *se constituent*, lisez ne constituent.
— 121, — 17 : au lieu de *situation*, lisez striation.
— 122, — 12 à partir du bas de la page : au lieu de *centres*, lisez autres.
— 126, — 21 : au lieu de *cypinoïdes*, lisez cyprinoïdes.
— 174, — 11 : à partir du bas de la page : au lieu de *subit*, lisez subissent.

Strasbourg, typ. G. Fischbach. — 294.

P. Meyer

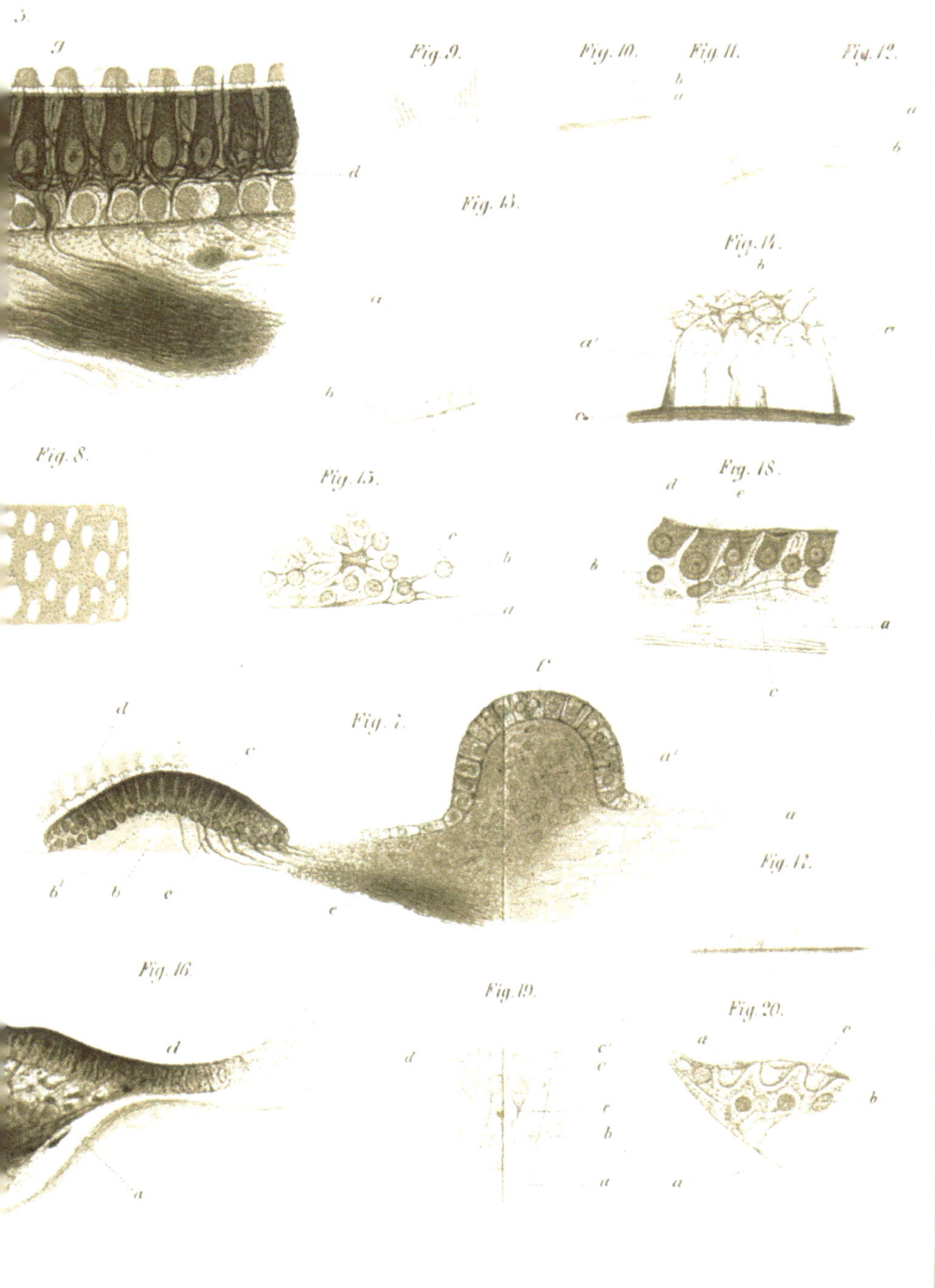

Lith. Anst. v. J. G. Bach, Leipzig

Fig. 21.

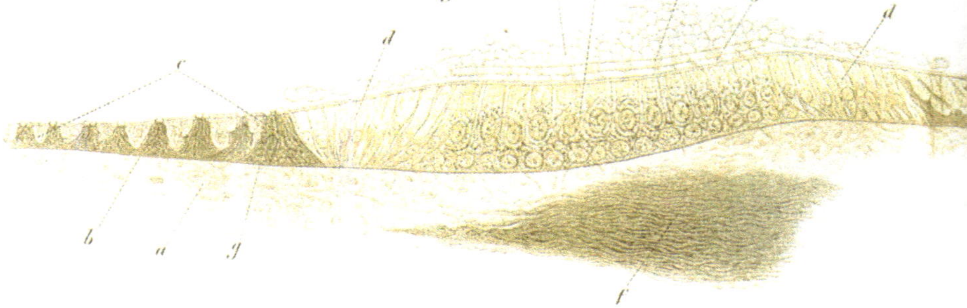

Fig. 22.

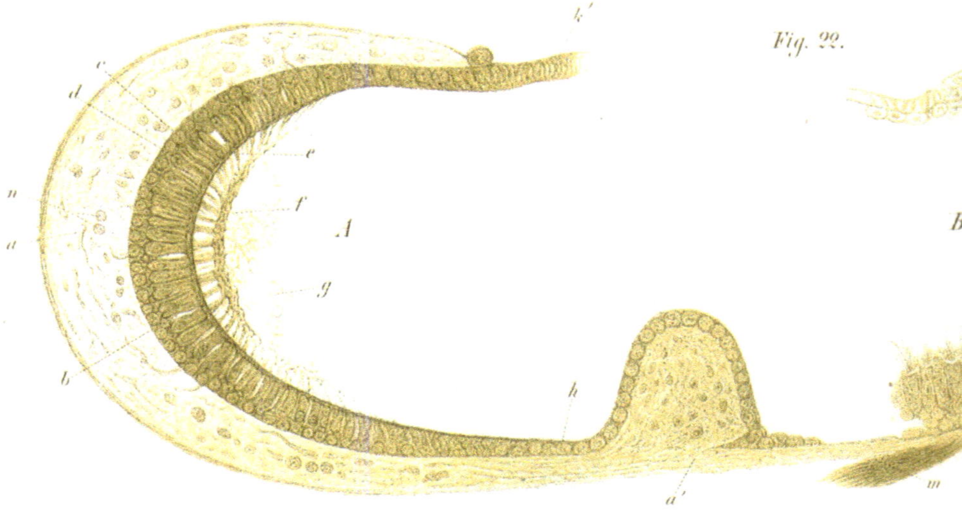

Fig. 24.

P. Meyer

Fig. 23.

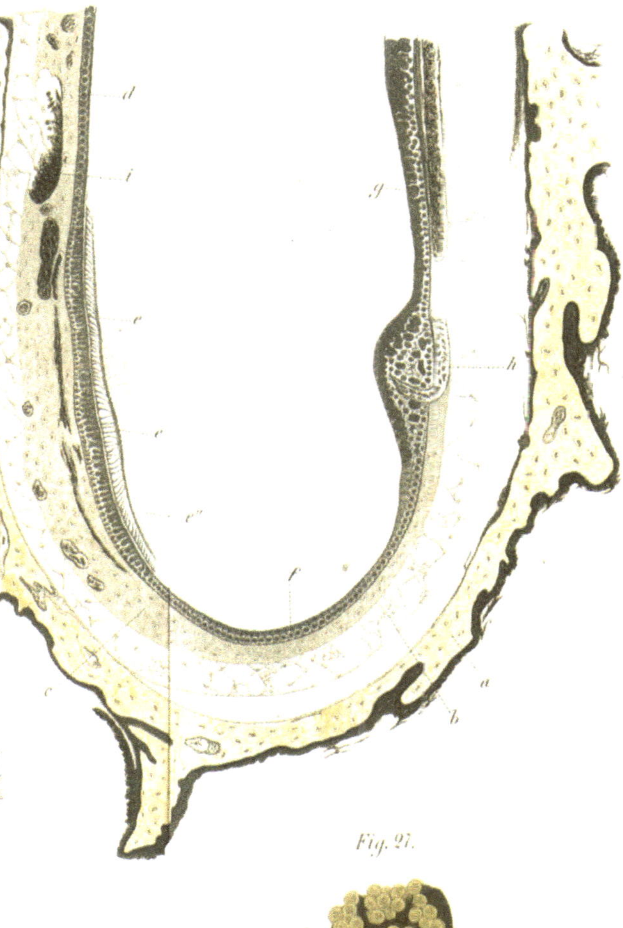

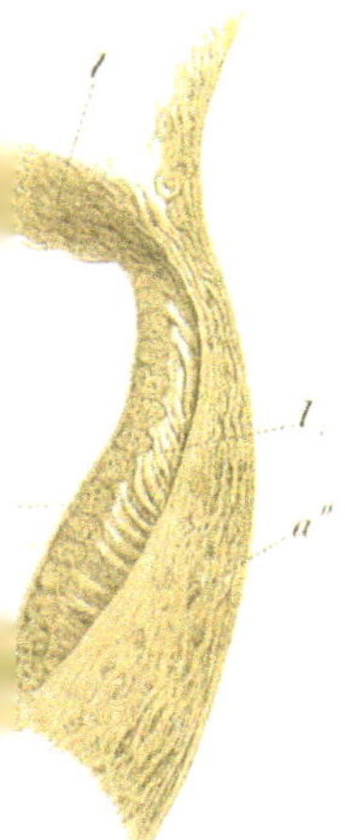

Fig. 26.

Fig. 27.

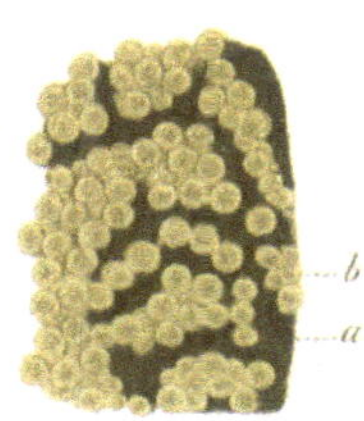

25.

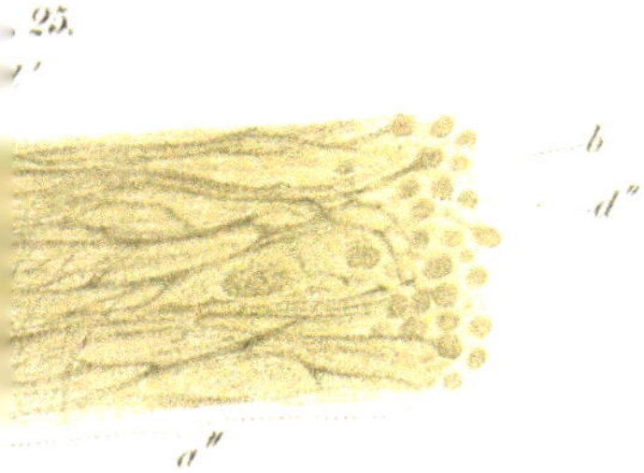

Lith. Anst. v. J. G. Bach, Leipzig

Fig. 28.

Fig. 3

Fig. 30.

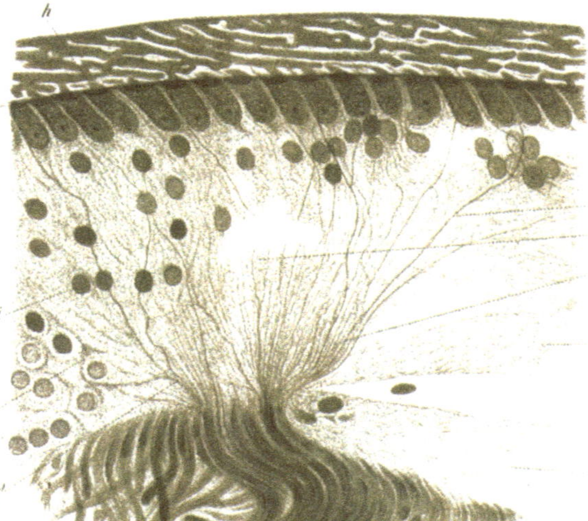

P. Meyer

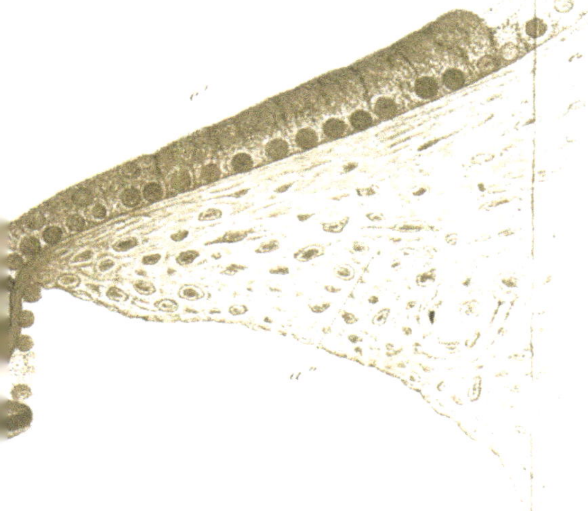

Fig. 29.

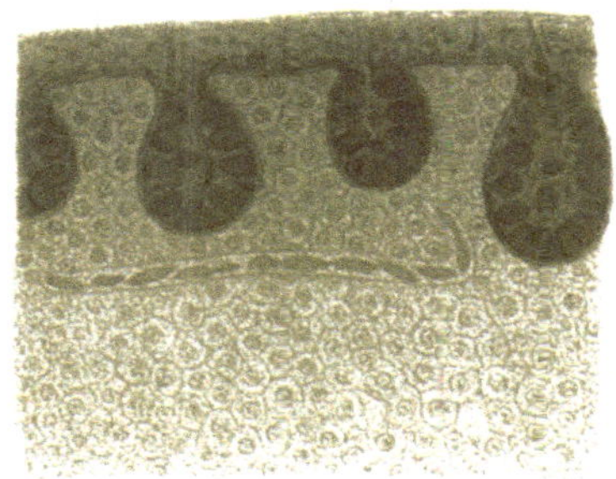

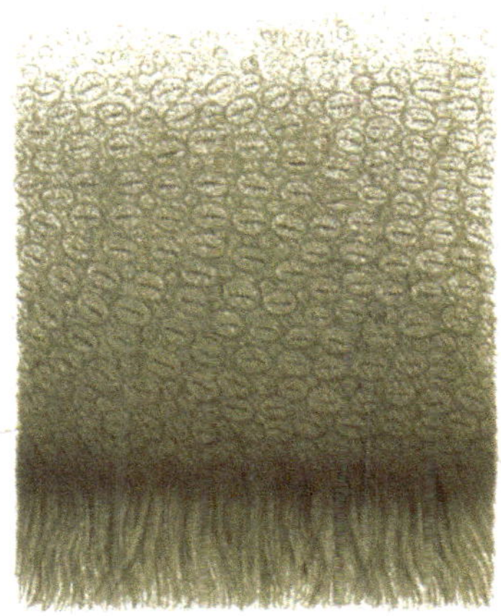

Fig. 32.

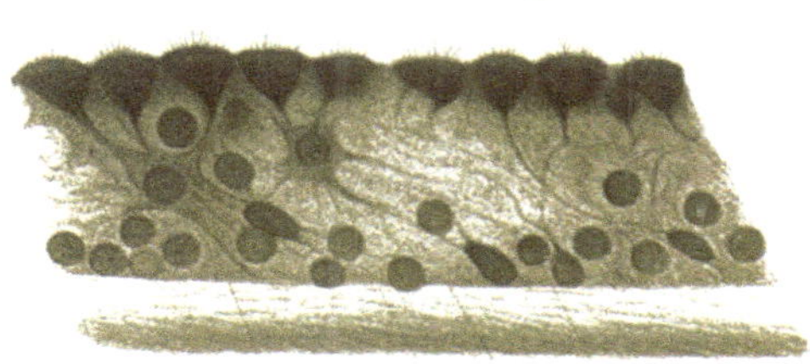

Fig. 33.

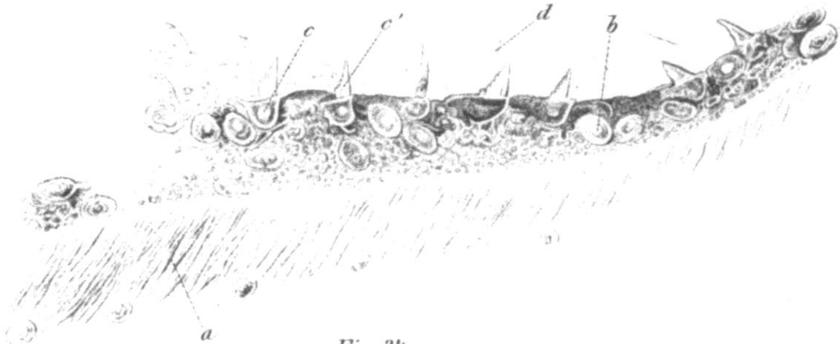

Fig. 34.

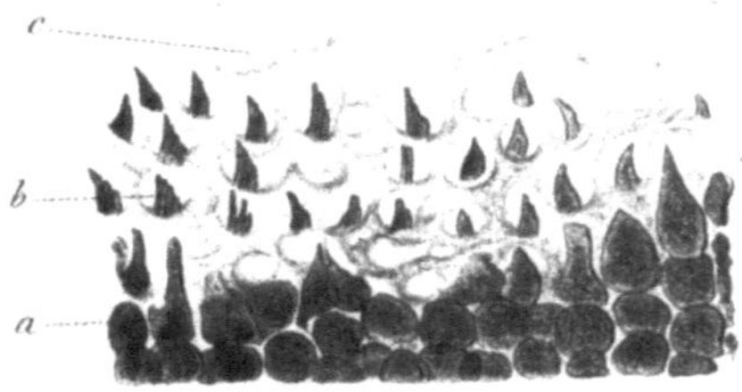

Fig. 37.

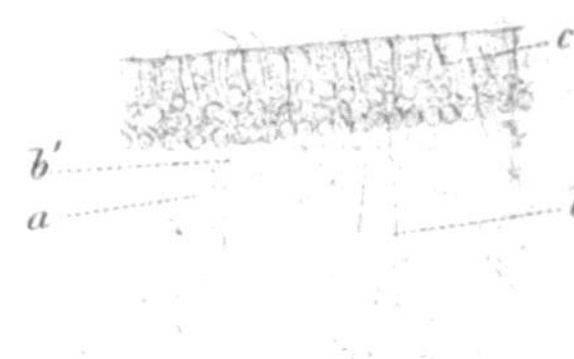

Fig. 40.

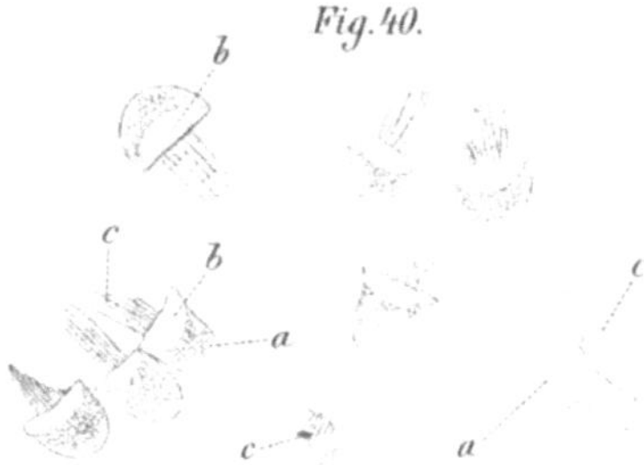

Fig. 41.

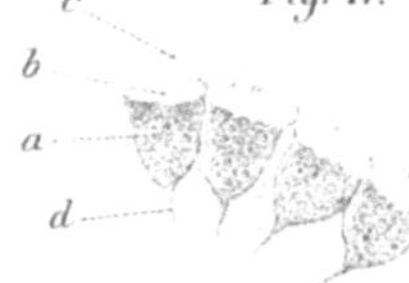

Fig. 43

Fig. 44.

Wittmaack u. Killian gez.

P. Meyer

Fig. 35.

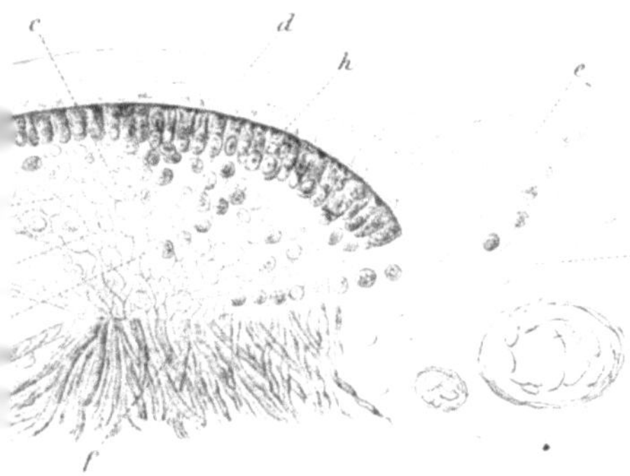

Fig. 36.

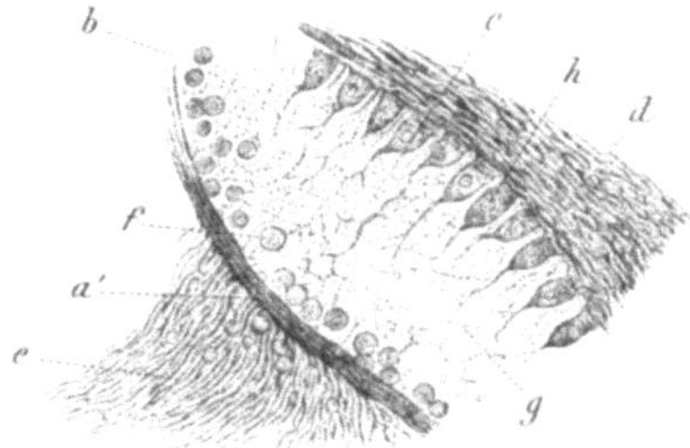

Fig. 38.

Fig. 39.

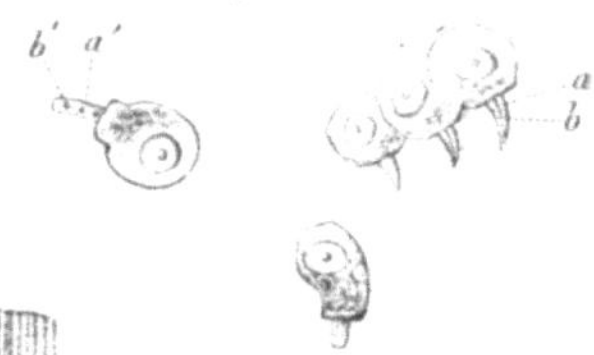

Fig. 42.

Fig. 45.

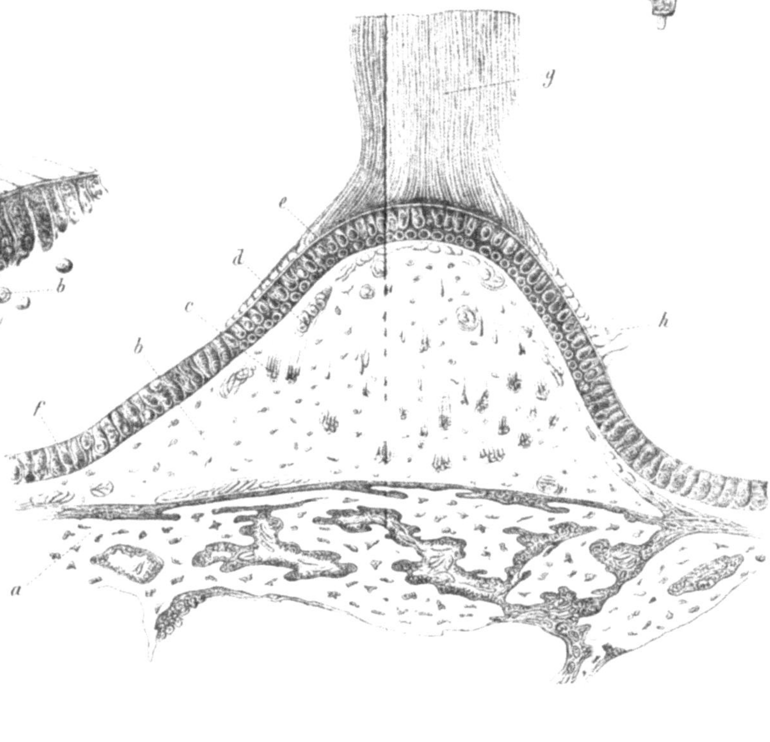

Fig. 46.

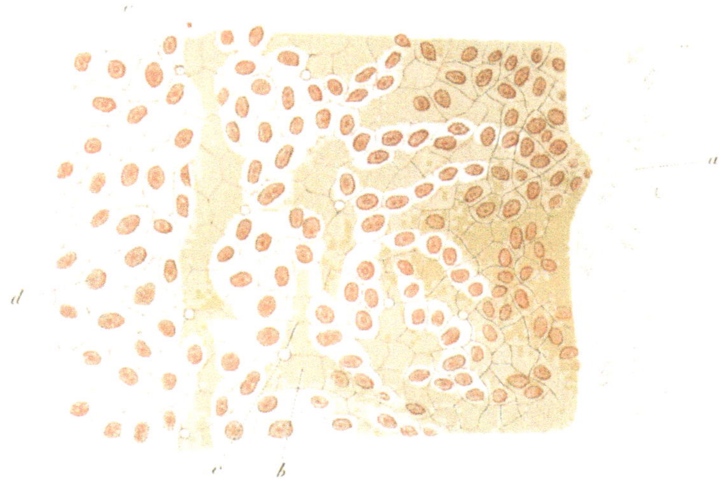

Fig. 47.

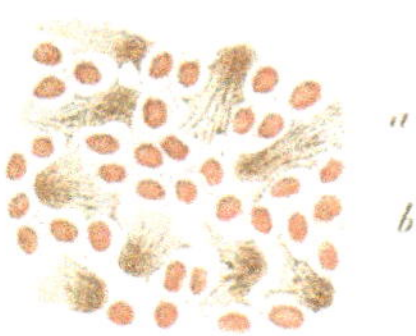

Fig. 48.

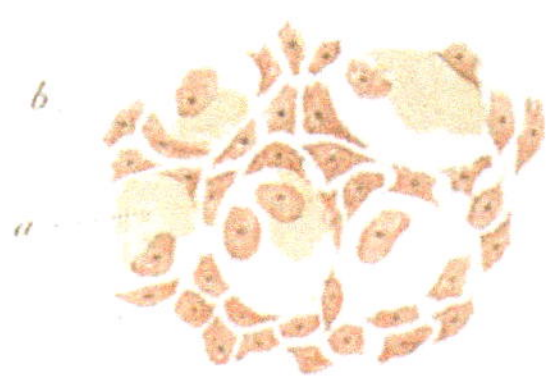

Fig. 49.

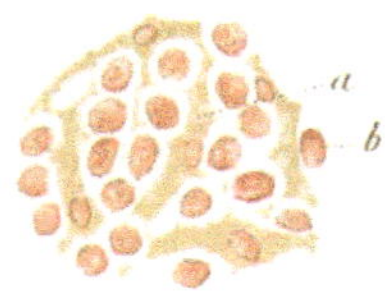

Fig. 50.

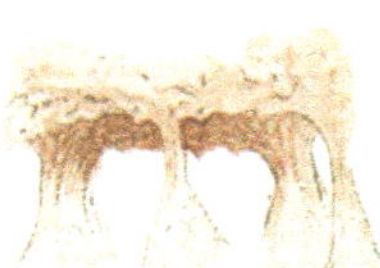

Fig. 51.

Fig. 52.

Wittmaack

P. Meyer

Bei Fragen zur Produktsicherheit wenden Sie sich bitte an:
If you have any questions regarding product safety,
please contact:

Walter de Gruyter GmbH
Genthiner Straße 13
10785 Berlin
productsafety@degruyterbrill.com